# Visual Basic 程序设计基础
# （含计算机基础）

阙向红　主　编

王　芬　副主编

黄晓涛　主　审

科学出版社

北　京

# 内 容 简 介

本书是为大学医科和人文专业编写适合新课改的教材。本书全面、系统地介绍了计算机与程序设计基础知识，内容涵盖了医科和人文专业新课改大纲中需要掌握的计算机基本概念和编程的基本设计方法。全书共分 11 章，前 3 章主要介绍计算机基础知识、程序设计的基本概念及算法的初步知识，其内容包括信息时代与计算机、计算机系统概述及计算机问题求解三大知识架构；第 4～11 章，依托 VB 语言，以问题引入介绍编程的基本思想及基本算法，其内容包括面向对象编程入门、语言基础、数据表示、数据处理及 VB 过程实现五大知识架构。

本书以 Visual Basic.Net 作为应用程序的开发语言，并以 Visual Studio 2010 下的 VB.Net 为平台进行讲解。

本书案例丰富，遵循以计算思维能力培养为切入点的教学改革思路组织教学内容，强调计算机求解问题的思路引导与程序设计思维方式的训练，并与《Visual Basic 程序设计基础学习指导》一起构成了一套完整的教学用书，可作为高等学校计算机与程序设计基础课程的教材，也可供社会各类计算机应用人员阅读参考。

**图书在版编目(CIP)数据**

Visual Basic 程序设计基础：含计算机基础 / 阙向红主编. —北京：科学出版社，2015

ISBN 978-7-03-045498-0

Ⅰ. ①V… Ⅱ. ①阙… Ⅲ. ①BASIC 语言-程序设计-高等学校-教材 Ⅳ. ①TP312

中国版本图书馆 CIP 数据核字（2015）第 194200 号

责任编辑：吴宏伟　赵宝平 / 责任校对：王万红
责任印制：吕春珉 / 封面设计：艺和天下

**科 学 出 版 社** 出版
北京东黄城根北街 16 号
邮政编码：100717
http://www.sciencep.com

**新科印刷有限公司** 印刷
科学出版社发行　　各地新华书店经销
\*

2015 年 8 月第 一 版　　开本：787×1092　1/16
2022 年 8 月第七次印刷　　印张：22
字数：522 000

定价：**49.00 元**
（如有印装质量问题，我社负责调换〈新科〉）
销售部电话 010-62134988　编辑部电话 010-62135763-2027

# 《Visual Basic 程序设计基础（含计算机基础）》编写委员会

主　编：阙向红

副主编：王　芬

主　审：黄晓涛

编　委：胡　兵　黄晓涛　李战春

　　　　张建国　张晓芳

# 前言

"计算机和程序设计基础"是一门非常重要的计算机通识课程，其目的是学习计算机和程序设计的基础知识，使学生掌握算法设计与程序设计的基本思想、方法和技术，通过课程学习，使学生了解计算机解决问题的思维方式并具备基本的程序设计能力。为了配合大学医科和人文专业"计算机与程序设计基础"课程改革需求，突出"以应用为导向，突出文科特色"的教学理念。结合近几年的医科及文科基础教学改革实践，编写出版本教材。

本教程力求做到一切以学生的学习角度出发来设计和编写本教材，根据医科和人文专业学生的特点，对重点问题采用案例的方式，深入浅出用生动的例子进行说明。强调计算思维的培养，全书贯穿思维培养的主线，注重计算机应用能力培养和计算思维的形成。

本教材共分两部分，计算机基础知识和程序设计基础（VB），共分为 11 章。第 1 章介绍信息技术的要点。第 2 章介绍计算机硬件和软件的组成及计算机的工作原理。第 3 章介绍计算机求解问题的思想与步骤。第 4 章介绍 VB 图形化界面设计的基本要素。第 5 章介绍 VB 程序设计语言的基础知识。第 6 章介绍 VB 程序的三种控制结构。第 7 章介绍数组的概念及使用方法。第 8 章介绍 VB 中最基本的两种过程：Function 过程和 Sub 过程。第 9 章介绍了最常用的几个控件和用户界面的设计方法。第 10 章介绍各种图形对象的使用方法。第 11 章重点介绍了各种文本文件的格式及创建、打开、读写等方法。

参加编写本教材的作者都是长期从事计算机程序设计课程教学的一线的骨干教师，本教材也凝聚了多年计算机基础教学经验与体会。其中第 1 章由黄晓涛老师编写，第 2 章由李战春编写，第 3 章由胡兵编写，第 4 章、第 9 章由张晓芳编写，第 5 章、第 6 章由王芬编写，第 7 章、第 11 章由阙向红编写，第 8 章、第 10 章由张建国编写。全书由阙向红、张晓芳统稿审核。

为了方便学习和加强实验教学，同时编写了本教材的配套用书《Visual Basic 程序设计基础学习指导》。

本教材在编写出版过程中，得到了华中科技大学网络与计算中心的领导和计算机基础教研室老师们的鼓励和帮助，许多老师对本书提出了宝贵的意见与建议，在此，向所有关心和支持本书出版的人表示衷心的感谢。

本教材的编写过程中参考了相关文献，在此向这些文献的作者也深表感谢。

由于编者能力有限，本书难免会出现不足之处，我们期待读者的建议与批评指正。如有任何意见或建议，请发 e-mail 至：tbccsupport@hust.edu.cn。

编　者
2015 年 6 月

# 目录

# 1 信息时代与计算机

信息与信息化

今天，人们不论做什么事情都非常重视信息。例如，就经营而言，过去认为人、物、钱是经营的三要素，现在认为人、物、钱、信息是经营的要素，并认为信息是主要的要素。在当今社会中，能源、材料和信息是社会发展的三大支柱。人类社会的生存和发展，时刻都离不开信息，信息就像空气一样，时时刻刻在人们身边。了解信息的概念、特征及分类，对于在信息社会中更好地使用信息是十分重要的。

## 1.1.1 信息概述

### 1. 信息的定义

信息 information 一词来源于拉丁文，其含义是情报、资料、消息、报道、知识。所以，长期以来人们把信息看作消息的同义语，简单地把信息定义为能够带来新内容、新知识的消息。但是，后来发现信息的含义要比消息、情报的含义广泛得多，不仅消息、情报是信息，指令、代码、符号语言、文字等一切含有内容的信号都是信息。作为日常用语，"信息"经常指音讯、消息；作为科学技术用语，"信息"被理解为对预先不知道的事件或事物的报道，或者在观察中得到的数据、新闻和知识。

在信息时代，人们越来越多地在接触和使用信息，但是究竟什么是信息，迄今说法不一，信息使用的广泛性使得难以给它一个确切的定义。但是，一般说来，信息可以界定为由信息源（如自然界、人类社会等）发出的被使用者接收和理解的各种信号。作为一个社会概念，信息可以理解为人类共享的一切知识，或社会发展趋势以及从客观现象中提炼出来的各种消息之和。信息并非事物本身，而是表征事物之间联系的消息、情报、指令、数据或信号。一切事物，包括自然界和人类社会，都在发出信息。每个人每时每刻都在接收信息。在人类社会中，信息往往以文字、图像、图形、语言、声音等形式出现。一般来讲，信息是人类一切生存活动和自然存在所传达出来的信号和消息。简单地说，信息就是消息。

科学的发展，时代的进步，必将给信息赋予新的内含。如今"信息"的概念已经与微电子技术、计算机技术、网络通信技术、多媒体技术、信息产业、信息管理等含义紧密地联系在一起。但是，信息的本质是什么？仍然是需要我们进一步探讨的问题。

2. 信息的分类

根据不同的依据，信息有多种分类方法。从宏观上，人们一般把信息分为宇宙信息、地球自然信息和人类社会信息。

1）宇宙信息：宇宙空间恒星不断发出的各种各样的电磁波信息和行星通过反射发出的信息，形成了直接传播或者反射传播的信息，这些信息称为宇宙信息。

2）地球自然信息：地球自然信息包括地球上的生物为了繁衍生存而表现出来的各种形态、行为以及生物运动的各种信息；另外还包括无生命物质的信息。

3）人类社会信息：人类社会信息是指人类从事社会活动，通过五官以及媒体、语言、文字、图表、图形等表现出来的描述客观世界的信息。

另外，根据信息的来源不同，也可以把信息分为 4 种类型：

1）源于书本上的信息：这种信息随着时间的推移变化不大，比较稳定。

2）源于广播、电视、报刊等的信息：这类信息具有很强的实效性，经过一段时间后，这类信息的实用价值会大大降低。

3）人与人之间各种交流活动产生的信息：这些信息只在很小的范围内流传。

4）源于具体事物的信息：这类信息是最重要的，也是最难获得的信息。这类信息能增加整个社会的信息量，能给人类带来更多的财富。

3. 信息的基本特征

信息具有如下的基本特征：

1）可量度性：信息可采用某种度量单位进行度量，并进行信息编码，如现代计算机使用的二进制。

2）可识别性：信息可采取直观识别、比较识别和间接识别等多种方式来把握。

3）可转换性：信息可以从一种形态转换为另一种形态。例如，自然信息可转换为语言、文字和图像等形态，也可转换为电磁波信号或计算机代码。

4）可存储性：信息可以存储。大脑就是一个天然信息存储器。人类发明的文字、绘画、录音、录像以及计算机存储器等都可以进行信息存储。

5）可处理性：人脑就是最佳的信息处理器。人脑的思维功能可以进行决策、设计、研究、写作、改进、发明、创造等多种信息处理活动。计算机也具有信息处理功能。

6）可传递性：信息的传递是与物质和能量的传递同时进行的。语言、表情、动作、报刊、书籍、广播、电视、电话等是人类常用的信息传递方式。

7）可再生性：信息经过处理后，可以其他方式再生成信息。例如，输入计算机的各种数据、文字等信息，可用显示、打印、绘图等方式再生成信息。

8）可压缩性：信息可以进行压缩，可以用不同的信息量来描述同一事物。人们常常用尽可能少的信息量描述一件事物的主要特征。

9）可利用性：信息具有一定的实效性和可利用性。

10）可共享性：信息具有扩散性，因此可共享。

### 1.1.2　信息技术的概念及其发展历程

信息技术是指对信息的收集、存储、处理和利用的技术。信息技术能够延长或扩展人的信息功能。信息技术可能是机械的，也可能是激光的；可能是电子的，也可能是生物的。

#### 1. 信息技术的定义

到目前为止，对于信息还没有一个统一的公认的定义，所以对信息技术也就不可能有公认的定义。由于人们使用信息的目的、层次、环境、范围不同，因而对信息技术的表述也各不一样。

根据"中国公众科技网"上的表述：信息技术是指有关信息的收集、识别、提取、变换、存储、传递、处理、检索、检测、分析和利用等的技术。概括而言，信息技术（Information Technology，IT）是在信息科学的基本原理和方法的指导下扩展人类信息功能的技术，是人类开发和利用信息资源的所有手段的总和。信息技术既包括有关信息的产生、收集、表示、检测、处理和存储等方面的技术，也包括有关信息的传递、变换、显示、识别、提取、控制和利用等方面的技术。

在现今的信息化社会，一般信息技术又特指以电子计算机和现代通信为主要手段实现信息的获取、加工、传递和利用等功能的技术总和。信息技术是一门多学科交叉综合的技术，计算机技术、通信技术和多媒体技术、网络技术互相渗透、互相作用、互相融合，将形成以智能多媒体信息服务为特征的大规模信息网。

#### 2. 信息技术的发展历程

在人类发展史上，信息技术经历了5个发展阶段，即5次革命：

第一次信息技术革命是语言的使用。距今 35 000～50 000 年的时候出现了语言，语言成为人类进行思想交流和信息传播不可缺少的工具。

第二次信息技术革命是文字的创造。大约在公元前 3500 年出现了文字。文字的出现，使人类对信息的保存和传播取得重大突破，较大地超越了时间和地域的局限。

第三次信息技术的革命是印刷术的发明和使用。大约在公元 1040 年，我国开始使用活字印刷技术，欧洲人则在 1451 年开始使用印刷技术。印刷术的发明和使用，使书籍、报刊成为重要的信息存储和传播的媒体。

第四次信息革命是电报、电话、广播和电视的发明和普及应用，使人类进入利用电磁波传播信息的时代。

第五次信息技术革命是电子计算机的普及应用，计算机与现代通信技术的有机结合以及网际网络的出现。1946 年第一台电子计算机问世，第五次信息技术革命的时间是从 20 世纪 60 年代电子计算机与现代技术相结合开始至今。

现在所说的信息技术一般特指的就是第五次信息技术革命，是狭义的信息技术。对于狭义的信息技术而言，从其开始到现在不过几十年的时间。它经历了从计算机技术到网络技术再到计算机技术与现代通信技术结合的过程。目前，以多媒体和网络技术为核心的信息技术掀起了新一轮的信息革命浪潮。多媒体计算机和互联网的广泛应用对社会的发展、科技进步及个人生活和学习产生了深刻的影响。

### 1.1.3 信息化与信息化社会

#### 1. 信息化的概念

信息化的概念起源于 20 世纪 60 年代的日本，首先是由一位日本学者提出来的，而后被译成英文传播到西方。西方社会普遍使用"信息社会"和"信息化"的概念是 20 世纪 70 年代后期才开始的。

关于信息化的表述，中国学术界作过较长时间的研讨。有的认为，信息化就是计算机、通信和网络技术的现代化；有的认为，信息化就是从物质生产占主导地位的社会向信息产业占主导地位的社会转变发展的过程；有的认为，信息化就是从工业社会向信息社会演进的过程。

1997 年召开的首届全国信息化工作会议，对信息化和国家信息化定义为："信息化是指培育、发展以智能化工具为代表的新的生产力并使之造福于社会的历史过程。国家信息化就是在国家统一规划和组织下，在农业、工业、科学技术、国防及社会生活各个方面应用现代信息技术，深入开发广泛利用信息资源，加速实现国家现代化进程。"

从信息化的定义可以看出：信息化代表了一种信息技术被高度应用，信息资源被高度共享，从而使得人的智能潜力以及社会物质资源潜力被充分发挥，个人行为、组织决策和社会运行趋于合理化的理想状态。同时，信息化也是信息技术产业发展与信息技术在社会经济各部门扩散的基础之上，不断运用信息技术改造传统的经济、社会结构从而通往如前所述的理想状态的一个持续的过程。

#### 2. 信息化社会

信息社会与工业社会的概念没有什么原则性的区别。信息社会也称信息化社会，是脱离工业化社会以后，信息将起主要作用的社会。在农业社会和工业社会中，物质和能源是主要资源，人们所从事的是大规模的物质生产；而在信息社会中，信息成为比物质和能源更为重要的资源，以开发和利用信息资源为目的的信息经济活动迅速扩大，逐渐取代工业生产活动而成为国民经济活动的主要内容，信息经济在国民经济中占据主导地位，并构成社会信息化的物质基础。以计算机、微电子和通信技术为主的信息技术革命是社会信息化的动力源泉。信息技术在生产、科研教育、医疗保健、企业和政府管理以及家庭中的广泛应用对经济和社会发展产生了巨大而深刻的影响，从根本上改变了人们的生活方式、行为方式和价值观念。

### 1.1.4 信息化时代三大定律

20 世纪 50 年代末，计算机的出现和逐步普及，把信息对整个社会的影响逐步提高到一种绝对重要的地位。信息量、信息传播的速度、信息处理的速度以及应用信息的程度等都以几何级数的方式在增长。信息在当今社会发展中发挥着极为重要的作用，深刻影响着经济、政治、文化等社会发展的各个领域，人类社会进入了信息时代。

信息时代各种高新技术的出现促进了人类社会的发展，但是对人类社会影响最大者，则是信息技术的出现与发展。从 1946 年第一台计算机出现后，信息技术就开始不断发展进步。信息技术主要是对管理和处理信息所采用的各种技术的总称。由于信息技术主要是应用计算机科学和通信技术来设计、开发、安装和实施信息系统及应用软件，所以它也常被称为信息和通信技术（Information and Communications Technology，ICT）。以信息技术为代表的各种新技术日新月异地发展，使得 20 世纪 90 年代全球大变革在人类社会的各个领域展开，从物质和观念上深刻影响和改变着包括个人、民族、国家及其他各种组织和整个社会的存在方式。因此，信息技术的发展被认为是对人类社会的一种革命，这种信息技术革命至少和 18 世纪的工业革命一样，是一个重大历史事件，导致了经济、社会与文化等物质基础的不连续模式。

在经典物理学时代有牛顿三大定律，信息时代也产生了三大定律，即摩尔定律、吉尔德定律和迈特卡尔夫定律。这三大定律共同勾勒出了信息技术发展的历程。

1）第一定律：摩尔定律，信息时代第一定律，其内容是："微处理器的速度每 18 个月翻一番。" 1965 年，一位集成电路制造企业的年轻研发主管摩尔在美国纪念《电子学》创刊 35 周年的月刊上，明确地提出了后来被计算机专家米德命名的"摩尔定律"："计算机半导体芯片上集成的晶体管和电阻数量将每年成倍增长。随着制造工艺的提高，单位元件的成本会下降。其产品价格将依据计算机硅芯片的计算能力和处理能力'翻番'而随之减半。"这个定律的核心思想是"计算机功能成倍增长，而价格随之减半"。

作为迄今为止半导体发展上意义最深远的定律，集成电路数十年的发展历程令人信服地验证了它的正确性。但是，摩尔定律并非严格的物理定律，而是基于一种几乎不可思议的技术进步现象所做出的总结。在过去 10 年中，这条定律所描述的技术进步不断冲击着计算机工业，晶体管越做越小，芯片性能越来越高，计算能力呈指数增长，生产成本和使用费用不断降低。世界半导体工业预测，这种进步仍将持续 10～15 年。最终，计算机将变得无处不在，而且非常便宜，钥匙、钱包等小物品也将拥有计算机的功能，人们不但可以通过自己的计算机上网，还可以通过电视、电话、电子书、钥匙和电子钱包上网。

摩尔定律问世至今已 50 年了，人们不无惊奇地看到半导体芯片制造工艺水平以一种令人目眩的速度提高。主流的微处理器芯片的主频已超过 2GHz，含有 10 亿个以上的晶体管，每秒可执行 1 千亿条指令。人们不禁要问：这种令人难以置信的发展速度会无止境地持续下去吗？

2）第二定律：吉尔德定律，即在未来 25 年，主干网的带宽每 6 个月增加一倍，其增长速度是摩尔定律预测的 CPU 增长速度的 3 倍。这说明通信费用的发展趋势将呈现"渐进下降曲线"的规律。其价格点将无限趋近于零。吉尔德定律的提出者是被称为"数字时代三大思想家"之一的乔治·吉尔德。1986 年，吉尔德被里根总统授予杰出企业家白宫奖章，1996 年国际工程联合会将他吸收为会员，吉尔德目前是吉尔德出版公司的主席。吉尔德说：网络系统建设是一个"花钱少，办事多，效率高，效益大"的好事，是"一次投入，终身受益"的大事。

为了更好地剖析经济问题，吉尔德对高科技企业的生存状态进行了一番深入的研究和调查，并由此得以广泛接触到各种新兴技术。根据吉尔德的观点，随着科技的不断发展，一些原本价格高昂的技术和产品会变得越来越便宜，直至完全免费，并且由于价格的下降，这些技术和产品将变得无处不在，充分利用这些技术和产品可以为人们带来更为可观的效益。对于主干网的带宽来说也是一样。当如今还是昂贵资源的网络带宽有朝一日变得足够充裕时，上网的成本也会大幅下降。事实上，现在几乎所有知名的通信运营商都在乐此不疲地铺设线缆。在美国，已经有很多的网络服务商向用户提供免费上网服务。可以预见，总有一天，人人可以免费上网。

随着带宽的增加，将有更多的设备以有线或无线的方式上网，这些设备本身并没有什么智能，但当大量这样的"傻瓜"设备通过网络连接在一起时，其功能将会变得很大。到那时，人们可以用电子钱包付账，将钱款直接打入指定的银行账号，或通过手机和无线网络将自己所处的方位告诉朋友。

吉尔德指出，就像利用便宜的晶体管可以制造出价格昂贵的高档电脑一样，只要将廉价的网络带宽资源充分利用起来，也会给人们带来巨额的回报，未来的成功人士将是那些更善于利用带宽资源的人，而并非那些一味节省带宽的人。他认为，其实从根本上讲，无论何种资源都无法和人的头脑相比，人类的智慧才是未来社会中真正的稀缺资源。

3）第三定律：迈特卡尔夫定律，迈特卡尔夫定律指出网络的价值同网络用户数量的平方成正比，即 N 个联结创造出 N×N 的效益。该定律的提出者迈特卡尔夫是以太网协议技术的发明者和 3COM 公司的奠基人。该定律的核心寓意就是："互联网时代"的来临。

迈特卡尔夫定律的核心思想可以说是"物以多为贵"。表面看起来似乎有些不可思议，下面通过实例说明。例如，电话是一个人打给另外一个人，信息是从一个端口到另一个端口，得到的效益是 1；一个电视节目是 N 个人同时收看，信息是从一个端口到 N 个端口，得到的效益是 N；而在网上，每一个人都能够连接到 N 个人，N 个人同时能看到 N 个人的信息，所以信息的传送效益是 N 的平方。上网的人数越多，产生的效益越多。

按照摩尔定律和吉尔德定律，未来的计算机成本将持续回落，而网络将呈指数级发展，随着网络用户数量迅速膨胀到数以亿计，网络的价值越发不可估量，这又与迈特卡尔夫定律不谋而合，与旧经济时代的"物以稀为贵"的原则完全不同。在网络经济时代，共享程度越高，拥有的用户群体越大，其价值越能得到最大程度的全现，而闭关自守，不愿将信息和技术与他人共享是没有出路的。因此，如何充分领会迈特卡尔夫定律的实质，转变思路，从以往旧经济模式中摆脱出来，进一步适应网络经济时代的新挑战，已经成为广大企业领导者所必须考虑的问题。

当然，不能忘记的是："牛顿力学三定律"是自然现象的解析规律，基于实验，而"信息时代三定律"是社会现象的归纳规律，基于经验，二者难以类比。但是，无论如何，"信息时代三定律"已足以表明：正是由于信息时代创造了无数奇迹，而且其速度极快，印象极深，才激起了人们的广泛兴趣，于是，千方百计地力图探求它的奥秘，掌握它的规律，理清它的脉络，就是完全可以理解的了。

### 1.1.5 信息素养

信息素养是一个内容丰富的概念，它不仅包括利用信息工具和信息资源的能力，还包括选择获取识别信息、加工、处理、传递信息并创造信息的能力。

信息素养的本质是全球信息化需要人们具备的一种基本能力。简单的定义来自 1989 年美国图书馆学会（American Library Association，ALA），它包括能够判断什么时候需要信息，并且懂得如何去获取信息，如何去评价和有效利用所需的信息。

2003 年 1 月，我国《普通高中信息技术课程标准》将信息素养定义为：信息的获取、加工、管理与传递的基本能力；对信息及信息活动的过程、方法、结果进行评价的能力；流畅地发表观点、交流思想、开展合作，勇于创新、并解决学习和生活中的实际问题的能力；遵守道德与法律，形成社会责任感。

可以看出，信息素养是一种基本能力，是一种对信息社会的适应能力，它涉及信息的意识、信息的能力和信息的应用。同时，信息素养也是一种综合能力，它涉及各方面的知识，是一个特殊的、涵盖面很宽的能力，包含人文的、技术的、经济的、法律的诸多因素，和许多学科有着紧密的联系。

具体来说，信息素养主要包括 4 个方面：

1）信息意识：即人的信息敏感程度，是人们对自然界和社会的各种现象、行为、理论观点等，从信息角度的理解、感受和评价。通俗地讲，面对不懂的东西，能积极主动地去寻找答案，并知道到哪里、用什么方法去寻求答案，这就是信息意识。

2）信息知识：既是信息科学技术的理论基础，又是学习信息技术的基本要求。通过掌握信息技术的知识，才能更好地理解与应用它。它不仅体现着人们所具有的信息知识的丰富程度，而且制约着人们对信息知识的进一步掌握。

3）信息能力：它包括信息系统的基本操作能力，信息的采集、传输、加工处理和应用的能力，以及对信息系统与信息进行评价的能力等。这也是信息时代重要的生存能力。

4）信息道德：培养学生具有正确的信息伦理道德修养，要让学生学会对媒体信息进行判断和选择，自觉地选择对学习、生活有用的内容，自觉抵制不健康的内容，不组织和参与非法活动，不利用计算机网络从事危害他人信息系统和网络安全、侵犯他人合法权益的活动。

信息素养的 4 个要素共同构成一个不可分割的统一整体。信息意识是先导，信息知识是基础，信息能力是核心，信息道德是保证。

信息素养是信息社会人们发挥各方面能力的基础，犹如科学素养在工业化时代的基础地位一样。可以认为，信息素养是工业化时代文化素养的延伸与发展，但信息素养包含更高的驾驭全局和应对变化的能力，它的独特性是由时代特征决定的。

## 1.2　计算与计算思维

### 1.2.1　什么是计算

简单计算，即我们从幼儿就开始学习和训练的算术运算，如"3+2=5""3×2=6"等，是指"数据"在"运算符"的操作下，按"规则"进行的数据变换。我们不断学习和训练的是各种运算符的"规则"及其组合应用，目的是通过计算得到正确的结果。

广义地讲，一个函数，如：

$$f(x) = \int x^{-1}dx = \int \frac{1}{x}dx = \ln|x| + c$$

把 x 变成了 f(x)，就可认为是一次计算。在高中及大学阶段，我们不断学习各种计算规则，并应用这些规则求解各种问题，得到正确的计算结果，如对数与指数、微分与积分等。

"规则"可以学习与掌握，应用"规则"进行计算却可能超出了人的计算能力，即人知道规则却没有办法得到计算结果。如何解决这个问题呢？一种办法是研究复杂计算的各种简化的等效计算方法（数学），以便人可以计算；另一种办法是设计一些简单的规则，机械地重复执行来完成计算，即考虑用工具来代替人按照"规则"反复地自动计算。

**例 1.1**　计算 1+2+3+…+10 000。

方法一：根据数字的规律得到等效计算公式，即(1+10 000)×10 000/2。

方法二：找到一个简单规则，反复计算。

第一步：把 1 赋给变量 x；

第二步：把变量 y 作为累加，赋初值为 0；

第三步：把 y+x 的结果赋给 y；

第四步：把 x 的值加 1；

第五步：反复做第三步和第四步，直到 x 的值为 10 000。

图 1.1　由简单图形组成的复杂图形

**例 1.2**　画出图 1.1 所示图形。

对于这样的问题，一般会认为很难来实现，要想找到一个通用公式来实现更难。但是，可以发现：这个图形是由一个简单椭圆图形的半径不断变化而成的，像这样的问题找到简单规律便可以通过计算机较容易地实现。

类似的问题促进了计算机科学和计算科学的诞生和发展，促进了人们思考：

1）什么能够被有效地自动计算？现实世界需要计算的问题很多，哪些问题是可以自动计算的，哪些问题是可以在有限时间、有限空间内自动计算的？这就出现了计算及计算复杂性问题。以现实世界的各种思维模式为启发，寻找求解复杂问题的有效规则，就出现了算法及算法设计与分析问题。例如，观察人的思维模式而提出的遗传算法，观察蚂蚁行动的规律而提出的蚁群算法，等等。

2）如何低成本、高效地实现自动计算？如何构建一个高效的计算系统，即计算机器的构建问题和软件系统的构建问题。

3）如何方便有效地利用计算系统进行计算？用已有计算系统，面向各行各业的计算问题求解。

什么能够且如何被有效地自动计算的问题就是计算学科的科学家不断在研究和解决的问题。

### 1.2.2　计算机科学与计算科学

一般而言，"计算机科学"是研究计算机和可计算系统的理论方面的学科，包括软件、硬件等计算系统的设计和建造，发现并提出新的问题求解策略、新的问题求解算法，在硬件、软件、互联网等方面发现并设计使用计算机的新方式和新方法等。简单而言，计算机科学围绕着"构造各种计算系统"和"应用各种计算系统"进行研究。

当前，计算手段已发展为与理论手段和实验手段并存的科学研究的第三种手段。理论手段是指以数学学科为代表，以推理和演绎为特征的手段，科学家通过构建分析模型和理论推导进行规律预测和发现。实验手段是指以物理学科为代表，以实验、观察和总结为特征的手段，科学家通过直接的观察获取数据，对数据进行分析并总结规律的发现。计算手段则是以计算机学科为代表，以设计和构造为特征的手段，科学家通过建立仿真的分析模型和有效的算法，利用计算工具来进行规律预测和发现。

技术进步已经使得现实世界的各种事物都可感知、可度量，进而形成数量庞大的数据或数据群，使得基于庞大数据形成仿真系统成为可能，因此依靠计算手段发现和预测规律成为不同学科的科学家进行研究的重要手段。例如，生物学家利用计算手段研究生命体的特性，化学家利用计算手段研究化学反应的机理，建筑学家利用计算手段来研究建筑结构的抗震性，经济学家、社会学家利用计算手段研究社会群体网络的各种特性，等等。由此，计算手段与各学科结合形成了所谓的计算科学，如计算物理学、计算化学、计算生物学、计算经济学等。

著名的计算机科学家、1972 年图灵奖得主艾兹格·W. 迪科斯彻（Edsger Wybe Dijkstra）说："我们所使用的工具影响着我们的思维方式和思维习惯，从而也深刻影响着我们的思维能力。"

各学科研究人员在利用计算手段进行创新研究的同时，也在不断地研究新型的计算手段。这种结合不同专业的新型计算手段的研究需要专业知识与计算思维的结合。1998 年，约翰·波普（John A. Pople）便因成功地研究出量子化学综合软件包 Gaussian 获得诺贝尔奖，Gaussian 已成为研究化学领域许多课题的重要的计算手段。2002 年美国科学家斯蒂芬·沃尔夫勒姆（Stephen Wolfram）发表了一本对现代科学较有影响的著作 *A NEW KIND OF SCIENCE*，该书试图通过计算机程序来解释自然界的各种现象。以电影《阿凡达》为代表的影视创作平台也在不断利用先进的计算手段（如捕捉虚拟合成抠像手段）创造令人赞叹的视觉效果。

### 1.2.3　计算思维

周以真（Jeannette M.Wing）教授指出，计算思维（Computational Thinking）是运用计算机科学的基础概念去求解问题、设计系统和理解人类行为的一系列思维活动的统称。它如同所有人都具备读、写、算能力一样，是都必须具备的思维能力。计算思维建立在计算过程的能力和限制之上，由机器执行。因此，理解"计算机"的思维（即理解计算系统是如何工作的，计算系统的功能是如何越来越强大的），以及利用计算机的思维（即理解现实世界的各种事物如何利用计算系统来进行控制和处理，理解计算系统的一些核心概念，培养一些计算思维模式），对于所有学科的人员建立复合型的知识结构，进行各种新型计算手段研究，以及基于新型计算手段的学科创新都有重要的意义。技术与知识是创新的支撑，但思维是创新的源头。

计算思维是运用计算机科学的基础概念进行问题求解、系统设计及人类行为理解的涵盖了计算机科学的一系列思维活动。其方法有：

1）计算思维是通过约简、嵌入、转化和仿真等方法，把一个看起来困难的问题重新阐释成一个对已知问题怎样解决的思维方法。

2）计算思维是一种递归思维，是一种并行处理，是一种把代码译成数据又能把数据译成代码的多维分析推广的类型检查方法。

3）计算思维是一种采用抽象和分解来控制庞杂的任务，或进行巨大复杂系统设计的方法，是基于关注点分离的方法（SoC 方法）。

4）计算思维是一种选择合适的方式去陈述一个问题，或对一个问题的相关方面建模使其易于处理的思维方法。

5）计算思维是按照预防、保护及通过冗余、容错、纠错的方式，从最坏情况进行系统恢复的一种思维方法。

6）计算思维是利用启发式推理寻求解答，即在不确定情况下的规划、学习和调度的思维方法。

7）计算思维是利用海量数据来加快计算，在时间和空间之间、在处理能力和存储容量之间进行折中的思维方法。

计算思维采用了解决问题所采用的一般数学思维方法，并利用计算工具快速解决问题，其本质是抽象（Abstraction）和自动化（Automation）。计算思维中的抽象完全超越物理的时空观，并完全用符号来表示。其中，数字抽象只是其中的一类特例。

抽象层次是计算思维中的一个重要概念，它使人们可以根据不同的抽象层次有选择地忽略某些细节，最终控制系统的复杂性。在分析问题时，计算思维要求人们将注意力集中在感兴趣的抽象层次或其上下层。

计算思维中的抽象最终是要能够利用机器一步步自动执行。为了确保机器的自动化，就需要在抽象的过程中进行精确而严格的符号标记和建模，同时也要求计算机系统或软件系统生产厂家能够提供各种不同抽象层次之间的翻译工具。

计算机科学在本质上源自数学思维，因为像所有科学一样，它的形式化基础构建于数学之上。计算机科学又从本质上源自工程思维，因为人们建造的是能够与实际世界互动的系统，基本计算设备的限制迫使计算机科学家必须计算性地思考，而不能只是数学性地思考。构建虚拟世界的自由使人们能够超越物理世界的各种系统。数学和工程思维的互补与融合很好地体现在抽象、理论和设计 3 个形态（或过程）上。

# 1.3 计算机的发展和趋势

对历史的回顾，不只是要记住历史事件及历史人物，而是要观察技术的发展路线，观察其带给我们的思想性的启示，这对于创新及创新性思维培养是非常有用的。

### 1.3.1 计算工具发展的启示

一般而言，计算与自动计算要解决以下 4 个问题：数据的表示，数据的存储及自动存储，计算规则的表示，计算规则的执行及自动执行。

人类在不断地研究计算，发明和改进计算工具以便自动计算，从古老的"结绳记事"，到算盘、计算尺、差分机，直到 1946 年第一台电子计算机诞生，计算工具经历了从简单到复杂、从低级到高级、从手动到自动的发展过程，而且还在不断发展。回顾计算工具的发展历史（图 1.2），从中可以得到许多有益的启示。

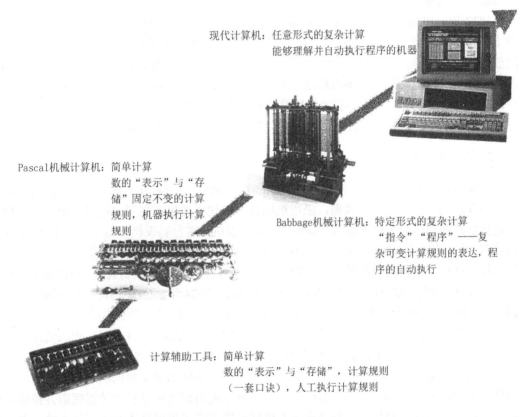

现代计算机：任意形式的复杂计算
能够理解并自动执行程序的机器

Pascal机械计算机：简单计算
数的"表示"与"存储"固定不变的计算规则，机器执行计算规则

Babbage机械计算机：特定形式的复杂计算
"指令""程序"——复杂可变计算规则的表达，程序的自动执行

计算辅助工具：简单计算
数的"表示"与"存储"，计算规则（一套口诀），人工执行计算规则

图 1.2　计算工具的发展与演变过程

**1. 手动计算**

先从计算工具发展史上的第一次重大改革算盘讲起。算盘上的珠子可以表示和存储数，采用十进制记数法，并有一整套计算口诀，例如"三下五除二""七上八下"等，这就是计算规则，是最早的体系化算法。算盘能够进行基本的算术运算，是公认的最早使用的计算工具。然而所有的操作都要靠人的大脑和手完成，因此算盘被认为是一种计算辅助工具，不能被归入自动计算工具范畴。若要进行自动计算，需要由机器来自动执行规则、自动存储和获取数据。

2. 机械式计算机

1642 年，法国科学家帕斯卡（Blaise Pascal）发明了著名的帕斯卡机械计算机，首次确立了计算机器的概念。该机器用齿轮来表示和存储十进制各数位上的数字，通过齿轮比来解决进位问题。低位的齿轮每转动 10 圈，高位上的齿轮只转动 1 圈。机器可自动执行一些计算规则，"数"在计算过程中自动存储。德国数学家莱布尼茨（Gottfried Wilhelm Leibniz，）随后对此进行了改进，设计了"步进轮"，实现了计算规则的自动、连续、重复的执行。帕斯卡机的意义是：告诉人们"用纯机械装置可代替人的思维和记忆"，开辟了自动计算的道路。

1822 年，30 岁的巴贝奇（C. Babbage）受前人杰卡德（J. Jacquard）编织机的启迪，花费 10 年的时间，设计并制作出了差分机。这台差分机能够按照设计者的意图，自动处理不同函数的计算过程。1834 年，巴贝奇设计出具有堆栈、运算器、控制器的分析机，英国著名诗人拜伦的独生女阿达·奥古斯塔（Ada Augusta）为分析机编制了人类历史上第一批程序，即一套可预先变化的有限有序的计算规则。巴贝奇用了 50 年时间不断研究如何制造差分机，但限于当时科技发展水平，其第二个差分机和分析机均未能制造出来。

3. 机电式计算机

1886 年，美国统计学家赫尔曼·霍勒瑞斯（Herman Hollerith）借鉴了雅各织布机的穿孔卡原理，用穿孔卡片存储数据，采用机电技术取代了纯机械装置，制造了第一台可以自动进行加减四则运算、累计存档、制作报表的制表机，这台制表机参与了美国 1890 年的人口普查工作，使预计 10 年的统计工作仅用 1 年零 7 个月就完成了，是人类历史上第一次利用计算机进行大规模的数据处理。霍勒瑞斯于 1896 年创建了制表机公司 TMC 公司，1911 年，TMC 与另外两家公司合并，成立了 CTR 公司。1924 年，CTR 公司改名为国际商业机器公司（International Business Machines Corporation），这就是赫赫有名的 IBM 公司。在巴贝奇去世 70 多年之后，机电式计算机 Mark I 在 IBM 的实验室制作成功，巴贝奇的夙愿才得以实现。巴贝奇用一生进行科学探索和研究，这种精神永远地流传了下来。

正是由于前人对机械计算机的不断探索和研究，不断追求计算的机械化、自动化、智能化，例如，如何能够自动存取数据？如何能够让机器识别可变化的计算规则并按照规则执行？如何能够让机器像人一样地思考？这些问题促进了机械技术与电子技术的结合，最终导致了现代计算机的出现。在借鉴了前人的机械化、自动化思想后，现代计算机设计了能够理解和执行任意复杂程序的机器，可以进行任意形式的计算，如数学计算、逻辑推理、图形图像变换、数理统计、人工智能与问题求解等，计算机的性能在不断提高。

4. 电子计算机

自从 1946 年 ENIAC（Electronic Numerical Integrator And Computer）在美国宾夕法尼亚大学的摩尔电子工程学院（Moore School of Electrical Engineering，University of Pennsylvania）诞生起，人类对高性能计算的追求就一直没有停止过。ENIAC 是第一台真正意义上的电子计算机，使用电子管和继电器存储器，但是不具备"存储程序"（Stored

Program）体系结构。由 ENIAC 的发明人普雷斯伯·埃克特（J. Presper Eckert）和约翰·莫契利（John William Mauchly）研制的 UNIVAC Ⅰ（UNIVersal Automatic Computer Ⅰ）被认为是第一台商业化的计算机，成为电子管计算机走向成熟的标志。UNIVAC 于 1951 年 6 月 14 日正式移交给美国人口统计局（U.S. Bureau of Census）使用，这标志着人类社会从此进入了计算机时代，计算机最终走出了科学家的实验室，直接为大众事业服务。1964 年 IBM 公司制造的 S/360 系列主机使得计算机体系结构更加成熟。

计算机硬件的发展以用于构建计算机硬件的元器件的发展为主要特征，而元器件的发展与电子技术的发展紧密相关，每当电子技术有突破性的进展，就会导致计算机硬件的一次重大变革。因此，计算机硬件发展史中的"代"通常以其所使用的主要器件，即电子管、晶体管、集成电路、大规模集成电路和超大规模集成电路来划分。

**第一代计算机**（1946~1958 年）以 1946 年 ENIAC 的研制成功为标志。这个时期的计算机都以电子管为基础，笨重而且产生很多热量，容易损坏；存储设备比较落后，最初使用延迟线和静电存储器，容量很小，后来采用磁鼓（磁鼓在读/写臂下旋转，当被访问的存储器单元旋转到读/写臂下时，数据被写入这个单元或从这个单元中读出），有了很大改进；输入设备是读卡机，可以读取穿孔卡片上的孔，输出设备是穿孔卡片机和行式打印机，速度很慢。在这个时代将要结束时，出现了磁带驱动器（磁带是顺序存储设备，也就是说，必须按线性顺序访问磁带上的数据），它比读卡机快得多。

**第二代计算机**（1959~1964 年）以 1959 年美国菲尔克公司研制成功的第一台大型通用晶体管计算机为标志。这个时期的计算机用晶体管取代了电子管，晶体管具有体积小、重量轻、发热少、耗电省、速度快、价格低、寿命长等一系列优点，使计算机的结构与性能都发生了很大改变。

**第三代计算机**（1965~1970 年）以 IBM 公司研制成功的 360 系列计算机为标志。在第二代计算机中，晶体管和其他元器件都是手工集成在印制电路板上的，第三代计算机的特征是集成电路。所谓集成电路是将大量的晶体管和电子线路组合在一块硅片上，故又称其为芯片。制造芯片的原材料相当便宜，硅是地壳里含量第二的常见元素，是海滩沙石的主要成分，因此采用硅材料的计算机芯片可以廉价地批量生产。

**第四代计算机**（1971 年至今）以 Intel 公司研制的第一代微处理器 Intel 4004 为标志，这个时期的计算机最为显著的特征是使用了大规模集成电路和超大规模集成电路。所谓微处理器是将 CPU 集成在一块芯片上，微处理器的发明使计算机在外观、处理能力、价格及实用性等方面发生了深刻的变化。第四代计算机的微型计算机最为引人注目，微型计算机的诞生是超大规模集成电路应用的直接结果。

### 1.3.2 计算机的发展趋势

1. 高性能计算：无所不能的计算

高性能计算就是需要实现更快的计算速度、更大的负载能力和更高的可靠性。实现高性能计算的途径包括两方面，一方面是提高单一处理器的计算性能，另一方面是把这些处理器集成，由多个处理器构成一个计算机系统，这就需要研究多处理器协同分布式计算、并行计算、计算机体系结构等技术。图 1.3 为高性能计算发展示意。

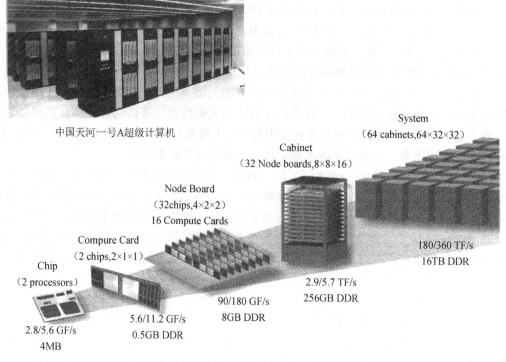

中国天河一号A超级计算机

System
（64 cabinets,64×32×32）

Cabinet
（32 Node boards,8×8×16）

Node Board
（32chips,4×2×2）
16 Compute Cards

Compure Card
（2 chips,2×1×1）

Chip
（2 processors）

180/360 TF/s
16TB DDR

2.9/5.7 TF/s
256GB DDR

90/180 GF/s
8GB DDR

5.6/11.2 GF/s
0.5GB DDR

2.8/5.6 GF/s
4MB

图 1.3　高性能计算发展示意

发展高速度、大容量、功能强大的超级计算机，对于进行科学研究、保卫国家安全、提高经济竞争力具有非常重要的意义。诸如气象预报、航天工程、石油勘测、人类遗传基因检测、机械仿真等现代科学技术，以及开发先进的武器、军事作战的谋划和执行、图像处理及密码破译等，都离不开高性能计算机。研制超级计算机的技术水平体现了一个国家的综合国力，因此超级计算机的研制是各国在高技术领域竞争的热点。

2010 年 11 月世界超级计算机 TOP500 排名，"中国天河一号 A" 位列世界第一，其实测运算速度可以达到每秒 2570 万亿次（这意味着，它计算一天相当于一台家用计算机计算 800 年）。2013 年 6 月，中国天河二号以每秒 33.86 千万亿次的浮点运算速度夺冠。2013 年 11 月 18 日，国际 TOP500 组织公布全球超级计算机 500 强排行榜榜单，中国天河二号再度登上榜首。2014 年 11 月 17 日，中国天河二号以每秒 33.86 千万亿次的浮点运算速度，第四次摘得全球运行速度最快的超级计算机桂冠。

2. 普适计算：无所不在的计算

普适计算（又叫普及计算）是 IBM 在 1999 年提出的概念，是无所不在的、随时随地可以进行计算的一种方式；无论何时何地，只要需要，就可以通过某种设备访问到所需的信息。普适计算的含义十分广泛，所涉及的技术包括移动通信技术、小型计算设备制造技术、小型计算设备上的操作系统技术及软件技术等。

在信息时代，普适计算可以降低设备使用的复杂程度，使人们的生活更轻松、更有效率。实际上，普适计算是网络计算的自然延伸，它使得个人计算机和其他小巧的智能设备都可以连接到网络中，从而方便人们即时地获得信息并采取行动。

目前，IBM 已将普适计算确定为电子商务之后的又一重大发展战略，并开始了端到端解决方案的技术研发。IBM 认为，实现普适计算的基本条件是计算设备越来越小，方便人们随时随地佩带和使用。在计算设备无时不在、无所不在的条件下，普适计算才有可能实现。

随着技术的发展，普适计算正在逐渐成为现实。在我们的周围已经可以看到普适计算的影子，如自动洗衣机可以按照设定的模式自动完成洗衣工作，智能电饭煲可以在我们早晨醒来的时候做好饭，在大街上拿着手机上网，捧着笔记本在机场大厅查收邮件，在家里通过网络预订酒店、机票等。尽管还没有达到十足的普适计算，但已经体现了普适计算的雏形。图1.4为普适计算发展示意。

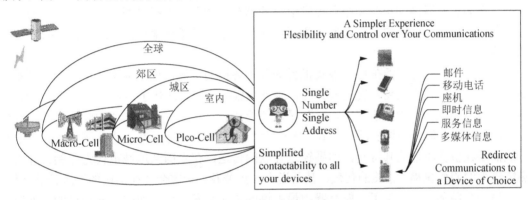

图 1.4　普适计算发展示意

未来，通过将普适计算设备嵌入到人们生活的各种环境中，将计算从桌面上解脱出来，让用户能以各种灵活的方式享受计算能力和系统资源。那时候在我们的周围到处都是计算机，这些计算机将依据不同的计算要求而呈现不同的模样、不同的名称，以至于我们忘记了它们其实就是计算机。

例如，数字家庭通过家庭网关将宽带网络接入家庭，在家庭内部，手持设备、PC 或者家用电器通过有线或者无线的方式连接到网络，从而提供了一个无缝、交互和普适计算的环境。人们能在任何地点、任何时候访问社区服务网络，例如，在社区里预定一场比赛的门票，电子家庭解决方案通过高级的设备与电器诊断、自动定时、集中和远程控制等功能，令生活更方便舒适。通过远程监控器监控家庭的情况，使生活更安全。

### 3. 服务计算与云计算：万事皆服务的计算

服务属于商业范畴，计算属于技术范畴，服务计算是商业与技术的融合，通俗地讲，就是把计算当成一种服务提供给用户。服务计算是跨越计算机与信息技术、商业管理、商业质询服务等领域的一个新的学科，是应用面向服务架构（SOA）技术在消除商业服务与信息支撑技术之间的横沟方面的直接产物。

云计算（Cloud Computing）是基于互联网的相关服务计算。云是、互联网的一种比喻说法。对于云计算的定义有多种说法。现阶段广为接受的是美国国家标准与技术研究院（NIST）定义：云计算是一种按使用量付费的模式，这种模式提供可用的、便捷的、按需的网络访问，进入可配置的计算资源共享池（资源包括网络、服务器、存储、应用软件、服务），这些资源能够被快速提供，只需投入很少的管理工作，或与服务供应商进行很少的交互。按照计算资源的划分，可将硬件部分，如计算节点、存储节点等按服务提供，即基础设施作为服务（Infrastructure as a Sevice，IaaS），也可将操作系统、中间件等按服务提供，即平台作为服务（Platform as a Service，PaaS），也可将应用软件等按服务提供，即软件作为服务（Software as a Service，SaaS）。按服务提供，即让用户不追求所有，但追求所用，按使用时间和使用量支付费用。

云计算一般也称为云计算服务，即云服务，可以作为服务提供使用的云计算产品，包括云主机、云盘、云开发、云测试和综合类产品等。云盘服务是互联网云技术中最普及的服务，它通过互联网为企业和个人提供信息的储存、读取、下载等服务，具有安全稳定、海量存储的特点。比较知名的云盘服务商有百度云盘（百度网盘）、360 云盘、金山快盘、微云等。

进一步，将计算资源推广到现实世界的各种各样的资源，如车辆资源、仓储资源等，能否以服务的方式提供呢？现实世界的资源外包服务已经普遍化了，即不求所有但求所用。将现实世界的这种资源外包服务，以互联网的形式进行资源的聚集、资源的租赁、资源的使用监控等是资源外包服务的新模式，被称为"云服务"。一张从北美寄往国内亲人的照片可能需要花价格不菲的邮寄费，如果经过互联网传送，在中国当地城市代为印制，并附上热情洋溢的问候祝福、精美的包装，甚至送上一束鲜花，一定会让在国内的家人倍感亲切。

另一个服务计算的例子。航空器中最关键的是航空发动机，而航空发动机的状态监控与维护对于飞行安全是至关重要的。那么，航空公司在购买航空器时能否不购买发动机，而只购买发动机的安全飞行小时数呢？若是这样，发动机制造公司也会改变产品售后服务方式，例如其可全程监控在天空飞行的每一架飞行器，监测其是否存在隐患，如果发现隐患，可提前运送一台正常发动机到飞行器降落地，并及时更换以保证不耽搁飞行器的正常飞行，而替换下来的发动机因及时维护可使其保持常新状态，这样是否实现了多赢呢？图 1.5 是服务计算与云服务的一个示例——Rolls-Royce 公司的 TotalCare。

服务计算的核心技术包括 Web 服务、面向服务的体系结构（Service Oriented Architecture，SOA）与企业服务总线（Enterprise Service Bus，ESB）、云计算、工作流（Work Flow）和虚拟化（Virtualization）、分布式计算与并行计算、群体服务网络计算与社会服务网络计算等。

### 4. 智能计算：越来越聪明的计算

智能计算只是一种经验化的计算机思考性程序，是人工智能化体系的一个分支，是辅助人类去处理各式问题的具有独立思考能力的系统。计算系统的智能性不断增强，由计算机自动和委托完成任务的复杂性在不断增加。智能计算已经完全投入到我们的工业生产与生活之中。智能计算也称为计算智能，包括遗传算法、模拟退火算法、禁忌搜索算法、进化算法、启发式算法、蚁群算法、人工鱼群算法、粒子群算法、混合智能算法、免疫算法、人工智能、神经网络、机器学习、生物计算、DNA 计算、量子计算、智能计算与优化、模糊逻辑、模式识别、知识发现、数据挖掘等。

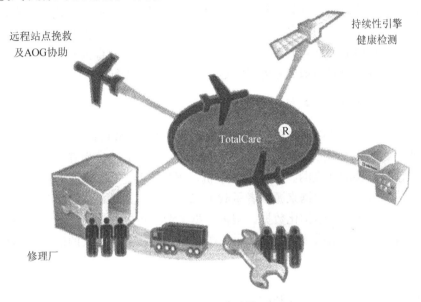

图 1.5　Rolls-Royce 公司的 TotalCare

　　使计算机具有类似人的智能，一直是计算机科学家不断追求的目标。所谓类似人的智能，是使计算机能像人一样思考和判断，让计算机去做过去只有人才能做的智能的工作。几个典型的智能计算的成果是：1997 年，IBM 的"深蓝"计算机以 3.5∶2.5 的比分战胜了国际象棋特级大师卡斯帕罗夫。2003 年，"小深"替换上场，以 3∶3 的比分"握手言和"。2011 年，IBM 的"沃森"计算机在美国的一次智力竞猜电视节目中，成功击败该节目历史上两位最成功的人类选手，能够理解人类主持人以英语提出的如"哪位酒店大亨的肘子戳坏了他自己的毕加索的画，之前这幅画值 139 亿美元，之后只值 8500 万美元"等抽象的问题。

　　大家都用过搜索引擎（如"百度"或"谷歌"）来进行搜索，输入我们想要的特征关键词后，它的检索结果是否是我们想要的呢？从你第一天使用开始，到今天为止，你是否发现它的检索结果越来越符合我们的期望呢？这是否有智能计算的影子呢？

　　还有一类问题，如典型的资源配置决策优化问题，计算机在求解此类问题时可能需要较长的时间，甚至可能无法求解。例如，现在有 $n$ 个作业任务，有 $m$ 种资源，如何配置资源，才能使 $n$ 个作业任务完成的同时资源利用率最高呢？当规模很小时，计算机的求解结果可能不如人；当规模很大时，计算机虽能求解但可能消耗更多的时间。有没有更好的办法呢？目前的一些仿生智能算法：一种从自然界得到启发，模仿其结构和工作原理所设计的问题求解算法，如遗传算法、粒子群算法、遗传算法等便是解决此类问题的一种尝试。

　　另一方面，智能性研究是研究人的脑结构并将其应用于问题求解机器的设计中。例如，IBM 研究的认知型计算机可以利用神经系统科学所掌握的简单基础的大脑运行生物过程，超级计算机使科技与大脑错综复杂的状态相匹配，可以利用纳米技术创建模拟的神经键，大脑可以说是一个神经键网络。

再有一类智能计算的例子就是模式识别。指纹识别技术已经得到广泛应用，在机器翻译方面也取得了一些进展，计算机辅助翻译极大提高了翻译效率，在输入方面，手写输入技术已经在手机上得到应用，语音输入也在不断完善中。这一切都在向智能人机交互方向发展，即让计算机能够听懂我们的话，看懂我们的表情，能够像人一样具有自我学习与提高的能力，能够吸收不同的知识并能灵活运用知识，能够进行如人一样的思维和推理。

**5. 大数据：无处不在的数据思维**

大数据（Big Data）是指无法在一定时间内用传统 IT 技术和软硬件工具对其进行感知、获取、管理、处理和应用的海量、复杂的数据集合，其并非单纯指互联网上的相关信息，物联网、云计算、移动互联网、车联网、手机、平板电脑、PC 以及遍布地球各个角落的各种各样的传感器，都是数据来源或者承载方式。大数据通常是指数字化时代创造出的大量结构化、半结构化和非结构化数据。根据数据来源，可以分为两大类：一类来自物理世界，多半是科学实验数据或传感数据；另一类来自人类社会，与人的活动密切相关，特别是与互联网有关。

（1）大数据的特点

大数据的特点可用"4V"来概括：

1）数据体量（Volume）大：指收集和分析的数据量非常大，已经形成了 PB 级的数据量。

2）数据类型（Variety）多：数据来源广、格式丰富，已冲破了常规的以事务为代表的结构化数据范畴，还包括以网页为代表的半结构化数据和以视频、语音信息为代表的非结构化数据。

3）数据处理速度（Velocity）快：大数据往往以数据流的形式动态、快速地产生，涌现特征明显，而且自身的状态与价值也往往随时空变化而发生演变，数据的采集、处理都要求具有很强的时效性。

4）价值（Value）密度低：虽然大数据的潜在价值巨大，但是基于传统思维与技术，人们只会被淹没在数据海洋中，造成信息极度泛滥而无法从中获取有效知识的困境，数据价值利用密度低。

（2）大数据的分类

大数据技术是指从大数据中快速获得有价值信息的技术。按照层次不同，可大概分为以下 6 类：

1）数据采集：利用 ETL（Extraction-Transformation-Loading，数据提取、转换和加载）工具将分布的异构数据源中的数据抽取到临时中间层后进行清洗、转换、集成，最后加载到数据仓库或数据集市中，成为联机分析处理、数据挖掘的基础。

2）数据存取：数据压缩、重复数据删除、自动精简配置、自动分层存储、虚拟化存储、SQL 数据库、NOSQL 数据库等技术。

3）基础架构：云计算平台、分布式文件系统等。

4）数据处理：自然语言处理（Natural Language Processing，NLP），让计算机"理解"

人类的自然语言，是一门融语言学、计算机科学、数学于一体的科学。

5）数据挖掘：假设检验、差异分析、相关分析、回归分析、曲线估计、因子分析、聚类分析、主成分分析、判别分析、对应分析、bootstrap、预测、时序模式、复杂数据类型挖掘（Text、Web、图形图像、视频、音频）等技术。

6）模型预测：预测模型、机器学习、建模仿真。

（3）大数据的价值

大数据使我们对世界的认识从定量、结构的世界转为不确定、非结构的世界，它将和交通、通信网络一样逐渐成为现代社会基础设施的一部分，进而影响社会领域的各个层面。大数据时代的 3 个思维变化：不是随机样本数据，而是全体数据；不是精确性数据，而是混杂性的数据，尤其是大数据的简单算法比小数据的复杂算法有效；通过数据，不是寻找因果关系，而是寻找相互关系。概括而言，大数据的价值主要体现在以下 6 个方面：

1）大数据彰显国家发展战略大智慧：大数据是与人力资源、自然资源一样重要的战略资源。大数据时代，国家层面的竞争力将很大程度上体现在拥有大数据的规模、活性，以及对数据的解释、运用的能力上，网络空间的数据主权是国家数字主权的集中体现。大数据领域的落后，就意味着产业战略制高点的失守，意味着数字主权无险可守。能否抓住机遇、抢占大数据战略制高点，是国家发展大智慧的重要体现。

2）大数据引发科学研究方法大变革：海量数据催生了一种新的科研模式，即科研人员只需从数据中直接查找或挖掘所需要的信息、知识和智慧，甚至无须直接接触所研究的对象。2007 年已故图灵奖得主吉姆·格雷在他最后一次演讲中描绘了数据密集型科学研究的"第四范式"，把数据密集型科学从计算科学中区分开来，认为"第四范式"将是解决某些全球性挑战的唯一具有系统性的方法。

3）大数据推动现有产业转型与新产业诞生：大数据的兴起，使信息经济由以信息技术产业为重点向以信息收集与处理为重点转变，从实体服务向数据服务转变。产业界需求与关注点因此发生了重大转变：企业关注的重点转向数据；计算机行业从追求计算能力转变为数据处理能力；软件业也将从编程为主转变为以数据为主；云计算的主导权也将从云供应商转向云需求者，由技术资源转向商业资源，进入以分析即服务（AaaS）为主要标志的Cloud 2.0 时代。数据已成为各类应用的原始材料，未来将形成数据服务、数据探矿、数据化学、数据材料、数据制药等一系列战略性新兴产业。

4）大数据帮助经济过程实现逆转：大数据改变经济过程的作用在于实现"产消逆转"，推动经济从 B2C（Business to Customer，生产者对消费者）转向 C2B（Consumer to Business），即转变了以往以生产者为起点、消费者为终点的过程。今后将是消费者向生产者发送信息，生产者根据这些消费信息定制产品。由于消费者量大、分散，就需要发挥大数据的重要作用，帮助人们从源头获取准确消费需求，从而帮助生产者提高生产效益。

5）大数据导致网络结构组织变革：大数据导致全球互联网去中心化。大数据时代，越来越多的网络内容不再由专业网站或特定人群所产生，而是全体网民共同参与的结果。而且随着如 Twitter、Facebook 等更多简单易用的去中心化网络服务的出现，网民参与互联网、贡献内容更加简便、多元化，每一个网民都将变成一个独立的信息提供商，使网络内容逐渐去中心化。巨量网络数据如果只存储在少数的中心服务器和门户网站，就会给数据安全带来严重威胁，数据价值越高，不法分子犯罪成本也将同步提高。为了弱化安全威胁，提高数据可靠性，将利用多服务器、分散系统承载大数据。同时，大数据大流量、高时效的特点也将使各数据节点绕过中心节点实现网状直连，网络架构也将逐步实现去中心化。

6）大数据提供智慧城市建设新引擎：建设智慧城市，是城市发展的新范式和新战略。智慧城市是通过物与物、物与人、人与人的互联互通能力、全面感知能力和信息利用能力，通过物联网、移动互联网、云计算等新一代信息技术，实现城市高效的政府管理、便捷的民生服务、可持续的产业发展。智慧城市建设中在政府决策与服务、城市产业规划、城市运营管理、人民衣食住行等方面将产生爆发式增长的数据量，只有大数据技术才能支撑起城市智慧化建设。大数据可在城市规划、交通管理、舆情监控、公共服务、衣食住行、安防与防灾等领域为各级部门和机构提供决策支持，使城市从"经验粗放型管理"转向"科学精准型治理"。

### 6. 未来互联网与智慧地球：无处不在的互联网思维

尽管"电"的发明（1831 年，爱迪生）是很伟大的，但直到 1882 年出现的第一个电站和电网才改变了人们的生活，使所有的家庭和工厂都用上了电。我们说，"电子计算机"的发明（1946 年，ENIAC）也是很伟大的，也是在 1983 年 TCP/IP 成为计算机网络的工业标准后，尤其是 20 世纪 90 年代出现的 Internet，才使得所有人都在享用计算机及其网络所带来的工作和生活上的快乐与方便，如电子邮件、社交网络、在线游戏、网上购物等，计算机及因特网已经改变了人们的工作和生活习惯。

互联网技术自发明以来已经走过了 40 多个年头，今天的互联网不断普及，尤其是随着移动终端和智能手机的普及，无线宽带覆盖区域的提升，互联网将在现有基础上更进一步影响公众生活的方方面面，互联网将在创新商业模式，促进传统产业升级、承载社会价值，最终促进整个社会的和谐发展上发挥更为重要的作用。

由于互联网用户数的不断增加，以及用户状态的分散，互联网和信息化所创的商业模式也在不断创新，例如网络媒体、网络社区、网络游戏、即时通信、搜索、电子商务等，不但高效便捷地提升了人们的学习工作效率，丰富了人们的文化娱乐需求，而且还极大地推动了社会经济的发展。互联网应用转为以多媒体内容传输为中心，而不再仅仅是一个简单的数据传输网络，互联网的数据传输量将增加到 exabyte，乃至 zettabyte 级别。

通过博客、微博、社区、SNS，建立起以个人为中心的一个虚拟的分享和交友网络。这样形成以个人为中心的社会化网络和传统社会网络相比，具有很高的便携性、私密性和丰富性。互联网也正在成为一个承载社会价值的平台。互联网的信息快速传递和互动特性，让公众在社会舆论监督，公益志愿事业等方面发挥出了越来越大的力量。互联网在社会信息的传递过程中起到关键的作用，是显示信息对称性与公平性的良好渠道。同时，互联网也吸引了更多黑客攻击。

互联网作为智力密集型、低能耗、高附加值的生产工具，已经成为了促进传统产业升级，倡导绿色环保的引擎。在当前国内外都大力发展低碳经济，抵御自然灾害对人类破坏的紧迫需求之下，互联网产业体现出了独特的优势。

未来，计算机学科向何处去？欧盟在其科学研究框架中提出了"未来互联网（Future

Internet）"技术（图 1.6），IBM 提出了"智慧地球（Smart Planet）"技术（图 1.7），为我们指明了方向。由于互联网渗透到人们生活中，进入到各行各业中，互联网思维也成为热门的词汇。所谓互联网思维（图 1.8）就是通过互联网的模式进行价值交换和利益最大化，用户至上的思维。

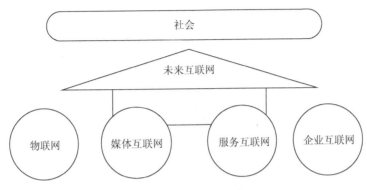

图 1.6　未来互联网架构

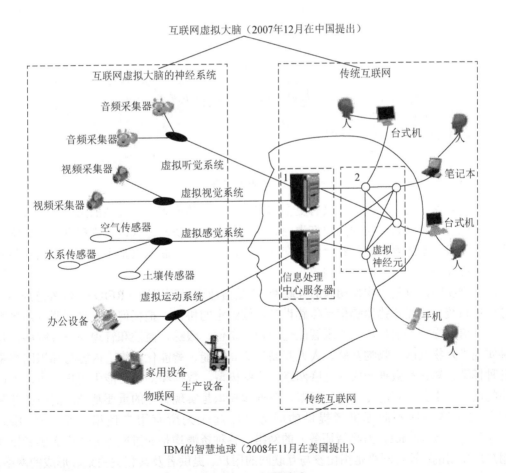

图 1.7　智慧地球

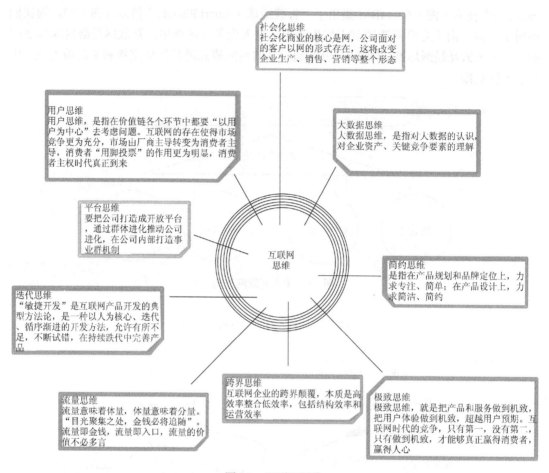

图 1.8　互联网思维

欧盟科学家认为，互联网将具有更多的用户、更多的内容、更复杂的结构和更多的互动参与特性，互联网将会实现用户产生内容、无处不在的访问方式以及物理世界与数字世界更好的集成。基于互联网的社会网络交互性，提出未来互联网将是由物联网、内容与知识网、服务互联网和社会网络等构成。

所谓物联网，就是"物物相联的互联网"，是指通过射频识别（RFID）、红外感应器、全球定位系统、激光扫描器等信息传感设备，按约定的协议，把任何物品与互联网连接起来，进行信息交换和通信，以实现智能化识别、定位、跟踪、监控和管理的一种网络，是一种实现"人物互联、物物互联、人人互联"的高效能、智能化网络。内容与知识网络是由各种模型、知识和数据构成的互联网络，这些模型、数据和知识可能由用户产生，也可能由物联网产生并经智能化处理，模型、数据和知识是实现智能的重要基础。而服务互联网是指将全球各地不同提供者提供的服务互联起来为所有用户使用，是一种 EaaS（Everything as a Service，万物皆服务）的网络，各种资源均是通过服务方式由提供者提供给用户所使用的；社会网络是指由参与互联网的用户、提供者及其相关关系等形成的网络，包括虚拟世界用户网络和现实世界用户网络以及相互之间的作用网络。

IBM 科学家提出的智慧地球，从一个总体产业或社会生态系统出发，针对某产业或社会领域的长远目标，调动其相关生态系统中的各个角色以创新的方法作出更大更有效的贡献，充分发挥先进信息技术的潜力，以促进整个生态系统的互动，以此推动整个产业和整个公共服务领域的变革，形成新的世界运行模型。其强调更透彻的感知（Instrumented），利用任何可以随时随地感知、测量、捕获和传递信息的设备、系统或流程；强调更全面的互联互通（Interconnected），先进的系统可按新的方式系统工作；强调更深入的智能化（Intelligent），利用先进技术获取更智能的洞察并付诸实践，进而创造新的价值。智慧地球在 "3I"（Instrumented、Interconnected、Intelligence）的支持下，以一种更智慧的方法和技术来改变政府、公司和人们交互运行的方式，提高交互的明确性、效率、灵活性和响应速度，改变着社会生活各方面的运行模式。智慧地球的主要含义是把新一代 IT 技术充分运用在各行各业之中，即把感应器嵌入和装备到电网、铁路、桥梁、隧道、公路、建筑、供水系统、大坝、油气管道等各种物体中，并且被普遍连接，形成所谓 "物联网"；通过超级计算机和云计算将物联网整合起来，实现人类社会与物理系统的整合。在此基础上，人类可以以更精细和动态的方式管理生产和生活，提供更多种的服务，从而达到智慧的状态。

通过前述介绍可以看出，计算机学科已经对社会和人们的思维模式产生了巨大的影响，无论是哪一学科的人员都应理解一些计算思维，都应能运用计算思维于各学科的创新活动中。而计算思维也是各学科创新所离不开的一种思维模式，也必将对各学科人才产生重要的影响。

# 习　题

1. 名词解释：

信息　信息化　计算　计算思维　计算机　高性能计算机　智能计算云计算　大数据

2. 信息化时代的特点有哪些？大学生应该如何适应信息化时代的特点，怎样培养自己的信息素养？

3. 请说明计算机发展的历史，并根据目前计算机发展情况，分析计算机发展的趋势。

4. 什么是计算机科学？它对其他科学的影响体现在哪里？

5. 请举例说明你理解的计算思维案例。

 拓展阅读

阿兰·麦席森·图灵（1912～1954 年），英国数学家，逻辑学家，被誉为 "计算机之父"、"人工智能之父"。

图灵 1912 年生于英国伦敦，是计算机逻辑的奠基者，提出了 "图灵机" 和 "图灵测试" 等重要概念。少年时代对数学有颇大兴趣的图灵于 1931 年考入剑桥大学国王学院专攻数学，并于 23 岁当选为国王学院院士，是该学院声名显赫的毕业生之一。大

学毕业后，图灵来到美国普林斯顿大学攻读数学博士学位，研究涉及逻辑学、代数和数论等领域，他发表的名为"以序数为基础的逻辑系统"的论文不仅帮助他成功获得博士称号，更是在数理逻辑研究中产生了深远的影响。1936 年，也正是在普林斯顿大学，图灵在自己发表的题为"论数字计算在决断难题中的应用"的论文中给"可计算性"下了一个严格的数学定义，并据此提出了著名的"图灵机"的设想。"图灵机"是一种思想模型，以机器来模拟人类用纸笔进行数学运算的过程，来计算所有可计算函数，是一种十分简单但运算力极强的计算装置。"图灵机"被后人认为是现代计算机的原型，而图灵在此基础上设计出的"万能图灵机"实际上就是现代通用计算机的最原始的模型。1938 年，学成后的图灵回到母校剑桥大学作为研究员继续进行研究，一毕业就被臻选为研究员的他是剑桥大学有史以来最年轻的研究员。

1950 年，图灵在题为"机器能思考吗"的论文中提出了"图灵测试"的实验，也正是这篇论文为其赢得了"人工智能之父"的称号。为了纪念他对计算机的重大贡献，具有"计算机界诺贝尔奖"之称的最崇高的一个奖项以他的名字命名为"图灵奖"。

# 2 计算机系统概述

现在的计算机系统可谓是五花八门，无论在尺寸、功能还是价格上，都存在着千差万别的变化。但不管存在着怎样的差别，所有的计算机都是由计算机硬件系统和计算机软件系统两大部分组成。

本章将介绍计算机的硬件和软件的组成，以及软硬件协同工作的原理和个人计算机的配置。

## 2.1 计算机的硬件组成

计算机硬件系统是计算机系统工作的基础，它由计算机本身和外围设备两部分组成。其中计算机本身提供最基本的计算能力和输入/输出、存储能力，而外围设备主要用于扩展输入/输出和存储能力。计算机硬件系统本身并不提供人们直接需要的功能，为了使计算机硬件系统具有使用价值，还需要计算机软件系统的配合。软件驱使计算机硬件进行计算、处理数据，完成各种工作。

本章将以个人计算机为例来介绍计算机的硬件组成。个人计算机通常包括台式机、笔记本式计算机和平板电脑（PAD）3 种类型。PAD 适用于上网和影音娱乐，笔记本式计算机适用于移动办公，台式机适用于固定地点的办公。3 种计算机如图 2.1 所示。

图 2.1 个人计算机

### 2.1.1 计算机的逻辑结构及工作原理

计算机从诞生至今已有几十年的时间，计算机的出现和广泛应用有力地推动了社会信息化的进程。从 20 世纪 40 年代至今，不管计算机的外观、体积与能力如何，其逻辑组成都遵从"冯·诺依曼"结构。计算机由控制器、运算器、输入设备、存储器及输出设备 5 个部件组成，如图 2.2 所示。

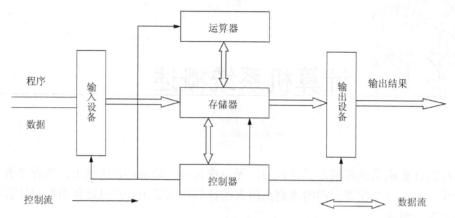

图 2.2　计算机的逻辑结构

输入设备的功能是实现数据（计算对象的二进制表示）和指令从计算机外部到存储器的过程，输出设备是实现计算结果从存储器到计算机外部的过程。存储器用于存储、读和写数据和指令。控制器用于执行指令，每执行一条指令，完成一次操作，通过执行一系列指令，完成构成某个计算过程的一系列操作步骤。运算器用于实现数据的运算过程，这些运算过程包括两个数的算数运算和逻辑运算。

这 5 个部分相互协同共同完成计算任务：在控制器的统一协调下，待处理的数据以及处理数据的程序通过输入设备进入计算机，存储在存储器中；运算器再从存储器中取出程序运行，并对存储器中的数据进行处理；最后，在输出设备上将数据显示出来。

这个过程体现了冯·诺依曼提出的"存储程序"思想——程序与数据预先存入存储器，工作时连续自动地顺序执行。冯·诺依曼原理是美籍匈牙利数学家冯·诺依曼于 1946 年提出的，故称为冯·诺依曼原理，其主要思想如下：

1）计算机应包括运算器、控制器、存储器、输入和输出设备五大基本部件。

2）计算机内部应采用二进制来表示指令和数据。

3）存储程序，让程序来指挥计算机自动完成各种工作。

与计算机的逻辑结构一样，构成个人计算机硬件的真实物理设备也都是一样的，都是由主机（运行设备和存储设备）和外围设备（基本输入/输出设备、通信设备及其他外围设备）组成。这些设备相互连接，相互补充，在软件的驱动下协同工作，为计算机系统提供物质基础，如图 2.3 所示。

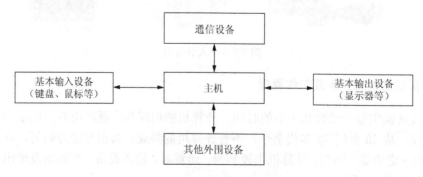

图 2.3　计算机的真实硬件结构

相互连接是计算机结构的主要特点。无论是主机与各种外围设备之间，还是主机内部各部件之间，都是用总线连接起来的。总线是一组为系统各部件之间传送数据的公共信号线，具有汇集与分配数据信号、选择发送信号的部件与接收信号的部件、总线控制权的建立与转移等功能。总线的数据交换功能往往用总线宽度来衡量，总线宽度指的是同一时刻能够传送的二进制位数，目前个人计算机大多是 64 位总线。

### 2.1.2　计算机的性能指标

一台计算机的性能是由多方面的指标决定的，不同的计算机其侧重面有所不同。计算机的主要技术性能指标如下。

（1）字长

字长是指计算机的运算部件一次能直接处理的二进制数据的位数，它直接涉及计算机的功能、用途和应用领域，是计算机的一个重要技术性能指标。一般计算机的字长都是字节的 1、2、4、8 倍，1 字节由 8 个二进制位构成，因此微型计算机的字长为 8 位、16 位、32 位或 64 位。例如某型号 CPU 字长为 64 位，表示其能处理的最大二进制数为 $2^{64}$。首先，字长决定了计算机的运算精度，字长越长，运算精度就越高，因此高性能计算机字长较长，而性能较差的计算机字长相对短些；其次，字长决定了指令直接寻址的能力；字长还影响计算机的运算速度，字长越长，其运算速度就快。

（2）内存容量

内存储器中能存储信息的总字节数称为内存容量。内存的容量越大，存储的数据和程序量就越多，能运行的软件功能越丰富，处理能力就越强，同时也会加快运算或处理信息的速度。

（3）主频

主频即 CPU 的时钟频率，是指 CPU 在单位时间内发出的脉冲数，也就是 CPU 运算时的工作频率。主频的单位是赫兹（Hz）。目前微机的主频普遍在 2 吉赫兹（2GHz）以上。在很大程度上 CPU 的主频决定着计算机的运算速度，主频越高，一个时钟周期里完成的指令数也越多，当然 CPU 的速度就越快。提高 CPU 的主频也是提高计算机性能的有效手段。

（4）存取周期

存储器完成一次读（取）或写（存）信息所需时间称为存储器的存取（访问）时间。连续两次读（或写）所需的最短时间，称为存储器的存取周期。存取周期是反映内存储器性能的一项重要技术指标，直接影响计算机的速度。微机的内存储器目前都由超大规模集成电路技术制成，其存取周期很短，约为几十纳秒（ns）。

（5）外设配置

外设配置是指计算机的输入/输出设备以及外存储器等，如键盘、鼠标、显示器与显示卡、音箱与声卡、打印机、硬盘和光盘驱动器等。不同用途的计算机要根据其用途进行合理的外设配置。例如，联网的多媒体计算机，由于要具有连接互联网的能力与多媒体操作的能力，因此要配置网卡、音箱、声卡、显示卡等，以保证计算机的网络通信和图像显示性能。

### 2.1.3　个人计算机的主要部件

组成个人计算机的设备和部件主要包括主板、中央处理器、存储设备、机箱、电源及基本输入/输出设备。

（1）主板

图 2.4　计算机主板

主板是计算机中各个部件工作的一个平台，它把计算机的各个部件紧密连接在一起，各个部件通过主板进行数据传输。也就是说，计算机中重要的"交通枢纽"都在主板上，它工作的稳定性影响着整机工作的稳定性。主板一般为矩形电路板，安装在机箱内。如图 2.4 所示，主板上面安装了组成计算机的主要电路系统，一般有 BIOS 芯片、I/O 控制芯片、键盘和面板控制开关接口、指示灯插接件、扩充插槽、主板及插卡的直流电源供电接插件等。

（2）中央处理器

中央处理器（Central Processing Unit，CPU）是一块超大规模的集成电路，是一台计算机的运算核心和控制核心，主要包括运算器（Arithmetic and Logic Unit，ALU）和控制器（Control Unit，CU）两大部件。运算器的功能是完成各种算术运算和逻辑运算；控制器用于控制计算机的各个部件协调工作。此外，还包括若干个寄存器和高速缓冲存储器及实现它们之间联系的数据、控制及状态的总线。图 2.5 是 CPU 芯片封装图和内部逻辑结构图。CPU 与内部存储器和输入/输出设备合称为电子计算机三大核心部件。

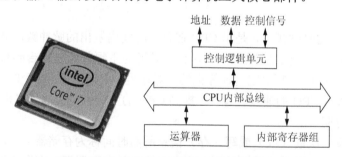

图 2.5　CPU 芯片封装图和内部逻辑结构图

（3）存储设备

CPU 进行工作、执行指令、处理信息时，其所需要的指令和信息都是保存在不同的存储设备上的。计算机内部的这些存储设备的作用、存储原理、存储容量和存储速度都各不相同。

1）寄存器。在 CPU 内部，有自己的快速存储设备——寄存器，用于存放即将执行的指令和处理的数据，一般只有很少的几个；而大量要执行的软件和要处理的数据都存放在磁盘和其他外存储器上。

2）高速缓冲存储器。高速缓冲存储器（Cache）是介于主存和 CPU 之间的高速小容量存储器，可以放在 CPU 内部或外部，容量大约为 1～4MB。Cache 的存/取速度高于主存，把正在执行的指令地址附近的一部分指令或者数据从主存调入高速缓冲存储器，供 CPU 在一段时间内使用，这样就能相对的提高 CPU 的运算速度。

3）主存储器。主存储器也称为内存储器、主存、内存。主存是 CPU 能直接寻址的存储空间，用于存放计算机将要执行的程序和数据。主存储器的容量大小一般为 4～8GB。

目前使用的主存储器都是半导体存储器，是以晶体管为基本电路单元构建的。根据使用方式的不同，分为随机存储器（Random Access Memory，RAM）和只读存储器（Read Only Memory，ROM）两种。

① 只读存储器。ROM 中所存数据是装入整机前事先写好的，整机工作过程中只能读出，不能改写。ROM 所存数据在断电后不会消失，因此常用于存储各种固定程序和数据，如 BIOS 程序等。

② 随机读/写存储器。RAM 是计算机工作的存储区，一切要执行的程序和数据都要先装入该存储器内。随机读/写的含义是指既能读数据，也可以往里写数据。同时访问同一 RAM 中的每一个存储单元所需时间是相同的，即存储单元访问时间与存储单元在 RAM 中的位置无关。

RAM 中的信息会随着计算机的断电自然消失，所以说 RAM 是计算机处理数据的临时存储区。要想使数据长期保存起来，必须将数据保存在外存储器中。

4）外存储器。外存储器也称为外存，辅存，是内存的延伸，其主要作用是长期存放计算机工作所需要的系统文件、应用程序、用户程序、文档、数据等。当 CPU 需要执行某部分程序和数据时，由外存调入内存以供 CPU 访问。外存储器的工作速度比较低，种类包括硬盘、光盘和 U 盘等，其中硬盘的容量一般为 1～2TB，U 盘的容量一般为 8～128GB。

CPU 中寄存器的存取速度非常快，和 CPU 的速度相当，但是容量很小。因此，CPU 执行指令和数据时，要即时从外存储器上将有关数据和指令（软件）通过总线传输到寄存器中。

计算机的主存储器不能同时满足存取速度快、存储容量大和成本低的要求，在计算机中必须有速度由慢到快、容量由大到小的多级层次存储器，以最优的控制调度算法和合理的成本，构成具有性能可接受的存储系统。

CPU 寄存器、高速缓存、主存储器和外存储器等存储设备之间的数据往来关系如图 2.6 所示，图中由左到右，设备的工作速度在数量级上逐级递减，存储容量则逐级递增。由这些存储器组成一个完整的存储系统，这个存储系统的速度近似于寄存器的存储速度，而存储容量近似于外存储器的容量。

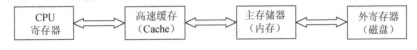

图 2.6　存储系统

存储系统的性能在计算机中的地位日趋重要，主要原因是：①冯·诺依曼体系结构是以存储程序概念为基础的，访存操作约占中央处理器时间的 70%左右；②存储管理与组织的好坏影响到整机效率；③现代的信息处理，如图像处理、数据库、知识库、语音识别、多媒体等对存储系统的要求很高。

位 bit（比特）是计算机中存放一位二进制数（即 0 或 1）的存储单位。表示存储器容量的基本单位是字节（Byte，B），一般为 8 个二进制位，存储器容量的单位还有 KB、MB、GB、TB、PB、EB 等，将来还会有更大的存储单位，这些单位的换算如下：

1KB（Kilobyte 千字节）=1024B

1MB（Megabyte 兆字节，简称"兆"）=1024KB

1GB（Gigabyte 吉字节，又称"千兆"）=1024MB

1TB（Trillionbyte 万亿字节，太字节）=1024GB

1PB（Petabyte 千万亿字节，拍字节）=1024TB

1EB（Exabyte 百亿亿字节，艾字节）=1024PB

1ZB（Zettabyte 十万亿亿字节，泽字节）= 1024EB

1YB（Yottabyte 一亿亿亿字节，尧字节）= 1024ZB

1BB（Brontobyte 一千亿亿亿字节）=1024YB

（4）基本输入/输出设备

输入/输出设备向计算机输入或输出数据和信息的设备，是人与计算机交互的一种部件。

1）键盘是最常用也是最主要的输入设备，通过键盘可以将英文字母、数字、标点符号等输入到计算机中，从而向计算机发出命令、输入数据等。键盘从内部结构可以将键盘分为"机械式键盘"和"电容式键盘"两种，从连接方式分为 PS/2 键盘、USB 键盘、无线键盘等。

2）鼠标是增强键盘输入功能的重要设备，因为它的外形很像一只老鼠，在英文里面它的名字叫 MOUSE。目前大量的软件都支持鼠标操作，没有鼠标这些软件将难以运行。鼠标从连接方式分为 PS/2 鼠标、USB 鼠标、无线鼠标等。

3）显示器通常也被称为监视器，是一种将一定的电子文件通过特定的传输设备显示到屏幕上再反射到人眼的显示工具。

键盘、鼠标、显示器实物如图 2.7 所示。

图 2.7　键盘、鼠标、显示器

## 2.2 计算机的软件组成

为了让计算机能够完成各种各样的任务，人们开发的计算机软件也是多种多样的。通常，不同的工作是由不同的计算机软件来完成的。但是不同的工作之间，相互的联系是很密切的。有的工作是基础性的，其他的工作都是基于它们来完成的；而有些工作需要很多其他的工作来配合才能完成。为了让计算机软件系统能够更加精巧，人们在开发软件时将计算机软件分成了两大类：系统软件和应用软件。

系统软件和应用软件协同工作，完成信息的输入、存储、管理、处理和输出等功能，软件功能多种多样，但各个软件有一个明显的层次化特点，如图 2.8 所示。系统软件是底层软件，负责软硬件的协同，并向应用软件提供运行支持；应用软件是高层软件，面向人类思维。不同软件层次之间分工明确且相互配合，在这个层次图中，计算机硬件系统是其核心。

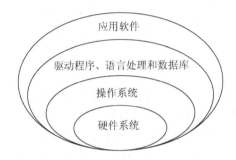

图 2.8　计算机硬件系统和软件系统的层次关系

### 2.2.1 系统软件

系统软件协助计算机执行基本的操作任务，例如为应用软件的运行提供支持，管理硬件设备，在硬件设备和应用软件之间建立接口等。常用的系统软件有操作系统、设备驱动程序、工具软件、数据库系统、程序语言等。

（1）操作系统

操作系统（OS）是最重要的一类计算机系统软件。如果没有操作系统的功能支持，人们无法有效地在计算机上进行操作。实际上，操作系统是计算机系统能够有效工作的最基础、必不可少的软件，没有操作系统的计算机硬件系统可以说毫无用处。因此，所有计算机制造公司在出售计算机时总是伴随着提供计算机上的操作系统软件。

操作系统软件的主要任务是管理计算机系统的硬件资源和信息资源（程序和数据）。此外，它还要为计算机上的各种硬件和软件的运行提供支持，并为计算机的用户和管理人员提供各种服务。

从资源管理角度而言，操作系统的功能主要有以下几项：

1）处理器管理。处理器管理的主要任务是对处理器进行分配，并且对其运行进行有效地控制和管理。处理器管理的内容包括进程控制、进程同步、进程通信、进程调度等。

2）存储管理。存储管理的主要任务是为多道程序的运行提供良好的主存环境，方便用户使用主存储器，提高主存储器的利用率，并且能从逻辑上扩充主存储器。

3）设备管理。设备管理的主要任务是完成用户提出的输入/输出请求，为用户分配输入/输出设备，提高 CPU 与输入/输出设备的利用率，提高输入/输出的运行速度，方便用户使用输入/输出设备。

4）软件资源管理。软件资源管理（也就是文件系统）的主要任务是对用户文件和系统文件进行管理，方便用户使用，并且保证文件的安全性。

台式机和笔记本常用的操作系统有 Windows 系列的 Windows 7 和 Windows 8，苹果系列的有 Mac OS X。服务器常用的操作系统有 Windows 系列的 Windows 2003 和 Windows 2008，以及 Linux 和 UNIX。平板电脑的常用的操作系统有微软的 Windows 8、谷歌的 Android 和苹果的 iOS 等。

（2）设备驱动程序

当将一个新的设备连接到计算机上时，通常需要安装相应的软件以告诉计算机如何使用这个设备。协助计算机控制设备的系统软件就称为设备驱动程序。设备驱动程序中包含了所有与设备相关的代码。每个设备驱动程序只能处理一种设备，或者一类紧密相关的设备。

（3）数据库系统

数据库系统是对数据进行存储、管理、处理和维护的软件系统，是现代计算机环境中的核心部分。数据库系统由一个相互关联的数据集合和一组用以访问这些数据的程序组成，这个数据集合称为数据库。数据库系统的基本目标是要提供一个可以方便地、有效地存储数据库信息的环境。设计数据库系统的目的是管理大量的信息。常见的数据库系统有 SQL Sever、Access、Oracle、Sybase、DB2 和 Informix 等。

（4）语言处理程序

计算机只能直接识别和执行机器语言，因此要在计算机上运行高级语言程序就必须配备程序语言翻译程序，翻译程序本身也是一组程序，不同的高级语言都有相应的翻译程序。语言处理程序如汇编语言汇编器，C 语言编译、连接器等。

### 2.2.2 应用软件

应用软件是指为了解决各种计算机应用中的实际问题而编制的程序。应用软件具有很强的实用性、专业性，正是由于应用软件的特点，才使得计算机的应用日益渗透到社会的方方面面。应用软件包括商品化的通用软件，也包括用户自己编制的各种应用程序，具体可分为如下几大类。

（1）文字处理软件

文字处理软件主要用于将文字输入到计算机，可以对文字进行修改、排版等操作，还可以将输入的文字以文件的形式保存到磁盘中。目前常用的文字处理软件有 Microsoft Word 和金山 WPS 等。

（2）表格处理软件

表格处理软件主要用于对表格中的数据进行排序、筛选及各种计算，并可用数据制作各种图表等。目前常用的表格处理软件有 Microsoft Excel 和 Lotus 等。

（3）辅助设计软件

计算机辅助设计(CAD)技术是近 20 年来最有成效的工程技术之一。由于计算机具有快速的数值计算、数据处理以及模拟的能力，因此目前在汽车、飞机、船舶、超大规模集成电路等设计、制造过程中，CAD 占据着越来越重要的地位。辅助设计软件主要用于绘制、修改、输出工程图纸。目前常用的辅助设计软件有 AutoCAD 等。

（4）图像处理软件

图像处理软件主要用于绘制和处理各种图形图像，用户可以在空白文件上绘制自己需要的图像，也可以对现有图像进行简单加工及艺术处理，最后将结果保存在外存中或打印出来。常用的图像处理软件有 Adobe Photoshop 等。

（5）多媒体处理软件

多媒体处理软件主要用于处理音频、视频及动画，安装和使用多媒体处理软件对计算机的硬件配置要求相对较高。播放软件是重要的多媒体处理软件，例如豪杰超级解霸和 Winamp 等。常用的视频处理软件有 Adobe Premier 及 Ulead 会声会影等，而 Flash 用于制作动画，Maya、3ds Max 等是大型的 3D 动画处理软件。

## 2.3　计算机硬件与软件的关系

### 2.3.1　计算机硬件与软件协同工作

没有软件系统的计算机，就像没有电视节目的电视机一样，人们能看到的只是一个冷冰冰的物体。当然，计算机软件系统和计算机硬件系统之间的关系远不止电视机和电视节目那么简单。计算机系统是一个设计精巧的软硬件协同工作的系统，这种协同不仅仅是软件和硬件之间的协同，同时也包括硬件与硬件之间的协同、软件与软件之间的协同。

计算机程序就是为完成某种特定工作而实现的、由一系列计算机指令构成的序列。而通常所说的软件，指的就是人们通过程序设计语言设计得到的计算机程序（指令序列）和程序所操作的数据。按照冯·诺依曼的"存储程序"原理，程序与数据都是预先存入存储设备中的。工作时，CPU 自动、顺序地从存储设备中取出指令及其操作数，高速地运行，并最终得到处理结果。

除了 CPU 内的指令和物理电路之间的对应关系外，计算机系统中的其他硬件设备也都有类似的对应关系，而这种对应关系都是由相应的接口卡（显卡、声卡、网卡）来实现的。设备驱动程序正是依据这种对应关系而设计实现的。不同的设备，由于其功能和对应关系不同，所以都需要有不同的驱动程序；另一方面，CPU 要完成对所有设备的融合，也就是说 CPU 要从设备中获取数据、向设备发送数据，是通过主存储器（内存）来辅助完成的。

主存储器被划分为很多个存储单元，每个单元都有其唯一的地址，CPU 向不同的设备发送不同的命令，告诉它们将数据送到主存储器的指定位置，或者从指定位置取数据。而处理器只是从主存储器中特定位置获取指令和数据并将处理结果存放在主存储器中的特定位置即可。正是主存储器的这种地址机制，保证了处理器的数据处理的有序性和正确性。图 2.9 描述了计算机硬件和软件的对应关系。

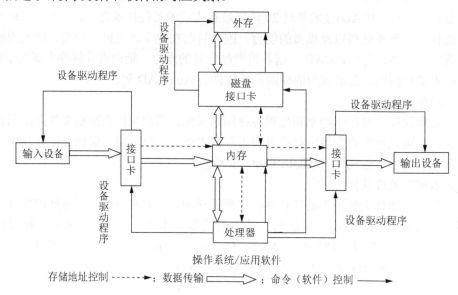

图 2.9　计算机硬件和软件的对应关系

下面以在 Windows 7 操作系统下，从数码相机中导入照片，并在 Photoshop 中处理，然后打印出来的处理过程为例，说明计算机硬件以及整个计算机系统是如何协同工作的，如图 2.10 所示。

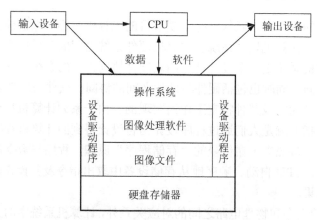

图 2.10　计算机系统的协同工作

1）计算机硬盘中安装了 Windows 7 操作系统、Photoshop 图形处理软件、Cannon 数码相机和 HP 打印机的驱动程序。

2）计算机启动后，首先被执行的软件就是操作系统。Windows 7 操作系统运行起来后，显示系统桌面，并管理 CPU 和其他硬件设备以及软件的运行。

3）要进行图像处理，则接着运行 Photoshop 图像处理软件。在其运行过程中，需要输入一张 Canon 数码相机拍的照片，这时，Photoshop 图像处理软件就会向操作系统发出请求，需要使用图像输入设备（Canon 数码相机），来输入新图像。

4）操作系统接到请求后，就会去检查是否有 Canon 数码相机连接到主机上，并找到 Canon 数码相机的驱动程序，通过驱动程序来获取数码相机中的图像数据。获得相机中的照片图像后，Photoshop 图像处理软件开始对图像数据进行各种处理。

5）图像处理完成后，需要输出到打印机，Photoshop 图像处理软件就会向操作系统发出请求。操作系统接到请求后，就会去检查是否有打印机连接到主机上，并找到打印机的驱动程序，通过驱动程序来打印输出图像数据。

### 2.3.2 计算机软件和硬件的相互促进

计算机硬件技术的发展，一是拓宽了计算机的应用范围，使得应用程序需求愈发强烈，提高了高级语言的发展速度；二是计算机硬件的发展使得计算机资源越来越丰富，计算机资源管理的重要性日益加强，提高了操作系统的发展速度；三是计算机硬件的发展，使得图形界面成为可能，用户使用计算机越来越方便，计算机开始面向普通用户。这一切又对计算机硬件提出新的要求，促使计算机硬件加速发展。目前计算机之所以能够应用到各行各业，并进入到人们生活的方方面面，完全是计算机硬件和软件相互促进、协调发展的结果。例如产生 Windows 的前提，一是诞生鼠标这样的输入设备；二是计算机显示硬件能够显示普通照片级的图形图像功能。但是 Windows 的产生，又极大地扩大了计算机用户群，这些用户对计算机的娱乐功能提出了更高的要求，并因此催生了多媒体计算机。

但是软件的生产过程与硬件不同，软件编写过程非常依赖设计者个人素养，工程化和标准化不够，软件生产效率与人们对应用软件的要求是不对称的，因此，软件发展往往滞后硬件发展。这也是 20 世纪七八十年代发明结构化程序设计语言和结构化程序设计方法，和目前发明面向对象程序设计语言和面向对象程序设计方法的主要原因。在软件工程化和标准化取得突破前，软件依然是制约计算机发展的瓶颈。

## 2.4　配置自己的计算机

配置自己的计算机，一般包括 5 个步骤：选择硬件、安装操作系统、Internet 上网配置、安全设置和安装常用应用软件。

### 2.4.1 选择硬件

计算机硬件的发展速度非常快，而且同一时期，也会有很多不同品牌、不同型号的硬件选择。购买时，根据自己的需要以及自己的维护能力加以选择。

目前台式计算机的主流配置为：双核心或四核心 CPU，DDR3 的内存 8GB，1000Mbps 以太网卡，2TB 容量的硬盘，20 英寸液晶显示器。

笔记本计算机的主流配置为：移动版双核心或四核心 CPU，DDR3 的内存 4GB，1000Mbps 以太网卡和 802.11bgn 无线局域网卡，1TB 容量的硬盘，14 英寸显示器。

购买计算机，有 3 种方式：

1）选择购买品牌计算机的整机。

2）选择购买无品牌的组装机。

3）自己购买各种部件，自己组装。

### 2.4.2　安装操作系统

通常，购买品牌计算机，都会预装操作系统软件和各种设备的驱动程序，计算机系统能正常进行工作。但是一旦计算机软件系统出现故障，如受病毒侵袭，不能正常工作了，这时需要重新安装系统。

重装系统需要非常谨慎。重装系统通常要对硬盘进行新的格式化，这时会破坏硬盘中已有的数据和软件，因此，在重装系统前，一定要对有用的数据进行备份，然后再重装系统。重装系统时按照系统提示一步一步操作即可。

安装好操作系统后可以在操作系统中查看计算机的硬件配置参数，主要包括 CPU 型号、硬盘容量、内存大小和频率、主板型号、显卡型号和显存大小。

1）右击桌面上的"计算机"图标，在弹出的快捷菜单中选择"属性"，如图 2.11 所示。

图 2.11　"计算机"图标的右键菜单

2）此时就可以看到计算机的主要系统信息与配置信息，如图 2.12 所示。

图 2.12　计算机的部分配置信息

3）在图 2.12 所示的窗口中单击"设备管理器"，就可以看到计算机的一部分硬件信息，如显卡型号和 CPU 的核心数等，如图 2.13 所示。

图 2.13　计算机设备管理器

4）右击桌面上的"计算机"图标，在弹出的快捷菜单中选择"管理"，在打开的窗口中单击"磁盘管理"，可以看到磁盘信息，如图 2.14 所示。

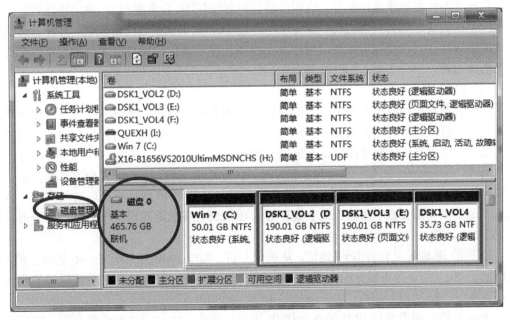

图 2.14　计算机磁盘管理

### 2.4.3　Internet 上网配置

计算机网络是把分布在不同地点且具有独立功能的多个计算机系统通过通信设备和线路连接起来，在功能完善的软件和协议的管理下实现资源共享与信息传递的系统。

Internet 中文名叫做因特网，它是由位于世界各地的成千上万的计算机相互连接在一起形成的可以相互通信的计算机网络系统，是全球最大的、最有影响力的计算机信息资源网。它就像是在计算机与计算机之间架起的一条条高速公路，各种信息在上面快速传递，这种高速公路网遍及世界各地，形成了像蜘蛛网一样的网状结构。

1. 常用的 Internet 术语

Internet 中有一些比较专业的术语，了解这些术语的含义有助于对后面知识的理解。

（1）协议

协议是计算机在网络中实现通信时必须遵守的约定。一台计算机需要准确地知道信息在网络中是以什么形式传递的，从而确保信息到达正确的地方。在 Internet 中传输数据时需要知道网络预计的信息格式，这样网络才能将数据顺利地传递至目的地。运行在 Internet 上的协议有很多，其中主要有 HTTP 协议、FTP 协议、TCP/IP 协议、UDP 协议、SMTP 协议等。

（2）TCP/IP 协议

TCP/IP 协议由传输控制协议（Transmission Control Protocol，TCP）和网际协议（Internet Protocol，IP）两个协议组成。为了安全起见，信息在传送的过程中被分割成一个个的小包，并按照分割的先后顺序进行编号，也叫分组。网际协议 IP 负责根据 IP 地址将这些分组信息从一个主机传送到另一个主机。传输控制协议 TCP 负责收集这些信息包，并将其按适当的次序放好传送，在接收端收到后再将其正确地还原，传输控制协议保证了数据包在传送中的准确无误。

（3）IP 地址

在给朋友寄信的时候要写上对方所在城市的街道和门牌号，邮递员按照这些地址来投递信件，在打电话的时候要拨打对方的电话号码。事实上，街道、门牌号和电话号码都是唯一的，不能重复，这样才能保证不出现冲突和错误。

同样，在 Internet 上有千百万台主机，为了区分这些主机，人们给每台主机都分配了一个唯一的 32 位地址，称为 IP 地址，也称为网际地址。通过 IP 地址就可以访问到每一台主机。IP 地址由 4 部分数字组成，每个数可取值 0～255，各数之间用一个点号"."分开，例如 192.168.1.12。

32 位的 IP 地址又称为 IPv4 地址，从理论上讲，编址 1600 万个网络、40 亿台主机，IP 地址已于 2011 年 2 月 3 日分配完毕。IPv4 地址不足的问题，严重地制约了互联网的应用和发展。

IPv6 是设计用于替代 IPv4 的下一代 IP 协议，它由 128 位二进制数码表示，即最大地址个数为 $2^{128}$。这不但解决了网络地址资源数量的问题，同时也为除计算机外的设备连入互联网在数量限制上扫清了障碍，每一个电话，每一个带电的设备都可以有一个 IP 地址，真正形成一个数字家庭的概念。现在的主流操作系统都已经同时支持 IPv4 和 IPv6 协议，而且 IPv6 地址都是自动获取的，不需要手动配置，极大地方便了用户。

（4）子网掩码

子网掩码（Subnet Mask）是一种用来指明一个 IP 地址的哪些位标识的是主机所在子网以及哪些位标识的是主机的位掩码。子网掩码不能单独存在，它必须结合 IP 地址一起使用。与 IP 地址相同，子网掩码的长度也是 32 位，也可以使用十进制的形式，例如 255.255.255.0。

通过计算机的子网掩码判断两台计算机是否属于同一网段的方法是，将计算机十进制的 IP 地址和子网掩码转换为二进制的形式，然后进行二进制"与"（AND）计算（全 1 则得 1，不全 1 则得 0），如果得出的结果是相同的，那么这两台计算机就属于同一网段。

（5）网关地址

大家都知道，从一个房间走到另一个房间，必然要经过一扇门。同样，从一个网络向另一个网络发送信息，也必须经过一道"关口"，这道关口就是网关。顾名思义，网关就是一个网络连接到另一个网络的"关口"，也就是网络关卡。

网关地址对于每个网络也是唯一的，由网络管理员负责在路由器或交换机上设置。计算机 IP 地址必须与网关地址在同一个网段，否则也不能上网。

（6）域名系统

由于让人们记住主机的 IP 地址是很困难的，所以就为每台主机起了个名字，主机的名字是由圆点分隔开的一连串的单词组成的，这种命名方法被称为领域命名系统，简称为域名系统（Domain Name System，DNS）。例如，www.cctv.com 就是中央电视台网络 www 主机的名字。

域名很像一种商标，因为它是排他的、唯一的，是企业在网络中的标志。由于域名便于记忆，有些人甚至用它替代电话号码，因为人们生活在网络中，只要知道一个企业的域名，通过 Internet 访问企业的网站，便可了解相关信息。

主机的 IP 地址和主机的域名是等价的。对一台主机来说，它们之间的关系如同一个人的身份证号码同这个人的名字之间的关系。在访问一个站点的时候，用户可以输入这个站点用数字表示的 IP 地址，也可以输入它的域名地址，这里就存在一个域名地址和对应的 IP 地址相互转换的问题。

域名地址和它相对应的 IP 地址信息实际上是存放在许多被称为域名解析(DNS)服务器的计算机上的。当用户输入一个域名地址时，用户的计算机会通过网络向域名解析服务器发出域名解析请求，域名解析服务器就会在它的数据库中搜索这个域名地址对应的 IP 地址，找到后把这个 IP 地址告诉给用户的计算机，用户的计算机就可以访问到该域名地址所表示的站点了，这个过程叫域名解析。图 2.15 所示就是用户计算

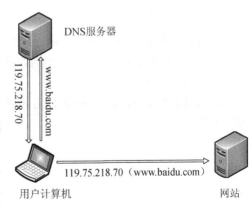

图 2.15　域名解析示意

机访问某网站所经历的域名解析过程。

（7）超文本传输协议

超文本传输协议(Hypertext Transfer Protocol，HTTP)是 WWW 浏览器和 WWW 服务器之间的应用层通信协议，用于传输超文本标记的语言(HTML)编写的文件，也就是通常所说的网页，通过这个协议可以浏览网络上的各种信息。HTTP 协议是基于 TCP/IP 之上的协议，它不仅保证正确传输超文本文档，还确定传输文档中的哪部分，以及哪一部分内容首先显示等，这就是为什么在浏览器中看到的网页地址都是以"http://"开头的原因。

需要访问互联网时可以在桌面上双击 Internet Explorer 图标，打开 IE 浏览器，在浏览器的地址栏中输入网址(如 http://www.hust.edu.cn)，然后单击"转到"按钮或直接按 Enter 键即可打开相关网页。网址又称为 URL 地址(统一资源地址)，是 Internet 上 Web 服务程序中提供访问的各类资源地址，同时也是 Web 浏览器寻找特定网页的必要条件。每个 Web 站点都有唯一的一个 Internet 地址，简称为网址，其格式都应符合 URL 格式的约定。

2. 用户计算机接入 Internet 的方式

用户接入 Internet 的方式有很多，常见的 Internet 接入方式主要有如下几种。

（1）ADSL 拨号接入方式

ADSL 拨号接入方式是目前众多家庭用户、小型公司和团体的主要接入方式，据中国互联网络信息中心 2013 年 7 月提供的数据，目前家庭上网计算机数量为 18 470 万台，其中 84.7%采用的就是这种接入方式。

（2）局域网接入方式

用户通过局域网永久性地接入 Internet。使用局域网连接时，不需要调制解调器和电话线，但是需要在计算机上配置网卡，就可以把计算机连接到一个与 Internet 直接相连的局域网上，目前高校、企业等常通过这种方式上网。

（3）无线接入方式

采用无线接入方式的用户计算机主要是笔记本式计算机，利用笔记本式计算机的无线网卡接入无线局域网，从而接入 Internet。

3. 上网参数的配置

选择合适的上网方式并从 Internet 服务提供者处获取上网所需要的 IP 地址、子网掩码、网关地址和 DNS 服务器的地址，然后在计算机的操作系统中进行相应的设置。在 Windows 系统中的配置步骤如下：

1）如图 2.16 所示，在任务栏右侧托盘中单击"网络"图标，再单击"打开网络和共享中心"。

图 2.16　当前连接

2）在随后打开的如图 2.17 所示的"网络与共享中心"窗口中，单击"本地连接"。

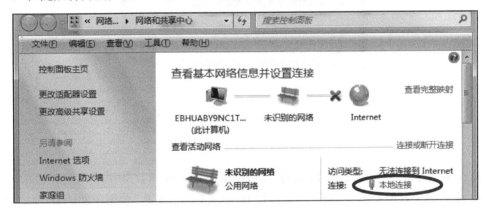

图 2.17　网络与共享中心

3）在图 2.18 所示的"本地连接状态"对话框中，单击"属性"按钮，弹出如图 2.19 所示的"本地连接属性"对话框。

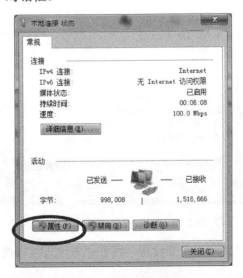

图 2.18　本地连接状态

4）在如图 2.19 所示的"本地连接属性"对话框中，双击"Internet 协议版本 4 (TCP/IPv4)"项目。

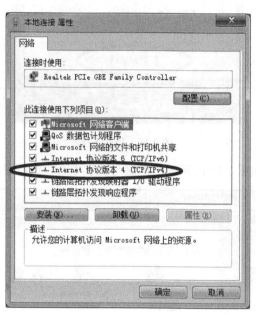

图 2.19　本地连接属性

5）在随后打开的如图 2.20 所示的"Internet 协议版本 4(TCP/IPv4)"对话框中，根据 Internet 服务提供者的要求，选择"自动获得 IP 地址（O）"或者"使用下面的 IP 地址（S）"。

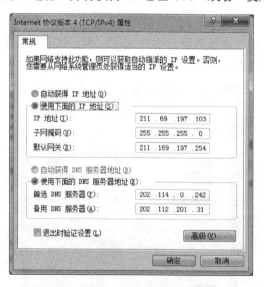

图 2.20　Internet 协议版本 4 属性

6）设置完成后单击"确定"提交设置，再在"本地连接属性"对话框中单击"确定"保存设置。

4. 查看上网参数的配置和测试

（1）查看上网参数的配置

配置完成后，如何查看计算机的上网参数呢？查看计算机的 IP 地址的方法很多，最简单的方法是通过 ipconfig 命令来查看自己计算机的 IP 地址，具体操作步骤如下：

1）单击任务栏中的"开始"按钮，在弹出的开始菜单的"程序与文件"搜索框中，输入"cmd"命令，如图 2.21 所示，然后按 Enter 键。

图 2.21　输入 cmd 命令

2）在打开的 Command 窗口中的命令提示符后，输入 ipconfig /all 命令并按 Enter 键，这时窗口中显示的就是本机的 IP 地址配置情况，其中出现的 211.69.197.103 一串数字即为本机的 IPv4 地址，如图 2.22 所示。

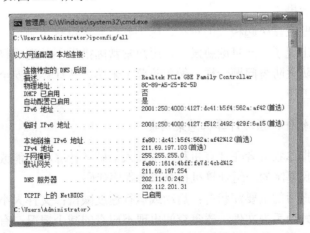

图 2.22　显示的本机 IP 地址配置情况

（2）测试网络是否连通

测试网络是否连通的方法是通过 ping 命令，具体操作步骤如下：

1）单击任务栏中的"开始"按钮，在弹出的菜单中选择"运行"命令，打开"运行"对话框，输入"cmd"命令，如图 2.21 所示，然后按 Enter 键。

2）在打开的命令提示符窗口中输入"ping 211.69.197.254"命令并按 Enter 键，其中 211.69.197.254 为网关。本机与网关的连接情况，如图 2.23 所示，表示网络已经连通。

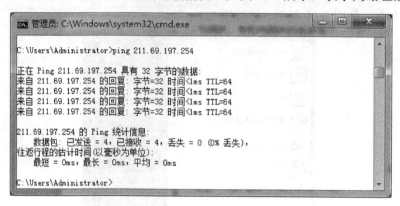

图 2.23　本机与网关的连接情况

### 2.4.4　计算机安全防护

随着计算机应用领域的扩展，拥有和使用计算机的用户越来越多，人们使用计算机工作、处理日常事务、上网、收发 E-mail、炒股等。但是计算机安全也成了困扰用户的重大问题：黑客阵营的悄然崛起，使得像美国国防部这样安全措施非常周密的计算机网络都会遭受攻击；网上病毒的传播时时刻刻都在威胁用户的数据。

计算机病毒的破坏能力是巨大的，轻则扰乱用户正常工作、降低系统性能，重则损坏用户文件、删除硬盘程序或格式化硬盘，使用户资料丢失、系统瘫痪，甚至损坏计算机硬件造成用户无法开机。而黑客入侵则可能使用户资料被窃、计算机被远程控制或者系统及文件被破坏等严重后果。

计算机安全问题应该引起极大的重视，因为甚至当你没有想到自己也会成为攻击的目标时，威胁就已经出现了。一旦威胁发生，用户常常因措手不及造成极大的损失。因此，应该像每家每户的防火防盗问题一样，做到防范于未然。从计算机安全的角度考虑，应该做好以下几方面的工作。

**1. 安装杀病毒软件，预防计算机感染病毒**

计算机病毒是指单独或者在计算机程序中插入的破坏计算机功能或者损坏数据、影响计算机使用且能自我复制的一组计算机指令或者程序代码。

计算机感染病毒后的主要症状有：启动或运行速度减慢；文件大小、日期发生变化；死机增多；莫名其妙地丢失文件；磁盘空间出现不应有的减少情况；有规律地出现异常信息；自动生成一些特殊文件；无缘无故地出现打印故障等。

通过安装杀毒软件，并经常更新病毒库，定期对计算机进行查杀病毒的操作，可以有效地防止计算机感染病毒。安装杀病毒软件后，当遇到感染病毒的文件时会事先发出报警信号，用户可以有效地躲避已知病毒的感染。如果杀病毒软件更新不及时，或是系统本身出现问题而使它无法发挥应有的功能，则用户的计算机将有可能受到病毒的严重侵害。目前，常见的反病毒软件有瑞星杀毒软件、金山毒霸、360 杀毒、诺顿（Norton）等。

**2. 安装、设置防火墙，防范黑客入侵**

Internet 的繁荣为黑客造就了肥沃的土壤，接入 Internet 的计算机随时都有可能受到黑客入侵和攻击的威胁，因此防范黑客也成为必须重视的问题。通过安装网络防火墙，能够有效预防黑客的入侵及攻击。

Windows 系统也内置了防火墙功能，Windows 自带防火墙只阻截所有传入的未经请求的流量，对主动请求传出的流量不作理会。

Windows 防火墙的设置方法如下：打开"控制面板"→"网络和 Internet"→"网络和共享中心"，在"网络和共享中心"中选择"Windows 防火墙"→"打开或关闭 Windows 防火墙"，相应网络连接后单击左侧网络任务列表下的"更改 Windows 防火墙设置"命令，将弹出如图 2.24 所示的"Windows 防火墙自定义设置"窗口，进行设置即可。

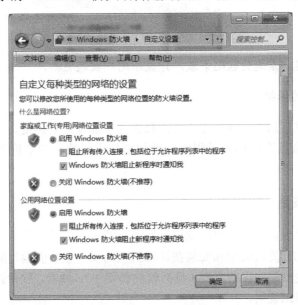

图 2.24　Windows 防火墙自定义设置

**3. 及时安装最新的系统漏洞补丁**

操作系统虽然给用户带来了方便的操作界面，但它并不是完美的，里面存在着各种缺陷，很多病毒就是利用系统的漏洞来传播和进行破坏的。所以，用户应定期的查看安全公告，尽早获得安全信息和安装系统补丁。安装系统漏洞补丁最方便的方法是使用 Windows 的自动更新功能。

Windows 自动更新设置方法如下：打开"控制面板"→"系统和安全"→"Windows Update 的启用或禁止自动更新"，出现如图 2.25 所示的"更改设置"窗口，再进行设置即可。

图 2.25 Windows Update 更改设置

当有新的更新时，系统会联网下载，并提示用户安装更新。

**4. 对重要资料的保护**

对重要的数据进行加密，以防止未经授权的查看和使用。但是，当感染病毒时并不能保证加密过的文件数据不被损坏或删除，因此做好重要数据的备份也是保证数据安全的措施。

### 2.4.5 应用软件的安装

在安装应用软件之前，首先要确定它与所用计算机系统是否兼容。所谓兼容，就是指软件必须针对所用的计算机类型和安装在计算机上的操作系统而编写的。同时，还要确定所用计算机是否满足安装软件的需要（包括软件和硬件）。通常，软件说明书中都会提供待安装软件的软硬件需求说明。

一旦确定了软件的兼容性后，就可以进行软件的安装了。安装软件中会有一个安装启动程序来启动软件的安装。软件的安装相对来说是比较容易的，尤其是对于图形用户界面来说，安装过程就更简单、更统一了。在软件的安装过程中，用户只需要按照安装程序的提示进行安装即可。通过一个软件的安装过程，可把软件所包括的可执行程序和有关的数据全部放到指定的文件目录中。

一般常用的应用软件有 Office 系列、WinRAR、Adobe PhotoShop、QQ 和金山毒霸等。

# 习　题

1. 简述冯·诺依曼思想。

2. CPU 包含哪些部件，各部件的功能是什么？

3. 当前计算机系统一般会采用层次结构存储数据，请介绍一下典型计算机存储系统一般分为哪几个层次，为什么采用分层存储数据能有效提高程序的执行效率？

4. 操作系统的主要功能是什么？

5. 简述配置一台上网计算机需要哪些软件，如何配置？

 **拓展阅读**

　　冯·诺依曼（1903～1957 年）是著名匈牙利裔美籍数学家、计算机科学家、物理学家和化学家。1903 年 12 月 28 日生于匈牙利布达佩斯的一个犹太人家庭。1911～1921 年，冯·诺依曼在布达佩斯的卢瑟伦中学读书；1921～1923 年在苏黎世大学学习化学；1926 年以优异的成绩获得了布达佩斯大学数学博士学位，此时冯·诺依曼年仅 22 岁；1927～1929 年冯·诺依曼相继在柏林大学和汉堡大学担任数学讲师；1930 年接受了普林斯顿大学客座教授的职位，西渡美国，1931 年成为该校终身教授；1933 年转到该校的高级研究所，成为最初六位教授之一，并在那里工作了一生。冯·诺依曼是普林斯顿大学、宾夕法尼亚大学、哈佛大学、伊斯坦堡大学、马里兰大学、哥伦比亚大学和慕尼黑高等技术学院等校的荣誉博士。他是美国国家科学院、秘鲁国立自然科学院和意大利国立林且学院等院的院士。1951～1953 年任美国数学会主席；1954 年他任美国原子能委员会委员；1954 年夏，冯·诺依曼被发现患有癌症；1957 年 2 月 8 日，在华盛顿去世，终年 54 岁。

　　冯·诺依曼自小就显示出过人的天赋。他 6 岁能心算 8 位数除法，8 岁掌握微积分，12 岁能读懂波莱尔的《函数论》。冯·诺依曼一生在数学、量子物理学、逻辑学、军事学、对策论等诸多领域均有建树，但他却被誉为现代计算机之父。

　　1944 年，专为计算炮弹火力表而研制的 ENIAC 已经快要成型了，其内存极小，只用于储存数据，处理弹道计算的程序是用硬件实现的。研究员哥德斯坦发现 ENIAC 解题的过程可能仅需几分钟，而重新拆装硬件的时间却至少要几个小时，且拆装硬件的过程费时费劲。能否用 ENIAC 做通用计算而无须在硬件上做变更呢？德斯坦苦苦思索着，却不得其解。1944 年夏，哥德斯坦无意间告诉冯·诺依曼，他正在参加研制每秒能进行 333 次乘法运算的计算机，而冯·诺依曼正在参加研制原子弹的曼哈顿工程，也遇到了大量复杂的计算问题。他一直在苦思冥想着如何研制更为快速的计算工具。8 月，冯·诺依曼受邀来到了摩尔学院探讨机器的逻辑结构问题，并参加 ENIAC 的研制。

从 1944～1945 年，冯·诺依曼撰写了长达 101 页的研究报告，详细阐述了新型计算机的设计思想——存储程序思想。在报告中，他给出了第一条机器语言、指令和一个分关程序的实例。这份报告，奠定了现代计算机系统结构的基础，直到现在仍被人们视为计算机科学发展史上里程碑式的文献。

由于冯·诺依曼加入 ENIAC 的研制工作时，耗资巨大的 ENIAC 的总体设计和主体建造已经完成，做大的改动已很不现实，所以 ENIAC 未能完全实现冯·诺依曼的思想。1946年，在宾夕法尼亚大学举办了"电子数字计算机的设计理论与技术"国际研讨会。冯·诺依曼提出了制造世界首台存储程序电子计算机的方案，其设计思想在会议上引起强烈反响。3 年以后，英国剑桥大学威尔克斯等人研制成功了世界首台存储程序的"冯·诺依曼机器"，名为 EDSAC（Electronic Delay Storage Automatic Calculator）。

时至今日，遍布世界各地大大小小的计算机都仍然遵循着冯·诺依曼的计算机基本结构，统称为"冯·诺依曼机器"。所以，人们尊称冯·诺依曼为现代计算机之父。

# 3 计算机问题求解概述

用计算机解决问题，从根本上来说，是用计算机程序解决问题，是人们把现实世界的任务转换成计算机可以直接识别并执行的操作代码。为了更好地理解计算机处理问题的基本过程，本章首先学习数据在计算机中的表示，进而通过实例引入计算机处理问题的步骤与方法，理解计算机算法的概念和特点，掌握计算机编程常用的典型算法。

## 3.1 计算机中的数据表示

计算机中的数据表示是指处理机硬件能够辨认并进行存储、传送和处理的数据表示方法。数据在计算机中以器件的物理状态表示，而电子元器件最容易实现的是两种物理状态。因此计算机中所有数值、字符或符号均用二进制编码表示。二进制对于现代信息技术起到举足轻重的作用，没有二进制就没有当代的数理逻辑，就没有数字化技术，没有电脑、网络技术等。

计算机中的数据按照基本用途可以分为两类：数值型数据和非数值数据。数值型数据表示具体的数量，有正负大小之分。非数值数据主要包括字符、声音、图像等，这类数据在计算机中存储和处理前需要以特定的编码方式转换为二进制表示形式。

### 3.1.1 数值数据

#### 1. 数的表示

用一组固定的数字或字符和一套统一的规则来表示数目的方法称为数制。在生活中用到的十进制，是由数字 0、1、…、9 组成的。任何数制表示的数都可以写成按位权展开的多项式之和。

$$N=d_{n-1}b^{n-1}+d_{n-2}b^{n-2}+d_{n-3}b^{n-3}+\cdots d_{-m}b^{-m}$$

式中：b 表示基数，指数制中所需要的数字字符的总个数，如十进制的基数为 10；$b^i$ 表示权重，是指一个数字在某个固定位置上所代表的值。

进位计数制有以下特点：①数字符号的总个数等于基数；②最大的数字比基数小 1；③每个数都要乘以它的权重，该权重值由每个数字所在的位置决定。

**例 3.1** 十进制数 $782.53=7\times10^2+8\times10^1+2\times10^0+5\times10^{-1}+3\times10^{-2}$

计数制的书写规则主要有两种方式：在数字后面加写英文字母作为标识或者在括号外面加数字下标。

**例 3.2**　数据不同进制的表述方式：

十进制数：　　　235D　　　　$(235)_{10}$

八进制数：　　　76O　　　　$(76)_8$

二进制数：　　　10110111B　　$(10110111)_2$

十六进制数：　　9BH　　　　$(9B)_{16}$

### 2. 二进制

1701 年，德国数学家莱布尼茨获得一幅来自中国的八卦图。八卦图是由阴和阳构成的图符，相传产生于 3000 多年前我国的周代，主要用于占卜等方术，《易经》中有较详细的记载。莱布尼茨从中悟出二进制原理，把阳表示为"1"，把阴表示为"0"，由此产生了二进制。1848 年，英国数学家布尔推出二进制代数法则，为二进制计算机的诞生奠定了基础。第一台计算机采用十进制来进行计算，数据量很大，效率低下。冯·诺依曼提出计算机采用二进制，二进制计算机诞生了。

生活中许多事物的存在状态与变化方式都是可以用 0 和 1 表示，例如化学学科中的有和无（1 或者 0）、数学学科中的真和假（1 或者 0），以及物理学科中的强和弱（1 或者 0），这些形态均可以用两种状态的值来表示。

计算机就其本身来说是一个电器设备，为了能够快速存储、处理、传递信息，其内部采用了大量的电子元件，在这些电子元件中，电路的通和断、电压高低，这两种状态最容易实现，也最稳定、最容易实现对电路本身的控制。我们将计算机所能表示这样的状态，用 0、1 来表示，即用二进制数表示计算机内部的所有运算和操作。

二进制是使用数字 0 和 1 来表示数值，采用"逢二进一"的进位计数值。二进制的特点主要体现在以下几个方面。

1）技术实现简单。计算机是由逻辑电路组成，逻辑电路通常只有两个状态，即开关的接通与断开，这两种状态正好可以用"1"和"0"表示。

2）简化运算规则。两个二进制数和、积运算组合各有 4 种，运算规则简单，有利于简化计算机内部结构，提高运算速度。

3）适合逻辑运算。逻辑代数是逻辑运算的理论依据，二进制只有两个数码，正好与逻辑代数中的"真"和"假"相吻合。

4）易于进行转换。二进制与十进制数易于互相转换。

5）用二进制表示数据具有抗干扰能力强、可靠性高等优点。因为每位数据只有高低两个状态，当受到一定程度的干扰时，仍能可靠地分辨出它是高还是低。

### 3. 十进制与二进制的转换

（1）十进制整数转换二进制

将十进制整数转换为二进制采用"除二取余法"，对要转换的十进制数的整数部分除以 2，保留所得的余数，接着把上一次相除的商再除以 2，然后再取余数，一直到商等于 0 为止。每一次相除所得的余数就是二进制数的相应位上的数，第一次得到的余数是最低位的数，然后逐渐向高位进行，直到商等于 0。

**例 3.3**　将十进制数 13 转换成对应的二进制数。

该数为整数，用"除 2 取余法"，即将该整数反复用 2 除，直到商为 0；再将余数依次排列，先得出的余数在低位，后得出的余数在高位。

$$
\begin{array}{r|l}
2 & 13 \\
\hline
2 & 6 \quad \text{余数1} \\
\hline
2 & 3 \quad \text{余数0} \\
\hline
2 & 1 \quad \text{余数1} \\
\hline
& 0 \quad \text{余数1}
\end{array}
\qquad
\begin{array}{l}
\text{最低位} \\
\\
\\
\text{最高位}
\end{array}
$$

由此可得$(13)_{10}=(1101)_2$。

**注意**：同理可将十进制整数通过"除 8 取余，逆序读数"和"除 16 取余，逆序读数"转换成八进制和十六进制整数。

（2）十进制小数转换二进制

将十进制整数转换为二进制采用"乘二取整法"，对要转换的十进制数的小数部分乘以 2，保留所得的整数，逐次乘以 2，以乘积到 1 或者到有效位数为止。十进制小数进行二进制转换会存在误差。

**例 3.4**　将十进制 0.3125 转换成对应的二进制数。

$$
\begin{array}{l}
\quad\quad\quad\quad\quad 0.3125 \\
\quad\quad\quad\quad\times\quad\quad 2 \\
\hline
\text{最高位} \quad 0 \xleftarrow{\text{取整数位0，小数部分继续乘}} 0.6250 \\
\quad\quad\quad\quad\times\quad\quad 2 \\
\hline
\quad\quad 1 \xleftarrow{\text{取整数位1，小数部分继续乘}} 1.250 \\
\quad\quad\quad\quad\times\quad\quad 2 \\
\hline
\quad\quad 0 \xleftarrow{\text{取整数位0，小数部分继续乘}} 0.50 \\
\quad\quad\quad\quad\times\quad\quad 2 \\
\hline
\text{最低位} \quad 1 \xleftarrow{\text{取整数位1，小数部分继续乘}} 1.0
\end{array}
$$

由此可得$(0.3125)_{10}=(0.0101)_2$。

**注意**：多次乘 2 的过程可能是有限的也可能是无限的。当乘 2 后的小数部分等于 0 时，转换即告结束。当乘 2 后小数部分总不为 0 时，转换过程将是无限的，这时应根据精度要求取近似值。若未提出精度要求，则一般小数位数取 6 位；若提出精度要求，则按照精度要求取相应位数。同理，可将十进制小数通过"乘 8（或 16）取整，顺序读取"转换成相应的八（或十六）进制小数。

（3）二进制转换为十进制

二进制数转换为十进制数时，将二进制按权展开计算即可。

**例 3.5**　将 101.01 转换为十进制。

$$(101.01)_2=1\times2^2+0\times2^1+1\times2^0+0\times2^{-1}+1\times2^{-2}=(5.25)_{10}$$

**4. 二进制数的计算机内部表示**

（1）机器数与真值

在计算机内部表示二进制数的方法称为数值编码，数值是带正负符号并可以进行算术运算的，把一个数及其符号在机器中的表示加以数值化，称为机器数。机器数所表示的数据实际值称为真值。机器数的表示方法是用机器数的最高位代表符号。若为 0，则代表正数；若为 1，则代表负数，其数值为真值的绝对值。

在数的表示中，机器数与真值的区别是：真值带符号，如-0011100；机器数不带符号，最高位为符号位，如 10011100，其中最高位 1 代表符号位。例如真值为-0111001，其对应的机器数为 10111001，其中最高位为 1，表示该数为负数。

机器数可以表示二进制整数和小数，整数可以精确表示，小数（实数）不能精确表示。在对机器数进行处理时，必须考虑到符号位的处理，这种考虑的方法就是对符号和数值的编码方法。常见的整数编码方法有原码、反码和补码 3 种方法。引入 3 种编码的意义在于计算机中采用加法电路，通过对负数的码型变换就可以在加法电路上实现减法运算。

（2）原码

一个数 X 的原码表示为：符号位用 0 表示正，用 1 表示负；数值部分为 X 的绝对值的二进制形式。记 X 的原码表示为[X]原。原码简单易懂，与真值转换方便，但不便于计算。因为要先判断符号，才能决定进行加法或减法运算。

**例 3.6　计算原码**

当 X=+1100001 时，则[X]原=01100001。

当 X=-1110101 时，则[X]原=11110101。

在原码中，0 有两种表示方式：

当 X=+0000000 时，[X]原=00000000。

当 X=-0000000 时，[X]原=10000000。

（3）反码

一个数 X 的反码表示方法为：若 X 为正数，则其反码和原码相同；若 X 为负数，在原码的基础上，符号位保持不变，数值位各位取反。记 X 的反码表示为[X]反。

**例 3.7　计算反码**

当 X=+1100001 时，则[X]原=01100001，[X]反=01100001。

当 X=-1100001 时，则[X]原=11100001，[X]反=10011110。

在反码表示中，0 也有两种表示形式：

当 X=+0 时，则[X]反=00000000。

当 X=-0 时，则[X]反=11111111。

（4）补码

补码涉及"模"的概念，"模"是指一个计量系统的计数范围。计算机也可以看成一个计量机器，它也有一个计量范围，即都存在一个"模"。例如，时钟的计量范围是 0～11，模=12。

表示 n 位的计算机计量范围是 $0～2^n-1$，"模"实质上是计量器产生"溢出"的量，它的值在计量器上表示不出来，计量器上只能表示出模的余数。任何有模的计量器，均可化减法为加法运算。

如图 3.1 所示，此时钟表指示为 8 点整，若将时钟拨到 6 点整，可以顺时针拨 10 格或者反时针拨 2 格，即 8-2=8+10。其实这就相当于-2+12=+10，其中 12 叫做计算机中的术语"模"。计算机的模与字长有关，例如 32 位字长机的模是 $2^{32}$。

对于时钟有下列等式：

$$8-2=6$$
$$8+12-2=6$$

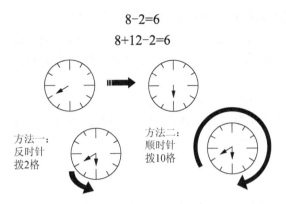

方法一：
反时针
拨2格

方法二：
顺时针
拨10格

图 3.1 补码模的概念图

从上述例子中可以得知，减去一个数 x 相当于加上（模-x），在 32 位字长的计算机中，减去一个数 x 相当于加上 $2^{32}-x$ 一样。$2^{32}-x$ 称为 x 的补数，其二进制表示形式称为补码。

一个数 X 的补码表示方式为：当 X 为正数时，则 X 的补码与 X 的原码相同；当 X 为负数时，则 X 的补码，其符号位与原码相同，其数值位取反加 1。记 X 的补码表示为[X] 补。

**例 3.8 计算补码**

当 X=+1110001，[X]原=01110001，[X]补=01110001。

当 X=－1110001，[X]原=11110001，[X]补=10001111。

**5. 八进制与十六进制**

在计算机中，所有的信息都是以二进制的方式来加以储存和运算的。但是，二进制数位数太多，冗长难记，所以常将二进制数写成八进制和十六进制的方式。

因为 $2^3=8$，$2^4=16$，八进制和十六进制正是利用这种关系衍生而来，即用三位二进制表示一位八进制，用四位二进制表示一位十六进制数。

在八进制计数中，为了表示八进制的某位数，需要 8 个数字：0、1、2、3、4、5、6、7。八进制的基数为 8，它的计数特点是"逢八进一"。

在计算机中，十六进制常用来缩写二进制地址，例如网卡的物理地址用十六进制来表示其 48 位的二进制地址。十六进制的数除 0～9 以外，还用 A、B、C、D、E、F 6 个字母来对应表示十进制的 10、11、12、13、14、15 这六个数字。十六进制的基数为 16，它的计数特点是"逢十六进一"。

**例 3.9** 将二进制数 101110.1011 转换为八进制。

方法：以二进制的小数点为分界点，向左（向右）每三位取成一位，不足三位用 0 添加，然后将这三位二进制按权相加，得到的数就是一位八位二进制数。

本题结果：$(56.54)_8$。

**例 3.10** 将八进制数 67.11 转换为二进制。

方法：将每一位八进制数分解成三位二进制数，小数点位置照旧。

本题结果：$(110111.001001)_2$。

**例 3.11** 将二进制 11101001.101111 转换为十六进制。

方法：从二进制的小数点为分界点，向左（向右）每四位取成一位，不足四位用 0 添加，然后将这四位二进制按权相加，得到的数就是一位十六进制位二进制数。

本题结果：$(E9.BC)_{16}$。

**例 3.12** 将十六进制 6E.2 转换为二进制。

方法：将每一位十六进制数分解成四位二进制数，小数点位置照旧。

本题结果：$(1101110.001)_2$。

### 3.1.2 字符数据

在信息学科中，特别在计算机领域代码具有特指性，是指由 0 和 1 两个字符组成的数字代码，由于计算机只能够识别和处理这两种代码，其他的信息（文字、声音、图像、视频）都要转换成由 0 和 1 构成的符号串。这个过程也叫信息的编码，如图 3.2 所示。

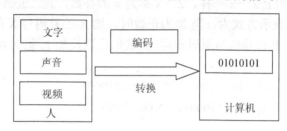

图 3.2　信息编码

计算机之所以能区别这些不同的信息，缘于它们采用的编码规则不同。字符一般采用单字节 ASCII 编码，汉字采用双字节机内码。由 Unicode 协会开发的能表示几乎世界上所有书写语言的字符编码标准 Unicode 码逐步统一计算机内信息的编码规则。

计算机中用得最多的符号数据是字符，它是用户和计算机之间的桥梁。用户使用计算机的输入设备，输入键盘上的字符键向计算机内输入命令和数据，计算机把处理后的结果也以字符的形式输出到屏幕或打印机等输出设备上。目前字符编码方案使用最广泛的是 ASCII 码（American Standard Code for Information Interchange）。ASCII 码是一种国际通用的信息交换标准代码。

#### 1. ASCII 表

标准 ASCII 码采用 7 位二进制编码，对应的 ISO 标准为 ISO/IEC646 标准，最多可以表示 128 个字符。每个字符可以用一个字节表示，字节的最高位为 0，如图 3.3 所示。

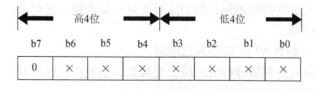

图 3.3　ASCII 码表示示意

ASCII 码由 0~9 这 10 个数符，52 个大、小写英文字母，32 个符号及 34 个计算机通用控制符组成，共有 128 个元素。任意一个字符的 ASCII 编码由 7 位二进制数表示，从 0000000 到 1111111 共有 128 种编码，用来表示 128 个不同的字符。

ASCII 码表的查表方式是：先查列（高三位），后查行（低四位），然后按从左到右的书写顺序完成，如 A 的 ASCII 码为 100001，其十进制数为 65。在 ASCII 码进行存放时，由于它的编码是 7 位，因 1 个字节（8 位）是计算机中常用单位，故仍以 1 字节来存放 1 个 ASCII 字符，每个字节中多余的最高位取 0。

ASCII 字符编码表见表 3.1。

### 2. ASCII 码字符的分类

1）显示字符：指能从键盘输入、可以显示和打印的字符。范围为 33~126，共 94 个。如大小写英文字母各 26 个，数字 0~9 这 10 个数字字符等。

2）控制字符：主要用于控制输入、输出设备。范围是 0~32 和 127，共 34 个。控制字符用于计算机通信中的通信控制或对设备的功能控制。如编码值为 127（1111111），是删除控制 DEL 码，它用于删除光标之后的字符。

### 3. ASCII 字符的大小比较

常见 ASCII 码的大小规则是空格<标点符号<数字<大写字母<小写字母，具体体现如下：

1）数字比字母要小，如"9"<"A"。
2）数字 0 比数字 9 要小，并按 0 到 9 顺序递增，如"2"<"8"。
3）字母 A 比字母 Z 要小，并按 A 到 Z 顺序递增，如"A"<"Z"。
4）同个字母的大写字母比小写字母要小 32，如"A"<"a"。

记住几个常见字母的 ASCII 码大小："A"为 65；"a"为 97；"0"为 48。十进制数字符号的 ASCII 码值与其二进制值的是不同的。

## 3.1.3 中文字符

汉字是图形文字，且汉字数目巨大，形状和笔画的差异突出，因此汉字的编码方案完全不同于西文的编码方案。计算机进行汉字处理必须解决汉字的输入编码、存储编码、显示和打印字符的编码问题。

### 1. 汉字交换码

汉字信息在计算机内部也是以二进制方式存放。汉字数量多，不可能用一个字节的 128 种状态编码，因此汉字采用的是双字节编码。

汉字交换码又称"国标码"，即 GB 2312—1980，是中华人民共和国国家标准汉字交换编码。该方案中规定用两个字节的十六位二进制表示一个汉字，每个字节都只使用低 7 位（与 ASCII 码相同），即有 16384（128×128）种状态，如图 3.4 所示。

表 3.1　ASCII 表

| 低四位 | 0000(0) 字符 | Ctrl | 代码 | 字符解释 | 十进制 | 0001(1) 十进制 | 字符 | Ctrl | 代码 | 字符解释 | 0010(2) 十进制 | 字符 | 0011(3) 十进制 | 字符 | 0100(4) 十进制 | 字符 | 0101(5) 十进制 | 字符 | 0110(6) 十进制 | 字符 | 0111(7) 十进制 | 字符 | Ctrl |
|---|---|---|---|---|---|---|---|---|---|---|---|---|---|---|---|---|---|---|---|---|---|---|---|
| 0000 | BLANK NULL | ^@ | NUL | 空 | 0 | 16 | ▲ | ^P | DLE | 数据链路转意 | 32 | SP(空格) | 48 | 0 | 64 | @ | 80 | P | 96 | ` | 112 | p | |
| 0001 | ☺ | ^A | SOH | 头标开始 | 1 | 17 | ▼ | ^Q | DC1 | 设备控制1 | 33 | ! | 49 | 1 | 65 | A | 81 | Q | 97 | a | 113 | q | |
| 0010 | ☻ | ^B | STX | 正文开始 | 2 | 18 | ↕ | ^R | DC2 | 设备控制2 | 34 | " | 50 | 2 | 66 | B | 82 | R | 98 | b | 114 | r | |
| 0011 | ♥ | ^C | ETX | 正文结束 | 3 | 19 | ‼ | ^S | DC3 | 设备控制3 | 35 | # | 51 | 3 | 67 | C | 83 | S | 99 | c | 115 | s | |
| 0100 | ♦ | ^D | EOT | 传输结束 | 4 | 20 | ¶ | ^T | DC4 | 设备控制4 | 36 | $ | 52 | 4 | 68 | D | 84 | T | 100 | d | 116 | t | |
| 0101 | ♣ | ^E | ENQ | 查询 | 5 | 21 | § | ^U | NAK | 反确认 | 37 | % | 53 | 5 | 69 | E | 85 | U | 101 | e | 117 | u | |
| 0110 | ♠ | ^F | ACK | 确认 | 6 | 22 | ▬ | ^V | SYN | 同步空闲 | 38 | & | 54 | 6 | 70 | F | 86 | V | 102 | f | 118 | v | |
| 0111 | ● | ^G | BEL | 震铃 | 7 | 23 | ↨ | ^W | ETB | 传输块结束 | 39 | ' | 55 | 7 | 71 | G | 87 | W | 103 | g | 119 | w | |
| 1000 | ◘ | ^H | BS | 退格 | 8 | 24 | ↑ | ^X | CAN | 取消 | 40 | ( | 56 | 8 | 72 | H | 88 | X | 104 | h | 120 | x | |
| 1001 | ○ | ^I | TAB | 水平制表符 | 9 | 25 | ↓ | ^Y | EM | 媒体结束 | 41 | ) | 57 | 9 | 73 | I | 89 | Y | 105 | i | 121 | y | |
| 1010 | ◙ | ^J | LF | 换行/新行 | 10 | 26 | → | ^Z | SUB | 替换 | 42 | * | 58 | : | 74 | J | 90 | Z | 106 | j | 122 | z | |
| 1011 | ♂ | ^K | VT | 竖直制表 | 11 | 27 | ← | ^[ | ESC | 转意 | 43 | + | 59 | ; | 75 | K | 91 | [ | 107 | k | 123 | { | |
| 1100 | ♀ | ^L | FF | 换页/新页 | 12 | 28 | ∟ | ^\ | FS | 文件分隔符 | 44 | , | 60 | < | 76 | L | 92 | \ | 108 | l | 124 | \| | |
| 1101 | ♪ | ^M | CR | 回车 | 13 | 29 | ↔ | ^] | GS | 组分隔符 | 45 | - | 61 | = | 77 | M | 93 | ] | 109 | m | 125 | } | |
| 1110 | ♫ | ^N | SO | 移出 | 14 | 30 | ◄ | ^6 | RS | 记录分隔符 | 46 | . | 62 | > | 78 | N | 94 | ^ | 110 | n | 126 | ~ | |
| 1111 | ☼ | ^O | SI | 移入 | 15 | 31 | ► | ^- | US | 单元分隔符 | 47 | / | 63 | ? | 79 | O | 95 | _ | 111 | o | 127 | Δ | ^Back space |

ASCII 非排印控制字符　　ASCII 打印字符

注：表中的 ASCII 字符可以用 Alt+ "小键盘上的数字键" 输入。

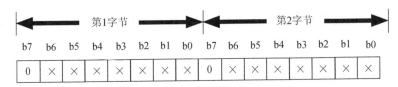

图 3.4 汉字交换码表示示意图

GB 2312—1980《信息交换用汉字编码字符集——基本集》收集了常用汉字 6763 个：一级汉字 3755 个，二级汉字 3008 个。

### 2. 汉字内码

国标码是汉字信息交换的标准编码，但因其前后字节的最高位为 0，与 ASCII 编码冲突，为了解决这个问题，引入机内码。机内码是用来存储和处理汉字时用到的编码。

汉字机内码用连续两个字节表示。把两个字节国标码（二进制）的最高位置 1，即可得到该汉字的机内码。

例如"大"字的国标码为 3473H，机内码应为 3473H+80H80H=B4F3H。B4F3H 转换成二进制为 1011010011110011B 这就是计算机中实际使用的机内码的二进制形式。

**注意**：1 位十六进制用 4 位二进制表示，80H80H 等于二进制的 1000000010000000，国标码加上 80H80H 可以保证机内码每个字节首位均为 1。

### 3. 输入码

无论是区位码还是国标码都不利于输入汉字，为方便汉字的输入而制定的汉字编码，称为汉字输入码，又称"外码"。目前常见的输入法有以下几类：

1）按汉字的排列顺序形成的编码（流水码），如区位码。
2）按汉字的读音形成的编码（音码），如全拼、简拼等。
3）按汉字的字形形成的编码（形码），如五笔字型等。

**注意**：输入码在计算机中必须转换成机内码，才能进行存储和处理。

### 4. 输出码

汉字字形码是对汉字的形状进行二进制编码，主要用来显示或打印汉字，是表示汉字字形的字模数据，字形码有两种：点阵和矢量。点阵是有笔画的地方有黑点，没笔画的地方有白点，原理类似于位图，放大或缩小会改变显示效果。点阵汉字如图 3.5 所示。

矢量方式显示的汉字类似于矢量图，汉字显示不会失真。矢量字形保存每个字符的数学描述信息。如笔画的起始、终止坐标，半径、弧度等。显示和打印矢量字形时，要经过一系列的运算才能输出结果。矢量字形可以无限放大，笔画轮廓仍然保持圆滑。

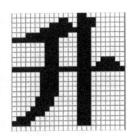

图 3.5 点阵汉字

在 C:\WINDOWS\Fonts 路径下有很多字体，其中扩展名为.ttf 的是矢量字库，扩展名为.fon 的是点阵字库，Windows 下绝大多数都是矢量字库。

归纳汉字信息的处理过程：键盘输入（输入码）→编码转换（机内码）→编辑与输出（字型码）。

### 3.1.4 声音编码

#### 1. 声音编码的处理过程

声音是通过空气传播的一种连续的波，称为声波。声波是模拟信息，在时间上是连续的，而以数字表示的声音是一个数据序列，在时间上只能是间断的，因此当把模拟声音变成数字声音时，需要完成从模拟到数字的转变，有 3 个主要过程：采样、量化和编码。

1）采样：将时间上连续的取值变为有限个离散取值的过程。

2）量化：将经采样后幅度上无限多个连续的样值变为有限个离散值的过程。

3）编码：将取得的离散值进行二进制编码。用 n 位二进制数表示 $2^n$ 个不同的离散幅值。

声音编码的处理过程如图 3.6 所示。

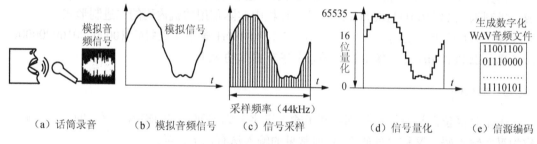

（a）话筒录音　（b）模拟音频信号　（c）信号采样　（d）信号量化　（e）信源编码

图 3.6　音频的数字化

#### 2. 音频文件的常用格式

（1）WAV 文件

该格式记录了声音的波形，只要采样率高、采样字节长、机器速度快，利用该格式记录的声音文件能够和原声基本一致。WAV 文件可以不对数据进行压缩，所以存储的文件体积非常大，不适合网络传播或播放。

文件数据量计算：字节数/秒=采样频率(Hz)×量化位数(BIT)×声道数/8

（2）MP3 文件

MP3 是一种有损压缩格式，它压缩了人耳不敏感的部分，压缩程度较大，数据量小，音质较好，是目前流行的音频格式文件，尤其在网络、可视电话通信等方面。

（3）MIDI 文件

MIDI（Musical Instrument Digital Interface，MIDI）是音乐与计算机结合的产物，MIDI采用数字方式对乐器所奏出的声音进行记录，然后播放这些音乐时使用调频（FM）音乐合成技术或采用波表将记录合成。利用 MIDI 文件演奏音乐，所需的存储量最少，适合于需要播放长时间高质量音乐的情况。

（4）ASF、WMA 文件

ASF、WMA 是微软开发的网上流式数字音频文件格式。其特点是音质好、数据量小，适合在网络环境下传输。

（5）RAM、RA 文件

RAM、RA 是 RealNetworks 公司开发的网上流式数字音频文件格式。其特点是能随网络带宽的不同而改变音质，在保证大多数人获取流畅声音的前提下，带宽较快的会获取更好的音质，适合于低网速的实时传输。

### 3.1.5　图像编码

#### 1. 图像压缩编码

图像由无数个独立的像素组成，像素是构成图像的最小单位，每一个像素独立显示颜色，因此图像可以显示任意的颜色组合。与文字信息相比，图像信息占据大量的存储容量，因此图像要进行压缩编码。图像数据存在冗余信息，而图像压缩便是去掉这些冗余信息的技术。图像压缩编码分为有损压缩和无损压缩，以及特征抽取编码。

1）无损编码：无损压缩无信息损失，解压缩时能够从压缩数据精确地恢复原始图像，如在医学图像应用中。

2）有损编码：不能精确重建原始图像，存在一定程度的失真。如数字电视、可视电话便是使用的该种压缩方式。

3）特征抽取编码：也是有损编码，常用在图像的计算机处理中，只需保留计算机处理的信息特征。如计算机图像识别的应用中便是使用的该种压缩方式。

#### 2. 图像格式

（1）位图

位图是由不同亮度和颜色的像素所组成，适合表现大量的图像细节，可以很好地反映明暗的变化、复杂的场景和颜色，它的特点是能表现逼真的图像效果，但是文件比较大，位图放大以后会失真。常见位图文件格式有 JPEG、PCX、BMP、PSD、PIC、GIF 和 TIFF 等。

（2）矢量图

矢量图是使用直线和曲线来描述图形，这些图形的元素是一些点、线、矩形、多边形、圆和弧线等，它们都是通过数学公式计算获得的，矢量图形文件一般较小。矢量图形的优点是无论放大、缩小或旋转等都不会失真；缺点是难以表现色彩层次丰富的逼真图像效果，而且显示矢量图也需要花费一些时间。矢量图形主要用于插图、文字和可以自由缩放的徽标等图形。一般常见的矢量图文件格式有 AI 等。

#### 3. 常用的图形文件格式

1）JPEG（Joint Photographic Experts Group）：位图格式，几乎所有的图像软件都可以打开它，已经成为印刷品和万维网发布的压缩文件的主要格式。JPEG 格式可以支持 16M 种颜色，能很好地再现全彩色图像，较适合摄影图像的存储。由于 JPEG 格式的压缩算法是采用平衡像素之间的亮度色彩来压缩的，因而更有利于表现带有渐变色彩且没有清晰轮廓的图像。

2）BMP（Bit Map Picture）：PC 上最常用的位图格式，有压缩和不压缩两种形式，它是 Windows 中附件内的绘画小应用程序的默认图形格式，一般 PC 图形（图像）软件都能对其进行访问，以 BMP 格式存储的文件容量较大。

3）TIFF（Tagged Image File Format）：是现阶段印刷行业使用最广泛的文件格式，是为存储黑白图像、灰度图像和彩色图像而定义的存储格式。

4）GIF（Graphics Interschange Format）：在各种平台的各种图形处理软件上均可处理的经过压缩的图形格式。GIF 格式只能保存最大 8 位色深的数码图像，所以它最多只能用 256 色来表现物体。GIF 的文件比较小，适合网络传输，而且它还可以用来制作动画，但不能表达色彩丰富的图像。

# 3.2　计算机求解问题

问题是需要解决的一个提问，通常含有若干参数，由求解问题描述、输入条件以及输出结果等因素构成。

例如求整数的最大值。

问题描述：求三个正整数 a、b、c 的最大值 max。

输入：正整数 a、b、c（1<=a，b，c<=100 000）。

输出：max。

从一个问题的提出，到计算机可执行的、满足准确性要求的程序完成，可以看作计算机问题求解的一个周期，问题求解周期包括问题描述、算法设计、编写程序与程序测试等过程。

## 3.2.1　计算机求解问题的步骤

计算机是人脑的延伸，计算机解决问题的过程与人类解决问题的过程非常相近。人类解决问题的思路应该包括以下几个部分：观察问题、分析问题、收集必要的信息，根据已有的知识、经验进行判断、推理，然后按一定的方法和步骤去解决问题。

用计算机解决问题的优势在于存储量大、运算速度快、精度高并可按人设定的程序重复执行。

计算机解决问题的基本过程主要有以下几个步骤：

1）分析问题：对问题进行详细地分析，通过分析，弄清楚已知条件下的初始状态及要达到的目标，找出求解问题的方法和过程，并抽取出一个数学模型，形成算法。

2）设计算法：将这个数学模型连同它要处理的数据用计算机能识别的方式描述出来，使之成为计算机能处理的对象。

3）编写程序：用程序设计语言设计出具体的问题求解过程，形成计算机程序。

4）运行程序，验证结果。

这样，计算机就会按照我们给定的指令一条一条地进行处理了，如图 3.7 所示。

计算机解决问题是通过程序完成的，而要设计一个好的程序，算法起着关键作用。

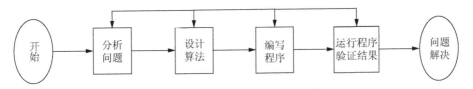

图 3.7 计算机解决问题的步骤

### 3.2.2 算法设计

1. 算法的定义与特点

算法是指解题方案的准确而完整的方法和步骤，是一系列解决问题的清晰指令。算法代表着用系统的方法描述解决问题的策略机制。也就是说，能够对一定规范的输入，在有限时间内获得所要求的输出。

算法是程序设计的基础，图灵理论指出，如果要让计算机来求解问题，只要能被分解为有限步骤的问题就可以被计算机执行。

算法具有下列基本特点：

1）有穷性：一个算法必须保证执行有限步后结束。

2）确切性：算法的每一个步骤必须有明确的定义，无二义性。

3）能行性：算法中有待实现的操作都是计算机可执行的。

4）有输出：算法至少产生一个输出。

**例 3.13** 任意给定一个大于 1 的整数 n，写出判断 n 是否为素数的算法。素数的条件是不能被 1 和自身以外的数整除。

算法或步骤如下：

第一步：判断 n 是否等于 2，若 n=2，则 n 是质数；若 n>2，则执行第二步。

第二步：依次从 2 至（n-1）检验是不是 n 的因数，即整除 n 的数，若有这样的数，则 n 不是质数；若没有这样的数，则 n 是质数。

**例 3.14** 一个人带 3 只狼和 3 只羚羊过河，只有一条船，同船可以容纳一个人和两只动物。没有人在的时候，如果狼的数量不少于羚羊的数量，狼就会吃掉羚羊。请设计过河的算法，以保证羚羊不会被狼吃掉。

算法或步骤如下：

第一步：人带两只狼过河。

第二步：人自己返回。

第三步：人带一只羚羊过河。

第四步：人带两只狼返回。

第五步：人带两只羚羊过河。

第六步：人自己返回。

第七步：人带两只狼过河。

第八步：人自己返回。

第九步：人带一只狼过河。

**2. 算法的分类**

1）数值算法：常用于一些数学问题的求解，例如求一元二次方程的根、多项式与线性代数方程组求解等；数值算法用途广泛，发展迅速，具有跨学科特点。

2）非数值算法：常用于数据处理，例如对数据的查找、排序等，非数值算法的研究通常归于"计算机科学"类。

**3. 算法的表示**

可以用多种方式表示计算机算法，常用的有自然语言、流程图、伪代码等表示。

**例 3.15** 有 3 个硬币，其中一个是伪币，另两个是真币，伪币与真币的重量不同，有一个天平，如何找出伪币。用不同的表达方式描述其算法（将 3 个硬币编号为 A、B、C）。

（1）自然语言描述

第一步：首先用天平称 A 与 B，若相等，C 是伪币，问题解决。

第二步：否则用天平称 A 与 C，若相等，B 是伪币，问题解决。

第三步：否则 A 是伪币，问题解决。

（2）流程图描述

流程图是通过箭头相互连接的几何图形来表达算法的方式。常见流程图符号如图 3.8 所示。

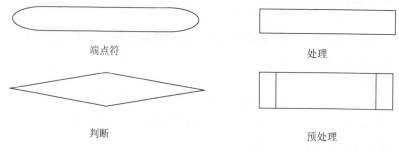

端点符　　　　　　　　处理

判断　　　　　　　　预处理

图 3.8　流程图符号

用流程图描述找伪币的算法如图 3.9 所示。

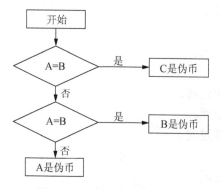

图 3.9　用流程图描述找伪币

（3）伪代码描述

伪代码是一种在程序设计中表达想法的非正式符号，不可以在计算机中执行。

```
If A=B
        Print C是伪币
Else
    If A=C
    Print B是伪币
    Else
    Print A是伪币
    End If
End If
```

### 4. 计算思维与算法

人们要成功融入社会所必备的思维能力，是由其解决问题时所能获得工具或过程决定的。在工业社会里，人们需要了解物理特性，思考如何用原料生成新的事物，而在信息社会里，为了求解问题，要具备如何利用技术定位和如何使用信息的能力，并利用数据和构想解决问题，进而创造工具和信息。这就要求我们掌握抽象、数据处理等技能和大量计算机科学的思维方式。这种人类思维与计算机能力的综合是计算思维的一种体现。

采用计算思维求解问题可分为以下几个基本步骤：①问题的抽象；②问题的符号化表示；③问题求解的算法；④算法的实现。

### 5. 算法的基本结构与常用算法

任何算法均可以用 3 种结构表达，即顺序结构、选择结构和循环结构。经常采用的算法设计技术主要有穷举法、迭代法、递推法等，下面通过实例介绍这几种算法的基本要点。

（1）利用穷举法解决韩信点兵的问题

穷举法的基本思想是根据题目的部分条件确定答案的大致范围，并在此范围内对所有可能的情况逐一验证，直到全部情况验证完毕。若某个情况验证符合题目的全部条件，则为本问题的一个解；若全部情况验证后都不符合题目的全部条件，则本题无解。穷举法也称为枚举法。

问题描述：韩信点兵：今有物不知其数，三三数之余二，五五数之余三，七七数之余二，问物几何？假设士兵人数小于 100。

穷举法思路：从 1 开始，判断该数能否被 3、5、7 整除后的余数为 2、3、2，若是，该数即为所求之数，否则试下一个数，直到找到满足条件的数为止。

穷举法解决韩信点兵问题如图 3.10 所示。

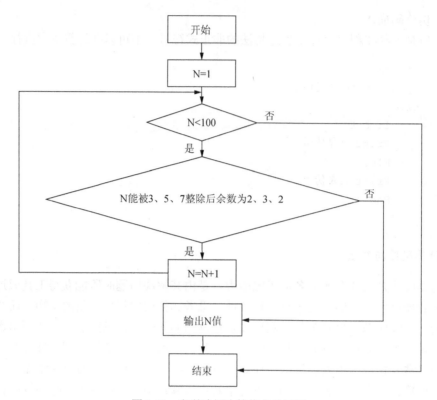

图 3.10　穷举法解决韩信点兵问题

（2）利用迭代法求最大公约数的问题

迭代法也称辗转法，是一种不断用变量的旧值递推新值的过程，迭代算法是用计算机解决问题的一种基本方法。它利用计算机运算速度快、适合做重复性操作的特点，让计算机对一组指令（或一定步骤）进行重复执行，在每次执行这组指令（或这些步骤）时，都从变量的原值推出它的一个新值。

问题描述：按照欧几里得求最大公约数的解决思路，求两个正整数 m 和 n 的最大公约数。

迭代法思路：输入 m、n 值；然后 m 除以 n，得到余数 r；如果 r 等于 0，则最大公约数为 n，问题解决。否则将 n 赋值给 m，r 赋值给 n，重复进行 m 除以 n 后的操作，直到 r 等于 0。

迭代法解决求最大公约数的问题如图 3.11 所示。

（3）利用递推法解决 Fibonacci 数列问题

递推是指从已知的初始条件出发，依据某种递推关系，逐次推出所要求的各中间结果及最后结果。

问题描述：Fibonacci 数列的代表问题是由意大利著名数学家 Fibonacci 提出的"兔子繁殖"问题，一个数列的第 1 项为 1，第 2 项为 1，以后每一项都是前两项的和数，求 Fibonacci 的第 N 项。

递推法思路：设 a 为第 1 项值为 1，b 为第 2 项值为 1，则 c=a+b。若 c 不是所求之数，则将 b 值赋值给 a，c 值赋值给 b，重新计算 c=a+b，重复进行上述过程，直到求出第 N 项的值。递推法解决 Fibonacci 数列问题如图 3.12 所示。

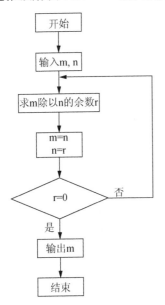

图 3.11　迭代法解决求最大公约数的问题

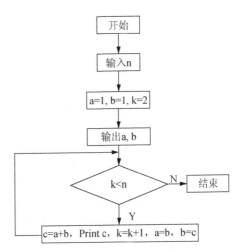

图 3.12　递推法解决 Fibonacci 数列问题

# 3.3　计算机程序

计算机的存储程序的思想指出了计算机是由程序控制的，程序是为了使用计算机解决某个问题而采用程序设计语言编写的一个指令序列。程序设计是一门艺术，编写优美的程序需要灵感和高超的技巧，充满了乐趣、挑战和美。优雅的程序会像诗歌一样耐人寻味，像名画那样大开眼界，所以，计算机编程也同样是一门艺术，程序员就是创造这种艺术的艺术家。

## 3.3.1　程序设计语言

语言的目的是用于通信，程序设计语言是用于人和计算机之间进行通信的语言，程序设计语言用于编制程序，表达需要计算机完成的任务以及如何完成任务的步骤，然后交给计算机去完成。

程序设计语言分为以下几类：

### 1. 机器语言

机器语言是用二进制数表示的、计算机唯一能理解和直接执行的程序语言。机器语言不直观，编写难度大，易于出错，调试、修改繁琐，但执行速度最快。机器语言是最低级的程序设计语言。图 3.13 是机器语言的表示形式。

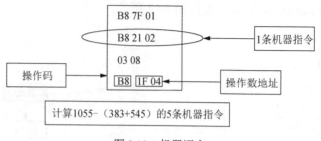

图 3.13　机器语言

### 2. 汇编语言

汇编语言是将机器语言"符号化"的程序设计语言。汇编语言编写的程序，机器不能直接识别，要由汇编程序将其翻译成机器语言才能执行。汇编语言比机器语言程序更易于编写、检查和修改，也保持了机器语言编程质量高、运行速度快、占用存储空间少等优点。但汇编语言的通用性和可移植性差。汇编语言也属于低级语言。图 3.14 是汇编语言的表现形式。

```
MOV AX 383
MOV BX 545
ADD BX AX
MOV AX 1055
```

图 3.14　汇编语言

### 3. 高级语言

常用的高级语言有 BASIC、C、C++、JAVA 等。高级语言与汇编相比，更接近自然语言，一般采用英语单词表达语句，便于理解、记忆和掌握。易于编写、查找错误和修改，而且通用性强。高级语言促使计算机的发展进入了新的阶段。

高级语言又分为两种类型：面向过程的语言和面向对象的语言。

1）面向过程的语言也称算法语言，用计算机语言按照解题的算法写出计算过程。程序设计的工作主要围绕设计解题过程来进行。

　　如：BASIC 语言——适用于数值和非数值运算；

　　　　FORTRAN 语言——适用于数值计算；

　　　　PASCAL 语言——最早出现的结构化语言；

　　　　C 语言——适用于写系统软件和应用软件。

2）面向对象的语言：更直接地描述客观世界中存在的事物（对象）以及它们之间的关系；将客观事物看作具有属性和行为的对象；通过抽象找出同一类对象的共同属性和行为，形成类。通过类的继承与多态实现代码重用。

　　如：C++、Visual C++、Visual Basic、JAVA 等。

### 3.3.2　编译与解释

除了机器语言编制的程序，其他任何语言编写的程序都需要相应的翻译系统，不同的编程语言的翻译系统是不相同的。翻译程序归类为系统软件，其任务就是把其他程序翻译为机器语言。

翻译程序有两种转换方式：

## 1. 解释方式

执行方式类似于我们日常生活中的"同声翻译"，应用程序源代码一边由相应语言的解释器"翻译"成目标代码（机器语言），一边执行，因此效率比较低，而且不能生成可独立执行的可执行文件，应用程序不能脱离其解释器，但这种方式比较灵活，可以动态地调整、修改应用程序。例如 Basic 语言采用解释方式进行代码转换。

## 2. 编译方式

编译是指在应用源程序执行之前，就将程序源代码"翻译"成目标代码（机器语言），因此其目标程序可以脱离其语言环境独立执行，使用比较方便、效率较高。但应用程序一旦需要修改，必须先修改源代码，再重新编译生成新的目标文件（*.OBJ）才能执行，现在大多数的编程语言都是编译型的，例如 Visual C++、C 语言。VB 具有解释和编译两种方式。图 3.15 所示为高级语言的翻译过程。

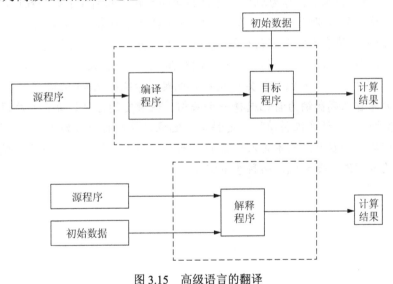

图 3.15　高级语言的翻译

# 习　　题

1. 计算机为什么使用二进制数，而不用十进制数？
2. 简述机器语言、汇编语言、高级语言的主要特点及区别。
3. 什么是算法？简述算法的特征以及算法和程序的区别。
4. 中文字符在计算机中是如何编码的？
5. 用框图描述求 N 个数中最大值的算法。
6. 用自然语言描述求一元二次方程根的算法。考虑 $b^2-4ac$ 大于 0、等于 0 和小于 0 的 3 种情况。

**拓展阅读**

高德纳是算法和程序设计技术的先驱者，计算机排版系统 TEX 和 METAFONT 的发明者，他因这些成就和大量创造性的影响深远的著作而誉满全球。

洋洋数百万言的多卷本《计算机程序设计的艺术》（*The Art of Computer Programming*）堪称计算机科学理论与技术的经典巨著，有评论认为其作用与地位可与数学史上欧几里得的《几何学原理》相比。该书作者高德纳（Donald Ervin Knuth）因而荣获 1974 年度的图灵奖。

高德纳 1938 年 1 月 10 日生于威斯康星州密歇根湖畔的密尔沃基（Milwaukee）。计算机科学技术中两个最基本的概念："算法"（Algorithm）和"数据结构"（Data Structure）是高德纳于 29 岁时提出来的。作为现代计算机科学的鼻祖，他完成了编译程序、属性文法和运算法则等领域的前沿研究，出版专著 17 部，发表论文 150 余篇（涉及巴比伦算法、圣经、字母"s"的历史等诸多内容），写出两个数字排版系统，同时在纯计算数学领域也有独特贡献。他获得的奖项难以胜数，其中包括 ACM Turing Award 颁发的图灵奖（1974），美国国家科学奖（1979），日本 KYOTO 奖（1996），瑞典科学院的 Adelskold 奖及冯·诺依曼奖。

斯坦福大学曾让高德纳为自己选择一个头衔，他确定的是"计算机程序设计艺术名誉教授"。高德纳认为"计算机科学"不是科学（他很讶异人们为何如此喜欢科学），而是一门艺术。它们的区别在于：艺术是人创造的，而科学不是；艺术是可以无止境提高的，而科学不能；艺术创造需要天赋，而科学不需要。

# 4 应用程序设计入门

本章介绍高级语言程序设计的一些基本概念和方法，包括面向对象程序设计的基本概念、创建应用程序的基本步骤、可视化程序设计基本概念等，这些知识是学习应用程序设计的基础。

本书以 Visual Basic.NET（简称 VB.NET）作为应用程序的开发语言，并以 Visual Studio 2010（简称 VS 2010）下的 VB.NET 为平台进行讲解。

## 4.1 面向对象程序设计的基本概念

面向对象程序设计从现实世界中客观存在的事物（即对象）出发来构造软件系统，并在系统构造中尽可能运用人类的自然思维方式，强调直接以现实世界中的事物为中心来思考问题、认识问题，并根据这些事物的本质特点，把它们抽象地表示为系统中的对象，作为系统的基本构成单位。

在面向对象的程序设计语言中，系统中一切事物皆为对象；对象是属性及其操作的封装体；对象可按其性质划分为类，对象成为类的实例。

### 4.1.1 类和对象

现实世界中，每一个客观存在的事物称为对象（Object）。在现实生活中，我们随时随地都在和对象打交道，例如一个人、一辆汽车、一台计算机、一份报表、一个账单等。

每个对象都有自己的特征和行为，当外界向对象施加动作时，对象会做出相应的反应。例如，每辆汽车都具有品牌、型号、颜色、重量等特征；具有前进、后退、转弯等行为；当司机向汽车施加启动、转方向盘、踩油门、踩刹车等动作时，汽车就会做出相应的反应，如图 4.1 所示。

在现实世界中，具有相同性质，执行相同操作的对象，称为同类对象。所以类（Class）是同一种对象的集合与抽象。类是创建对象实例的模板，对象是类的一个实例。

如图 4.2 所示，每一辆汽车都是一个对象，它们都具有汽车这个群体共有的特征（一些参数）和行为（能干什么）。

"汽车"只是一个抽象的概念，它仅仅是一个概念，是不存在的实体，但是所有具备"汽车"这个群体的特征与行为的对象都叫"汽车"。这时的"汽车"更像一个"类"的概念。

对象"汽车"是实际存在的实体，每辆汽车都是汽车这个群体的一个对象。

图 4.1　汽车对象

图 4.2　汽车类

**思考：人类具有一些什么样的特征和行为，为什么小鸟不属于人类？**

对象的概念是面向对象编程技术的核心，是人们要进行研究的任何事物，从最简单的整数到复杂的飞机等均可看作对象。

在面向对象程序设计中，类是同类对象的属性和行为特征的抽象描述。类包含创建对象的属性数据，以及对这些数据进行操作的方法定义。

类具有封装和隐藏的特性，它将数据的结构和对数据的操作封装在一起，实现了类的外部特性和类内部的隔离。类的内部实现细节对用户来说是透明的，用户只需了解类的外部特性即可。

### 4.1.2　VB.NET 中对象的属性、方法和事件

在 VB.NET 中，类可以分为两种：一种是由系统设计，直接供用户使用，如窗体、控件等；另一种是由用户自己定义的类。本书仅涉及前者。

在 VB.NET 中，工具箱上的可视图标是由系统设计的标准控件类，例如，命令按钮类、文本框类等。通过将控件类实例化，可以得到真正的控件对象。当在窗体上创建一个控件时，就将类实例化为对象，即创建了一个控件对象，简称为控件。

图 4.3 展示了"类"和"对象"的关系：

1）左侧工具箱上的 Button 控件，是"类"的图形化表示，它确定了 Button 的属性、事件和方法。

2）右侧窗体中显示的两个 Button 对象（即 Button1 和 Button2）是类的实例化，它们继承了 Button 类的特征，也可以根据需要修改各自的属性值（例如按钮的大小、背景的颜色等），同时，它们也具有移动、光标定位等方法（行为）。

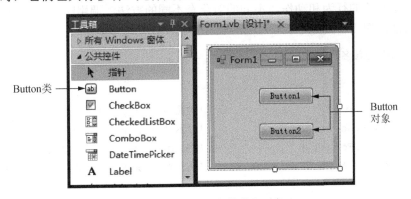

图 4.3　VB.NET 中的类和对象

在 VB.NET 中，对象具有属性、方法和事件 3 个要素。

**1. 属性**

属性（Property）是对象的物理性质，是用来描述和反映对象特征的参数。一个对象的诸多属性所包含的信息反映了这个对象的状态。属性可以表明一个对象的外观特征，如背景颜色、高度、宽度等，而且有时也决定了对象的行为。

VB.NET 为每一类对象都规定了若干属性，对象的属性可以在设计对象时通过属性窗口设置，也可以在程序运行时通过程序代码进行设置。

在程序设计阶段，对象的大部分属性都显示在属性窗口中。先选择要设置属性的对象，属性窗口中即会列出该对象的属性；选中要修改的属性名，在右边的单元格中直接输入或设置其属性值即可完成指定属性值的设置，如图 4.4 所示。

**注意**：当在 VS 2010 的主窗口中看不到属性窗口时，可通过在主窗口中单击"视图"菜单，再选择"属性窗口"来打开属性窗口；也可以通过单击工具栏上的"属性窗口"按钮 来打开属性窗口。

在程序代码中，可以通过使用赋值语句来修改对象的属性值，其格式为

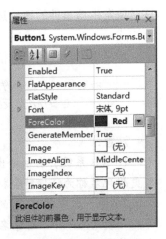

图 4.4　属性窗口

*对象名.属性名=属性值*

例如，将名称为 btnOK 的命令按钮的文本内容（Text）设置为"确定"值的语句为

```
btnOK.Text = "确定"
```

**注意**：对象的大部分属性是可读/写的。若属性只能在设计阶段设置，在程序运行阶段不可改变，称为只读属性。

**2. 方法**

对象的方法（Method）是系统预先编写好的一些通用的过程和函数，供用户直接调用。方法是附属于对象的行为和动作，不同的对象有不同的方法，调用时一般要指明对象。

对象方法的调用格式为

对象名.方法名([*参数列表*])

例如：

```
Me.Hide( )                        '隐藏当前窗体,Me 是指当前的窗体
MainForm.Show( )                  '显示名为 MainForm 的窗体
txtFirst.Focus( )                 '将文本框 txtFirst 设为焦点
txtSecond.AppendText("hello!")    '在文本框 txtSecond 内原有文本的末尾添加文本
```

**3. 事件**

（1）事件

事件（Event）是外界施加在对象上的动作。在 VB.NET 中，事件是由系统预先定义的能够为对象和控件所识别的动作，如单击（Click）、双击（DoubleClick）、获得焦点（GotFocus）、键盘键被按下（KeyPress）等。

（2）事件过程

当在对象上发生了事件后，对象要对事件作出反应，而反应的各个步骤就构成了针对该对象发生该事件的事件过程。VB.NET 应用程序的主体就是由为对象编写的事件过程代码构成。

定义事件过程的语句格式为

Private Sub *事件过程名*([*参数列表*]) Handles *对象名.事件名*[,…]
    <*对事件作出反应的各个步骤代码*>
End Sub

**注意**：

1）VB 系统会自动给出事件过程名（默认名），命名规则为：对象名_事件名。程序员可更改此名称为任何符合标识符命名规范的名称。

2）事件过程第 1 行的最后：对象名.事件名[,…]，指出了该事件过程对应的对象和事件，一般只写一个"对象名.事件名"；也可以写多个"对象名.事件名"，表示此段代码为多个事件共用。

（3）方法与事件过程的区别

VB 过程是由若干 VB 语句有序组成的一段完整代码，是完成某单一任务的、逻辑上相对独立的功能模块。过程的使用分为过程的声明（编写过程代码）和过程的调用（执行过程代码）两个阶段。

从本质来说，方法和事件过程都是过程，区别在于：

①方法是系统预先编写好的过程，供程序员直接调用；

②事件过程需要由程序员编写代码，在事件发生时由系统自动调用相应的事件过程，无需程序员调用。事件过程中，可以调用该对象所具有的方法。

以现实世界中的汽车为例，方法是指汽车本身所具有的功能，如前进、后退、开车门、关车门等。人按下汽车遥控钥匙上的"锁车"按钮为一个事件，汽车需要对此事件响应，具体完成的动作就是事件过程，完成动作时通常会使用汽车本身所具有的功能，也就是方法。

事件过程具体完成什么功能由应用程序的需求所决定，不同对象的事件过程代码不一样，这就使得不同对象对同一种事件的反应可能是不相同的。

例如，不同的汽车对象对"锁车"这一事件的响应并不相同，如有些汽车会完成锁车门、关天窗、升起车窗、折叠外后视镜等操作，而有些汽车仅完成锁车门这一件事。

（4）事件驱动

VB.NET 中采用了事件驱动的编程机制，构成应用程序主体的多个事件过程的执行次序往往与程序设计者无关，而是取决于用户的具体操作。程序的执行步骤如下：①启动应用程序，装载和显示窗体；②窗体或控件等待事件的发生，直至退出；③事件被触发，执行相应的事件过程，执行完后，返回步骤②；④退出。

事件的触发可以有 3 种形式：第 1 种是由用户触发，如 Click、DoubleClick 等事件；第 2 种是由系统触发，如计时器 Timer 控件的 Tick 事件；第 3 种是由代码间接触发，如加载窗体的 Load 事件等。

**例 4.1**　假设在计算机的 d 盘根目录下有一个名为 tulips.jpg 的图像文件，编写程序将此图像显示在窗体上。

界面设计：

界面的作用是与用户交互，接收并显示数据。本例中，为了能接收用户显示图片的要求，在窗体中放置一个命令按钮（Button），为了能显示图像，需要在窗体上放置一个图片框（PictureBox）。当用户单击命令按钮时，程序完成将图像载入图片框的功能。

程序设计阶段，在窗体中创建命令按钮对象 btnLoad 和图片框对象 picFlower，在属性窗口中设置窗体、命令按钮和图片框的属性值。程序的界面如图 4.5 所示。

图 4.5　例 4.1 的界面设计

属性设置：

窗体和各控件的属性设置见表 4.1。

表 4.1　例 4.1 的窗体和控件的属性及属性值

| 序号 | 控件 | 属性 | 值 | 备注 |
|---|---|---|---|---|
| 1 | Form | Name | frmExample4_1 | — |
| | | Text | 装载图片 | — |
| 2 | PictureBox | Name | picFlower | 用途：显示图片 |
| | | BorderStyle | FixedSingle | 单边框 |
| 3 | Button | Name | btnLoad | 用途：单击时加载图片 |
| | | Text | 确定 | |

程序代码：

```
Private Sub btnLoad_Click(ByVal sender As System.Object, ByVal e As
System.EventArgs) Handles btnLoad.Click
    picFlower.SizeMode = PictureBoxSizeMode.StretchImage
    picFlower.Image = Image.FromFile("d:\tulips.jpg")
End Sub
```

图 4.6　例 4.1 的运行结果

运行结果：

运行后单击命令按钮，结果如图 4.6 所示。

程序设计说明：

1）由于是在用户单击命令按钮 btnLoad 时程序完成相应的功能，因此本程序编写的是 btnLoad 对象的 Click 事件过程。

2）在事件过程内部，为图片框 picFlower 设置 SizeMode 和 Image 属性的属性值。其中 SizeMode 属性是用于控制图片框将如何处理图像位置和控件大小，Image 属性用于设置在图片框中显示的图像。

注意：在代码窗口中，选择"对象"和"事件"后，系统自动产生事件过程的模板，以"Private Sub…"开头、以"End Sub"结束，只需输入它们之间的处理事件的代码即可。系统为事件过程起的默认名称是"对象名_事件名"，程序员可以更改。

# 4.2　创建 VB.NET 应用程序

VB.NET 是 Visual Studio.NET 集成开发环境中的一种程序设计语言。VB.NET 一方面继承了 Basic 语言简单易学的特点；另一方面在其编程环境中采用了面向对象的可视化设计工具、事件驱动的编程机制、动态数据驱动等先进的软件开发技术，为用户提供了一种所见即所得的可视化程序设计方法。

### 4.2.1　VB.NET 窗体应用程序开发实例

　　Windows 窗体应用程序（简称窗体应用程序）是 VB.NET 最主要的一种应用程序类型，本书主要讲述此种类型的 VB.NET 应用程序。下面通过一个例子来了解创建 VB.NET 窗体应用程序的过程。

　　**例 4.2**　创建一个应用程序以实现图片框（PictureBox）移动的效果。在窗体上有一图片框，上面有一幅汽车的图片。有两个标题分别为"启动"和"停止"的命令按钮，当用户单击"启动"按钮时，图片框自右向左移动，当整个图片框都移出窗体后，再重新从窗体右侧进入窗体；当用户单击"停止"按钮时，图片框停止移动。

　　下面分成 6 步来讲解程序的开发过程。

#### 1. 创建项目

　　Visual Studio 是一套完整的开发工具集，该环境由应用程序设计、编辑、运行、调试、资源管理等多种界面元素组成，是所见即所得的开发工具。它为 Visual Basic、Visual C++、Visual C#和 Visual J#等多种语言提供了统一的集成环境，用于生成 ASP.Net Web 应用程序、XML、Web Services、桌面应用程序和移动应用程序。

　　1）选择"开始"→"所有程序"→"Microsoft Visual Studio 2010"→"Microsoft Visual Studio 2010"命令，启动 Visual Studio 2010，进入起始页，如图 4.7 所示。该窗口可完成新建项目、打开项目等操作。

图 4.7　Visual Studio 2010 起始页

　　2）单击"新建项目"选项后，弹出如图 4.8 所示的"新建项目"对话框，在该窗体中间的列表中列出了创建某种类型的应用程序开发项。

图 4.8 "新建项目"对话框

3）选择"Windows 窗体应用程序"选项，在"名称"文本框中输入新的项目名称（Example4_2），单击"确定"按钮后，即可创建新的项目，显示 VB.NET 应用程序设计界面（也称为主窗口），如图 4.9 所示。

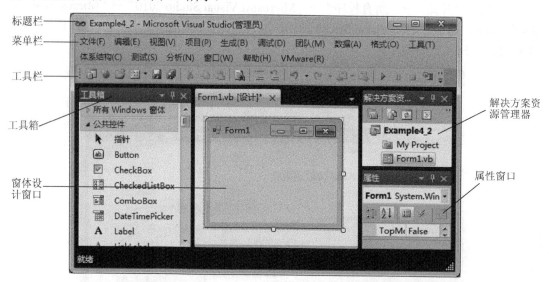

图 4.9 主窗口

主窗口由标题栏、菜单栏、工具栏、窗体设计窗口、工具箱、解决方案资源管理器、属性窗口、代码设计窗口等组成。当用户所需的窗口或工具箱不在主窗口时，可通过"视图"菜单打开。常用的窗口和工具箱还能在工具栏上找到相应的图标快捷按钮。

2. 设计界面

在新建项目的窗体设计窗口中自动产生了一个默认窗体 Form1，根据题目要求，从工具箱中选择若干个控件放入窗体中，需要的控件有：

1）一个图片框控件。图片框控件（PictureBox）的主要用途是显示图像。本例中用图片框来显示一幅汽车图片。

2）一个计时器控件。通过计时器控件（Timer），系统可按设定的时间间隔有规律地触发定时事件。本例中，通过计时器使得每隔 0.01 秒，图片框向左移动 2 个像素。

3）两个命令按钮控件。一个用于使图片框移动，一个用于停止图片框的移动。

① 在工具箱的"所有 Windows 窗体"组项中，分别选择一个 PictureBox 控件、两个 Button 控件和 1 个 Timer 控件，拖放或双击到窗体中。

注意：由于程序运行时，计时器并不会显示出来，因此界面设计时 Timer 控件会出现在窗体的下方，而不是窗体中。

② 单击窗体的空白部分，选中窗体，拖曳窗体的右下角，将窗体调整到适当大小。单击并拖曳建立的控件，将它们放置到所需的位置。拖曳周边的控制点，可以改变对象的大小，如图 4.10 所示。

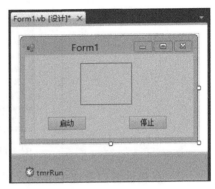

图 4.10　新建的窗体

3. 设置控件对象属性

利用属性窗口，对各个控件的属性进行设置，具体见表 4.2。

表 4.2　例 4.2 的窗体和控件的属性及属性值

| 序号 | 控件 | 属性 | 值 | 备注 |
|---|---|---|---|---|
| 1 | Form | Name | frmExample4_2 | — |
| | | Text | 汽车 | — |
| 2 | PictureBox | Name | picCar | 用途：显示汽车图片 |
| | | BorderStyle | FixedSingle | 边框类型 |
| | | SizeMode | StretchImage | 将图像拉伸或收缩，以适合图片框的大小 |
| | | Image | 从本地资源（计算机）中导入一幅汽车图片 | 图片框中显示的图像 |
| 3 | Button | Name | btnGo | 用途：启动标签移动 |
| | | Text | 启动 | — |
| 4 | Button | Name | btnStop | 用途：停止标签移动 |
| | | Text | 停止 | — |
| 5 | Timer | Name | tmrRun | 用途：控制标签移动 |

下面以为图片框加载图像为例，来具体讲解设置属性值的方法。

1）在窗体中通过单击图片框来选中图片框 picCar，属性窗口中就列出了 picCar 的属性，如图 4.11 所示。

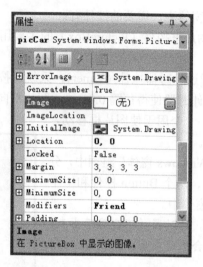

图 4.11　图片框 picCar 的属性窗口

2）在属性窗口中选中 Image 属性，单击 Image 属性右侧的省略号按钮，打开"选择资源"对话框，如图 4.12 所示。

图 4.12　"选择资源"对话框

3）在"选择资源"对话框中选中"本地资源"单选按钮，单击其下方的导入按钮，在弹出的"打开"对话框中选择所需的图像文件，导入图像显示在图片框中。

4. 编写控件对象的事件过程

编写程序代码需要在代码设计窗口中进行，各种事件过程、用户自定义过程等源程序代码的编写和修改均在此窗口进行。打开代码设计窗口的方法有多种，具体如下：

方法一：在解决方案资源管理器中，选中窗体文件后单击"查看代码"按钮 ，便可以打开对应的代码设计窗口。

方法二：在解决方案资源管理器中，选中窗体文件后单击鼠标右键，在弹出的菜单中选择"查看代码"。

方法三：在窗体设计窗口中，双击窗体或控件，也可以打开代码设计窗口，并将插入点定位于该对象的默认事件过程中。

方法四：通过菜单"视图"→"代码"选项，或按 F7 键，可以打开代码设计窗口。

在代码设计窗口中，通过选择其顶部的对象列表框和过程列表框，可以构成一个事件过程的模板，系统自动建立一个事件过程的起始语句和结束语句，用户只需输入相应的程序代码。

本例中，需要为命令按钮对象 btnGo 和 btnStop 编写 Click 事件过程，为计时器控件对象 tmrRun 编写 Tick 事件过程。

以命令按钮 btnGo 为例，在代码设计窗口的对象列表框中选择 btnGo 对象，在过程列表框中选择 Click 事件，则在代码窗口自动出现该事件过程的起始语句和结束语句，用户只需输入相应的程序代码即可，如图 4.13 所示。

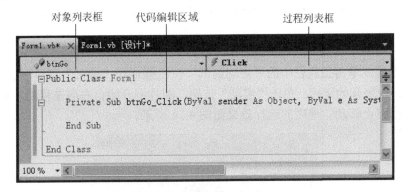

图 4.13　代码设计窗口

程序代码：

```
    Private Sub btnGo_Click(ByVal sender As System.Object, ByVal e As
System.EventArgs) Handles btnGo.Click
        tmrRun.Interval = 10           '设置计时器周期为10/1000=0.01秒
        tmrRun.Enabled = True          '启动计时器
    End Sub
    Private Sub btnStop_Click(ByVal sender As Object, ByVal e As
System.EventArgs) Handles btnStop.Click
        tmrRun.Enabled = False         '停止计时器的工作
    End Sub
    Private Sub tmrRun_Tick(ByVal sender As Object, ByVal e As
System.EventArgs) Handles tmrRun.Tick
        picCar.Left = picCar.Left - 2  '图片框左移2个像素
        '图片框移出窗体后,重新从窗体右侧进入窗体
        If picCar.Left < -picCar.Width Then picCar.Left = Me.Width
    End Sub
```

程序设计说明：

1）在命令按钮 btnGo 的 Click 事件过程中，设置计时器 tmrRun 的 Interval 属性值为 10，Enabled 属性值为 True。计时器控件的 Interval 属性的含义是触发定时事件的时间间隔，单位为毫秒。Enabled 属性含义是控件是否可用，值为 True 表示可用，值为 False 表示不可用。单击 btnGo 按钮后，计时器 tmrRun 的 Tick 事件过程每隔 0.01 秒就会被执行一次，

2）在命令按钮 btnStop 的 Click 事件过程中，设置计时器 tmrRun 的 Enabled 属性值为 False。单击 btnStop 按钮后，计时器 tmrRun 的 Tick 事件将不会被触发。

3）在计时器的 Tick 事件过程中，首先将标签左移 2 个像素（将图片框 picCar 的 Left 属性值减 2），再判断图片框是否已经全部移出窗体，如果已经全部移出窗体，则将图片框放到窗体右边框的右侧（将图片框的 Left 属性值设置为窗体的宽度）。其中 Left 属性的含义是控件的左边框与窗体左边框的距离，为负数表示控件的左边框在窗体左边框的左边；Width 属性的含义是控件或窗体的宽度。Me.Width 指窗体的宽度。

**注意：** 在上述代码中，以""开头的文字为注释语句。注释语句为非执行语句，目的是便于程序阅读。注释语句可以单独一行，也可以放在执行语句之后。

5. 运行、调试程序

按"F5"键或单击工具栏中的"启动调试"按钮▶或在"调试"菜单下选择"启动调试"菜单项，程序开始运行。单击"启动"按钮，图片框开始自右向左移动，单击"停止"按钮，图片框停止移动。程序的运行效果如图 4.14 所示。

图 4.14　例 4.2 的运行效果

单击工具栏上的"停止调试"按钮▣（或者选择"调试"→"停止调试"命令），结束程序运行。

6. 保存项目

单击工具栏上的"全部保存"按钮▣，打开"保存项目"对话框，如图 4.15 所示。在"保存项目"对话框中输入项目名称等参数设置，如图 4.16 所示。

1）在对话框中输入项目名称。项目的默认名称为新建项目时指定的名称。

2）选择保存位置。建议不使用系统的默认保存位置，而使用自己建立的、容易记忆的文件夹。

3）输入解决方案名称。解决方案的默认名称与项目名称相同。

图 4.15 "保存项目"对话框

图 4.16 "保存项目"对话框

4）单击"保存"按钮后，系统会在用户指定的保存位置下建立一个与解决方案同名的文件夹，在此文件夹下保存了解决方案文件、项目文件及窗体文件等。

**注意**：在 VB.NET 中，项目是一个独立的编程单位，其中包含窗体文件及其他相关文件，若干个项目组成了一个解决方案。创建新项目时，Visual Studio 会自动生成一个解决方案，默认情况下解决方案与项目同名。以后可以根据需要将其他相关的项目添加到解决方案中。

至此，一个完整的程序编制完成，以后若要再次修改或打开该程序，可以使用以下方法：

方法一：在 VS 2010 中，单击"起始页"选项卡中列出的最近的项目，便可以打开相应的解决方案。

方法二：在 VS 2010 中，单击"打开"项目后面的"项目"选项，或者选择"文件"→"打开项目"命令，选择解决方案文件后将程序调入。

方法三：在操作系统的文件资源管理器下，打开解决方案文件夹下，双击解决方案文件（*.sln），图标为 。

根据本例题创建应用程序的步骤，可总结出创建 Windows 窗体应用程序的主要步骤：

（1）分析问题，确立目标

创建应用程序前，应对程序要解决的问题进行分析，设计出应用程序的界面上需要哪些对象、具备哪些功能。如有哪些控件，外观如何，哪个控件的哪些该事件对应于哪些功能的程序等。

（2）设计窗体，建立用户界面的对象

打开窗体设计器窗口后，双击工具箱中的某个控件，或者单击工具箱中的某个控件后，向窗体里拖曳，就可以在窗体上建立相应的控件对象。

（3）为各对象设置属性值

属性是对象的特征表示，每个对象建立后都有默认的属性值，根据程序设计的需要可以重新设置某些属性的值。在界面设计阶段，可以通过属性窗口设置属性值。

（4）确定对象事件，编写程序代码

编写程序代码是在代码设计窗口进行的，并不是每个控件的每个事件都需要编写代码，只有当某个控件的某个事件触发后，需要执行某些操作时，才需要编写程序。

（5）运行、调试程序

完成程序的编写后，启动调试，系统先进行编译，检查是否存在语法错误。如果存在语法错误，则显示错误信息，提示用户修改；如果没有语法错误，则生成可执行程序，并运行程序。

（6）保存项目

单击工具栏上的"全部保存"按钮 ，保存解决方案文件、项目文件及窗体文件等。第一次保存项目时将出现"保存项目"对话框，在"名称"文本框中输入项目文件名，单击"浏览"按钮选定保存的位置，默认情况下解决方案文件名与项目文件名相同，也可以直接输入修改。

### 4.2.2　VB.NET 窗体应用程序结构

应用程序是使计算机完成特定任务的指令集。应用程序的结构是指组织指令的方法，也就是指令存放的位置以及它们的执行顺序。VB.NET 的代码存储在模块中。在 VB.NET 中提供了窗体模块、标准模块、类模块等几种模块类型。

窗体模块是 VB.NET 窗体应用程序的基础，每个窗体都有一个相对应的窗体模块（文件扩展名为.vb）。窗体模块以 Public Class 语句开头，以 End Class 语句结尾，除 Option 等语句外，大部分的语句应该写在模块中。下面以窗体应用程序为例，简述一个单一窗体的程序结构。

图 4.17 所示为窗体应用程序的代码窗口，其中的组成部分如下。

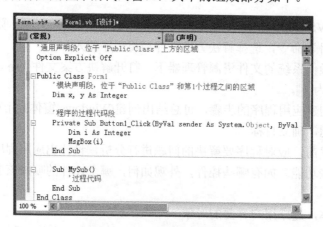

图 4.17　VB.NET 程序结构

1）最上部为通用声明段，位于"Public Class"上方的区域，用于书写 Imports、Option 等针对整个项目起作用的语句。

2）模块声明段，位于"Public Class"和第 1 个过程之间，主要用于声明模块或全局的变量、常量，不能书写控制结构等语句。

3）其余部分为块结构的过程代码段，包括事件过程、自定义的子过程和函数过程等。模块的前后次序与程序的执行先后次序无关。

### 4.2.3　VB.NET 应用程序编码规则

在 VB.NET 中，程序代码一般由关键字、表达式、函数和语句 4 部分组成，在具体的代码编写过程中，应当遵守下述规则。

#### 1. 程序代码不区分字母的大小写

**VB.NET** 对用户编写的程序代码自动进行转换：①将关键字首字母转换成大写，其余字母小写；②对于由多个英文单词组成的关键字，则自动将每个单词的首字母转换成大写字母；③对于用户自定义的变量名、过程名、函数名等，以第一次定义为准，以后出现同名变量、过程、函数时其字母的大小写自动转换成首次定义的形式。

**注意**：在程序中用双引号括起来的字符串是区分大小写的，例如，有两个字符串 "HELLO"和"hello"，系统会认为它们的值不相等。

#### 2. 一行中可以书写多条语句

VB.NET 程序通常由若干行组成，一行一条语句。

对于一些简短的语句可以将几条语句写在一行中，中间用"："分隔。

#### 3. 续行

在 VB.NET 程序中一行最多可以包含 255 个字符。

为了增强可阅读性，可以将一条过长的语句分几行书写，在需要续行的行尾加续行符（一个空格+下划线）。

#### 4. 使用注释

可以用"Rem"或符号"'"开头+文字形成注释语句，便于程序阅读。

注释语句为非执行语句，可以单独一行，也可以放在执行语句之后，但不能与续行符同行。

**例 4.3**　编写一个子过程实现两个变量值的交换，使用注释对程序进行解释。

程序代码：

```
'下面子过程的功能是实现两个数据的交换
Sub Swap(ByRef intX As Integer, ByRef intY As Integer)
    Dim intT As Integer        'intT 为中间变量
    intT=intX : intX=intY : intY=intT REM  一行中有 3 条语句,因此用":"分隔
End Sub
```

**5. 标识符命名规则**

所谓标识符是指常量、变量、对象、函数、子过程等的名称，这些名称都应遵守标识符的命名规则。标识符的命名规则如下。

1）必须以字母、汉字、下划线开头，由字母、汉字、数字或下划线组成，不能是其他字符或空格。

2）如果以下划线开头，则须包含至少一个字母、汉字或数字。

3）不能使用 VB.NET 中的关键字，如 If、Sub 等。

各种命名包括窗体名、控件名、常量名、变量名、数组名、过程名、函数名、类名、对象名等均要符合标识符命名规则。对初学者来讲，窗体名、控件名可采用系统提供的默认名，也可自定义命名。自定义命名时，与常量名、变量名、数组名等一样尽可能做到见名知义，如求和用的变量名采用 Sum 命名，排序用的过程名或函数名采用 Sort 命名等，便于阅读程序。

**6. 本书中语法格式的书写规则**

在本书中，经常需要说明 VB.NET 语句的语法格式，在书写语法格式的时候，经常会用到下列符号，说明如下：

1）"[ ]"中的内容为可选项，可以有，也可以没有。

2）"<>"中的内容为必选项。

3）"|"表示两边的项只能选择其一。

4）"[, …]"表示如果出现重复，以逗号隔开。

**7. 本书中标识符的命名规范**

在本教材中，为增加代码的可读性，对 VB 标识符作以下限制：

1）对代码中所涉及到的变量名与数组名采用以下统一的规范：

```
PrefixName1[Name2][Name3]
```

说明：

① Prefix 为前缀，标识变量的数据类型，一律小写。

② Name1 为一个有意义的英文单词，第一个字母大写，其余字母小写。

③ Name2 与 Name3 如果需要的话，请参考 Name1。

变量名和数组名前缀 Prefix 的意义见表 4.3。

表 4.3　变量名和数组名前缀 Prefix 的意义

| 数据类型 | 前缀 | 数据类型 | 前缀 | 数据类型 | 前缀 | 数据类型 | 前缀 |
|---|---|---|---|---|---|---|---|
| 字节型 | bt | 长整型 | long | 十进制型 | dec | 布尔型 | bln |
| 短整型 | shr | 单精度型 | sgl | 字符型 | ch | 日期型 | dt |
| 整型 | int | 双精度型 | dbl | 字符串型 | str | 对象型 | obj |

2）符号常量的名字一律大写。

3）函数名和过程名的名字与变量名一样，只是不要前缀。

4）控件名：对代码中所涉及的控件名采用以下统一的规范：

```
PrefixName1[Name2][Name3]
```

说明：

① Prefix 为前缀，标识控件的种类，一律小写。

② Name1 为一个有意义的英文单词，第一个字母大写，其余字母小写。

③ Name2 与 Name3 如果需要的话，请参考 Name1。

控件名前缀 Prefix 的意义如表 4.4 所示。

表 4.4　控件名前缀 Prefix 的意义

| 控件 | 前缀 | 控件 | 前缀 | 控件 | 前缀 | 控件 | 前缀 |
|------|------|------|------|------|------|------|------|
| Form | frm | RadioButton | rad | ListBox | lst | Timer | tmr |
| Label | lbl | CheckBox | chk | ComboBox | cbo | HScrollBar | hsl |
| TextBox | txt | GroupBox | grp | PictureBox | pic | VScrollBar | vsl |
| Button | btn | Panel | pnl | ImageList | img | ProgressBar | prg |

例如，对于例 4.1 的窗体，起名为 frmExample4_1。

### 4.2.4　VB.NET 的工作模式

VB.NET 提供了 3 种工作模式：设计模式、运行模式和中断模式。

**1. 设计模式**

启动 VB.NET 后自动进入设计模式，可以设计窗体界面、编写程序等。

**2. 运行模式**

单击"启动调试"按钮 ▶ 后进入运行模式，此时标题栏上显示"正在运行"字样，可以与程序交互，但不能修改程序代码和界面。单击"停止调试"按钮 ■，终止程序运行，返回设计模式。

**3. 中断模式**

程序运行时单击"全部中断"按钮 Ⅱ，进入中断模式，暂停程序的运行，进入调试状态。此时可以编辑程序代码，检查数据，但不能编辑界面。单击"继续"按钮 ▶，将从中断处继续执行程序。

## 4.3    窗体与基本控件

VB.NET 提供了基于 Windows 窗体应用程序开发的新平台，Windows 窗体作为其他控件的容器是 VB.NET 的重要对象。窗体就像是一块画布，用户根据需要，利用工具箱中提供的控件，在这块画布上画出自己需要的用户界面，完成用户与计算机打交道的信息平台与各种操作。

### 4.3.1    对象的通用属性

在 VB.NET 中，属性值有 3 种类型：基本数据类型、枚举数据类型、类（结构）类型，不同的类型通过代码设置时表示方式也不相同。

1）基本数据类型。具有基本数据类型值的属性可以直接用相应的数据类型的量进行赋值，例如，

```
btnOK.Text = "确定"
```

2）枚举数据类型。枚举类型用于声明一组命名的常数，当一个变量有几种可能的取值时，可以将它定义为枚举类型。枚举类型属性值在输入程序代码时系统将自动列出供用户选择，如图 4.18 所示。

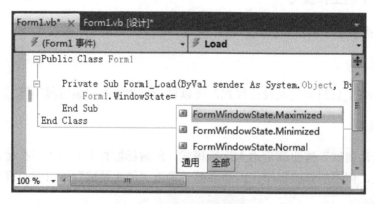

图 4.18    枚举类型属性的赋值

3）类（结构）类型。类（结构）类型值不能直接赋值，而需要先用 New 关键字创建一个实例，然后再赋值。例如，对标签 lblDisplay 设置 Location 属性值的语句如下：

```
lblDisplay.Location = New Point (100, 150)
```

其中 Point 是 .NET 中的一个类，"100" 是 lblDisplay 左侧与它所在的窗体的左边框的距离，"150" 是 lblDisplay 的顶部与窗体顶部的距离。

不同控件的属性各不相同，但也有许多相同的属性。本小节介绍最常用的、大部分控件都具有的属性。

**1. Name 属性**

Name 属性是指对象的名称，是窗体和所有控件都具有的属性，用于唯一标识对象。所有窗体和控件在创建时都有一个默认的名称（如 Form1、Button1 等），以后可以在属性窗口中重新命名。在程序中，对象名称作为对象的标识供程序引用。

**注意**：Name 属性是只读属性，不能在程序中通过赋值语句修改。

**2. Text 属性**

它是在窗体的标题栏或控件上显示的文本。例如，为窗体 frmExample4_2 设置标题为"汽车"的语句如下：

```
frmExample4_2.Text = "汽车"
```

将文本框 txtMark 中显示的文本设置为"90"的语句如下：

```
txtMark.Text = "90"
```

将命令按钮 btnOk 上显示的文本设置为"确定"的语句如下：

```
btnOk.Text = "确定"
```

**注意**：Text 属性的数据类型是字符串型。

**3. ForeColor 属性**

它用于设置控件的前景色（即正文颜色），其值是枚举类型。可以在属性窗口中用调色板直接选择颜色，如图 4.19 所示。

在代码设计窗口中，输入枚举类型属性的赋值语句时，系统自动显示列表，可通过选择完成代码的输入，也可以直接键入值。例如，将标签 lblDisplay 的前景色设置为粉红色的语句如下：

```
lblDisplay.ForeColor = Color.Pink
```

**4. BackColor 属性**

它用于设置控件的背景色，其设置同 ForeColor 属性。

**5. Font 属性**

它用来设置文本的字体格式。通过点击属性窗口中 Font 属性旁的省略号按钮，打开"字体"对话框后设置；也可以单击 Font 属性前的"+"按钮设置各项值，如图 4.20 所示。

Font 属性值是 Font 类结构的，在代码中应通过 New 命令来创建 Font 对象、改变字体。"New Font"的第一个参数表示字体，第二个参数表示字号，第三个参数表示字形。字形包括"下划线"（FontStyle.Underline）、"倾斜"（FontStyle.Italic）、"加粗"（FontStyle.Bold）等选项，选项之间用"Or"进行连接。第一个参数和第二个参数必写，第三个参数可不写。

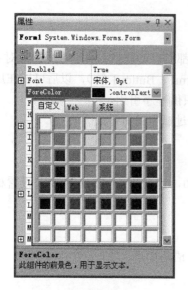

图 4.19　设置颜色属性

图 4.20　设置字体属性

例如，将文本框 TextBox1 的字体设为"宋体"，字号设为 9，文本加粗并倾斜的语句如下：

```
TextBox1.Font = New Font（"宋体", 9,FontStyle.Bold Or FontStyle.Italic）
```

将标签 Label1 的字体设为"楷体"，字号设为 20 的语句如下：

```
Label1.Font = New Font（"楷体", 20）
```

### 6. Location 属性

它表示控件在容器内的位置，即控件与容器左边框和顶部的距离。Location 属性由 Point 类结构来实现，默认情况下，单位为像素。对于窗体来说，Location 属性表示窗体到屏幕左边框和顶部的距离。

也可以用 Left 和 Top 属性来表示控件的位置，如图 4.21 所示。

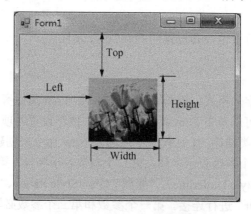

图 4.21　控件的位置和大小

例如，以下语句将 btnOK 控件的左上角定位于距窗体左边框 60、距顶部 40 的位置。

```
btnOK.Location = New Point (60, 40)
```

等价于：

```
btnOK.Left = 60 : btnOK.Top = 40
```

### 7. Size 属性

它表示控件的大小，由一对整数分别表示控件的宽度和高度，由 Size 类结构来实现，也可以用 Width 和 Height 属性来表示，如图 4.21 所示。

例如，以下语句将 btnOK 控件设置为宽度为 80、高度为 30。

```
btnOK.Size = New Size (80, 30)
```

等价于：

```
btnOK.Width = 80 : btnOK.Height = 30
```

### 8. Visible 属性

该属性决定控件是否可见。值为 True 时可见；值为 False 时不可见，但控件本身存在。默认值为 True。

### 9. Enabled 属性

该属性决定控件能否允许操作。值为 True 时，允许用户操作；值为 False 时，不允许用户操作，并且呈淡色。

## 4.3.2　窗体

窗体（Form）是可视化程序设计的基础界面，是一个可以容纳其他对象的容器类对象。

1）窗体常用的属性见表 4.5。

表 4.5　窗体常用的属性

| 属性 | 功能说明 |
| --- | --- |
| Name | 窗体名称 |
| Text | 窗体标题栏中的文本 |
| WindowState | 窗体运行时的状态。属性值如下：<br>① Normal（默认值）：常规状态；<br>② Maximized：最大化状态；<br>③ Minimized：最小化状态 |

2）窗体常用的事件见表 4.6。

表 4.6　窗体常用的事件

| 事件 | 功能说明 |
| --- | --- |
| Click | 用户在窗体中的任意位置进行单击时触发该事件 |
| Load | 当窗体在内存中被加载时触发该事件 |

Load 事件在窗体被加载至内存时触发。当应用程序启动时，会自动执行该事件，所以该事件通常用来在启动应用程序时对属性和变量进行初始化。

3）窗体常用的方法见表 4.7。Windows 窗体的方法允许用户根据需要执行各种操作，如显示、隐藏或关闭窗体等。

**表 4.7　窗体常用的方法**

| 方法 | 功能说明 |
|------|----------|
| Show | 显示窗体 |
| Hide | 隐藏窗体 |
| Close | 关闭窗体 |

**例 4.4**　编写程序，在应用程序启动时为窗体设置标题"欢迎使用 VB.NET!"，将窗体的状态设置为最大化状态；当用户单击窗体后关闭窗体。

程序代码：

```
Private Sub frmExample4_4_Load(ByVal sender As System.Object, ByVal e
As System.EventArgs) Handles MyBase.Load
    Me.Text = "欢迎使用 VB.NET!"  'Me 是指当前的窗体
    Me.WindowState = FormWindowState.Maximized
End Sub
Private Sub frmExample4_4_Click(ByVal sender As Object, ByVal e As
System.EventArgs) Handles Me.Click
    Me.Close( )
End Sub
```

### 4.3.3　命令按钮控件

命令按钮控件（Button）提供了用户与应用程序交互的最简便方法，通常会将完成某一特定功能的代码放入命令按钮的 Click 事件过程中，当用户单击命令按钮后，该段代码便会被执行。

1）命令按钮常用属性见表 4.8。

**表 4.8　命令按钮常用属性**

| 属性 | 功能说明 |
|------|----------|
| Name | 命令按钮名称 |
| Text | 命令按钮上显示的文本 |
| Image | 命令按钮上显示的图片 |
| TextAlign | 命令按钮上文本的对齐方式。属性值如下：<br>① BottomCenter：在垂直方向上底边对齐，水平方向上居中对齐；<br>② BottomLeft：在垂直方向上底边对齐，水平方向上左边对齐；<br>③ BottomRight：在垂直方向上底边对齐，水平方向上右边对齐；<br>④ MiddleCenter（默认值）：在垂直方向上中间对齐，水平方向上居中对齐；<br>⑤ MiddleLeft：在垂直方向上中间对齐，水平方向上左边对齐；<br>⑥ MiddleRight：在垂直方向上中间对齐，水平方向上右边对齐；<br>⑦ TopCenter：在垂直方向上顶部对齐，水平方向上居中对齐；<br>⑧ TopLeft：在垂直方向上顶部对齐，水平方向上左边对齐；<br>⑨ TopRight：在垂直方向上顶部对齐，水平方向上右边对齐 |

2）命令按钮常用的事件见表 4.9。

表 4.9　命令按钮常用事件

| 事件 | 功能说明 |
| --- | --- |
| Click | 单击命令按钮时触发该事件，此事件为命令按钮的默认事件 |

命令按钮主要的用途是 Click 事件，在其 Click 事件中进行编程，实现特定的功能。

### 4.3.4　标签控件

标签控件（Label）用于显示用户不能编辑的文本信息，其文本信息起到标注或说明作用。其常用的属性见表 4.10。

表 4.10　标签常用属性

| 属性 | 功能说明 |
| --- | --- |
| Name | 标签名称 |
| Text | 标签上显示的文本 |
| AutoSize | 值为 True（默认值）时，标签根据字号自动调整大小；值为 False 时，标签保持原来设计时的大小 |
| BorderStyle | 边框样式。属性值如下：<br>① None（默认值）：无边框；<br>② Fixed3D：三维边框；<br>③ FixedSingle：单边框 |
| TextAlign | 文本的对齐方式。属性值如下：<br>① BottomCenter：在垂直方向上底边对齐，水平方向上居中对齐；<br>② BottomLeft：在垂直方向上底边对齐，水平方向上左边对齐；<br>③ BottomRight：在垂直方向上底边对齐，水平方向上右边对齐；<br>④ MiddleCenter（默认值）：在垂直方向上中间对齐，水平方向上居中对齐；<br>⑤ MiddleLeft：在垂直方向上中间对齐，水平方向上左边对齐；<br>⑥ MiddleRight：在垂直方向上中间对齐，水平方向上右边对齐；<br>⑦ TopCenter：在垂直方向上顶部对齐，水平方向上居中对齐；<br>⑧ TopLeft：在垂直方向上顶部对齐，水平方向上左边对齐；<br>⑨ TopRight：在垂直方向上顶部对齐，水平方向上右边对齐 |

标签在窗体上的作用是显示信息，一般不需要使用标签的方法和编写事件过程。

**例 4.5**　编写命令按钮 btnSetting 的 Click 事件过程，为标签 lblDisplay 设置属性值。程序的界面如图 4.22 所示。

程序代码：

```
    Private Sub btnSetting_Click(ByVal sender As System.Object, ByVal e As
System.EventArgs) Handles btnSetting.Click
        'AutoSize 属性值为 False 时 Size 和 TextAlign 属性值才起作用
        lblDisplay.AutoSize = False
        lblDisplay.Size = NewSize(180, 60)                    '设置标签大小
        lblDisplay.TextAlign=ContentAlignment.MiddleCenter '设置文本对齐方式
        lblDisplay.Text = "我是标签!"                          '设置文本
```

```
        lblDisplay.Font = NewFont("隶书", 20)              '设置字体
        lblDisplay.BorderStyle = BorderStyle.Fixed3D       '设置边框样式
        lblDisplay.BackColor = Color.Pink                  '设置背景色
    End Sub
```

运行结果：

运行后单击命令按钮，结果如图 4.23 所示。

图 4.22　例 4.5 的界面设计

图 4.23　例 4.5 的运行结果

### 4.3.5　文本框控件

文本框控件（TextBox）是最常用的输入、输出文本数据的控件，用户可以在文本框中输入、编辑、修改和显示文字内容。

1）文本框的常用属性见表 4.11。

表 4.11　文本框的常用属性

| 属性 | 功能说明 |
| --- | --- |
| Name | 文本框名称 |
| Text | 文本框上显示的文本 |
| MaxLength | 设置输入文本的最大字符数，默认为 32767 |
| MultiLine | 是否多行显示，为 True 时多行显示，为 False（默认值）时单行显示 |
| PasswordChar | 密码符号，使用此符号显示用户输入的密码 |
| ReadOnly | 是否只读，为 True 时文本框中的内容为只读 |
| ScrollBars | 是否显示滚动条，此属性必须在 MultiLine 属性的值为 True 时才有效。属性值如下：<br>① None（默认值）：无滚动条；<br>② Horizontal：具有水平滚动条（WordWrap 属性值为 False 时才有效）；<br>③ Vertical：具有垂直滚动条；<br>④ Both：同时具有水平滚动条和垂直滚动条 |
| WordWrap | 在多行显示时，文本是否自动换行，默认值为 True |
| SelectionStart | 获取或设置文本框中选定文本起始点 |
| SelectionLength | 获取或设置文本框中选定的字符数 |
| SelectedText | 指示文本框中当前选定的文本 |

2）文本框的常用事件见表4.12。

表 4.12　文本框常用事件

| 事件 | 功能说明 |
| --- | --- |
| TextChanged | 当修改文本框中的内容时触发，此事件为文本框的默认事件 |
| KeyPress | 按某个键结束时触发，只有在 KeyPress 事件过程中，可通过事件过程的参数 e 的 KeyChar 属性捕获用户所按键对应的字符 |
| GotFocus | 在文本框获得焦点时触发 |
| LostFocus | 在文本框失去焦点时触发，焦点的丢失或者是由于制表键（Tab）的移动或单击另一个对象操作的结果 |

3）文本框的常用方法见表4.13。

表 4.13　文本框的常用方法

| 方法 | 功能说明 |
| --- | --- |
| Focus | 将光标移到文本框中 |
| AppendText | 追加文本，在文本框内原有文本的末尾添加指定的文本 |
| Clear | 清除文本 |
| Copy | 复制文本框中选择的内容，并放到剪贴板上 |
| Cut | 剪切文本框中选择的内容，并放到剪贴板上 |
| Paste | 将剪贴板中的文本粘贴到文本框中 |

**例 4.6**　建立一个简单的文本复制器，当用户在一个文本框中输入文本时，另一个文本框中会显示相同的文本。

程序设计分析：

为了使两个文本框中的内容一样，当第一个文本框中的内容发生变化时，就应该通过赋值语句将第一个文本框中的内容复制到第二个文本框中，因此应该编写第一个文本框的 TextChanged 事件过程的代码。

界面设计：

程序的界面如图 4.24 所示。

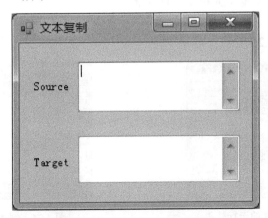

图 4.24　例 4.6 的界面设计

属性设置：

窗体和各控件的属性设置见表 4.14。

表 4.14　例 4.6 的窗体和控件的属性及属性值

| 序号 | 控件 | 属性 | 值 | 备注 |
|------|------|------|-----|------|
| 1 | Form | Name | frmExample4_6 | — |
| | | Text | 文本复制 | — |
| 2 | TextBox | Name | txtSource | 用途：输入信息 |
| | | Multiline | True | 能编辑多行文本 |
| | | ScrollBars | Vertical | 垂直滚动条 |
| 3 | TextBox | Name | txtTarget | 用途：复制信息 |
| | | Multiline | True | 能编辑多行文本 |
| | | ScrollBars | Vertical | 垂直滚动条 |
| 4 | Label | Name | Label1 | 系统默认名 |
| | | Text | Source | — |
| 5 | Label | Name | Label2 | 系统默认名 |
| | | Text | Target | — |

程序的代码：

```
    Private Sub txtSource_TextChanged(ByVal sender As System.Object, ByVal
e As System.EventArgs) Handles txtSource.TextChanged
        txtTarget.Text = txtSource.Text
    End Sub
```

运行结果：

程序运行后向 txtSource 文本框中输入文本，txtTarget 文本框中将会显示一模一样的内容，如图 4.25 所示。

**例 4.7**　建立一个类似记事本的应用程序，用户向文本框中输入信息，通过"复制"和"剪切"按钮可以对文本框中选定的文本进行复制和剪切，通过"粘贴"按钮可以实现将复制或剪切的文本插入文本框中光标所在的位置。

界面设计：

程序的界面如图 4.26 所示。

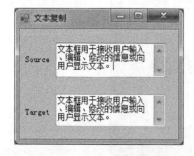

图 4.25　例 4.6 的运行效果

图 4.26　例 4.7 的界面设计

属性设置：

窗体和各控件的属性设置见表 4.15。

表 4.15　例 4.7 的窗体和控件的属性及属性值

| 序号 | 控件 | 属性 | 值 | 备注 |
|---|---|---|---|---|
| 1 | Form | Name | frmExample4_7 | — |
| | | Text | 文本编辑 | |
| 2 | TextBox | Name | txtEdit | 用途：文本编辑区 |
| | | Multiline | True | 能编辑多行文本 |
| | | ScrollBars | Vertical | 垂直滚动条 |
| 3 | Button | Name | btnCopy | 用途：文本复制 |
| | | Text | 复制 | — |
| 4 | Button | Name | btnCut | 用途：文本剪切 |
| | | Text | 剪切 | — |
| 5 | Button | Name | btnPaste | 用途：文本粘贴 |
| | | Text | 粘贴 | — |

程序代码：

```
Dim strText As String
Private Sub btnCopy_Click (ByVal sender As System.Object, ByVal e As
System.EventArgs) Handles btnCopy.Click
    strText = txtEdit.SelectedText
End Sub
Private Sub btnCut_Click (ByVal sender As Object, ByVal e As
System.EventArgs) Handles btnCut.Click
    strText = txtEdit.SelectedText
    txtEdit.SelectedText = ""
End Sub
Private Sub btnPaste_Click (ByVal sender As Object, ByVal e As
System.EventArgs) Handles btnPaste.Click
    txtEdit.SelectedText = strText
End Sub
```

程序设计说明：

① strText 是一个字符串类型的变量，用于存放用户在文本框中选定的文本。由于 strText 要被多个事件过程使用，因此需要放在模块声明段进行声明。

② 由于文本框本身具有编辑功能，所以不必编写任何程序代码，就可以用 Windows 的组合键 Ctrl+C、Ctrl+X 和 Ctrl+V 进行复制、剪切和粘贴了。本例题是为了学习文本框常用属性和方法。

运行结果：

程序运行后向文本框中输入文本，如图 4.27 所示，再选中文本最前面的单词"VB.NET"，单击"复制"按钮。再将光标移至第 2 个句子的最前面，单击"粘贴"按钮，"VB.NET"就会出现在第 2 句的前面，如图 4.28 所示。

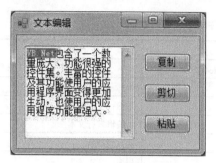

图 4.27　例 4.7 的运行效果（1）

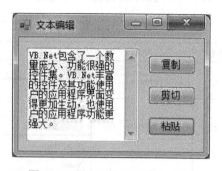

图 4.28　例 4.7 的运行效果（2）

如图 4.29 所示，在文本框中输入文本，再选中第 1 句中的单词"Focus、"，单击"剪切"按钮，此单词将从文本中消失。再将光标移至第 2 个句子的"："后面，单击"粘贴"按钮，"Focus、"就会出现在光标处，如图 4.30 所示。

图 4.29　例 4.7 的运行效果（3）

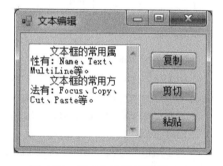

图 4.30　例 4.7 的运行效果（4）

本例题还可以通过使用文本框的 Copy、Cut、Paste 方法来实现。

程序代码：

```
    Private Sub btnCopy_Click(ByVal sender As System.Object, ByVal e As
System.EventArgs) Handles btnCopy.Click
        txtEdit.Copy( )
    End Sub
    Private  Sub  btnCut_Click(ByVal  sender  As  Object,  ByVal  e  As
System.EventArgs) Handles btnCut.Click
        txtEdit.Cut( )
    End Sub
    Private  Sub  btnPaste_Click(ByVal  sender  As  Object,  ByVal  e  As
System.EventArgs) Handles btnPaste.Click
        txtEdit.Paste( )
    End Sub
```

　　**例 4.8**　编写一个求平方数的程序。窗体上有一个输入数据的文本框和一个显示平方数的标签。用户在文本框中输入数据并按回车键后，该数的平方数在标签中显示。

属性设置：

窗体和控件的属性设置见表 4.16。

表 4.16　例 4.8 的窗体和控件的属性及属性值

| 序号 | 控件 | 属性 | 值 | 备注 |
|---|---|---|---|---|
| 1 | Form | Name | frmExample4_8 | — |
| | | Text | 平方数 | — |
| 2 | TextBox | Name | txtUcase | 用途：输入数据 |
| 3 | Label | Name | lblSquare | 用途：输出平方数 |
| | | AutoSize | False | 尺寸不随文本长度变化 |
| | | BorderStyle | Fixed3D | 三维边框 |
| 4 | Label | Name | Label1 | 系统默认名 |
| | | Text | 原始数据： | — |
| 5 | Label | Name | Label2 | 系统默认名 |
| | | Text | 平方数为： | — |

程序代码：

```
        Private Sub txtSource_KeyPress(ByVal sender As Object, ByVal e As
System.Windows.Forms.KeyPressEventArgs) Handles txtSource.KeyPress
        If e.KeyChar = vbCr Then          'vbCr 为回车键
            lblSquare.Text = Val(txtSource.Text) * Val(txtSource.Text)
        End If
        End Sub
```

程序设计说明：

1）当需要判断用户具体的按键内容时，可以编写文本框的 KeyPress 事件过程代码，因为在 KeyPress 事件过程的参数 e 的 KeyChar 属性中记录了用户按下的键对应的字符。

2）vbCr 是指 Enter 键。

3）"Val" 是一个系统内部函数，其作用是将一个数字字符串转换为数值型数据。

运行结果：

程序运行后向文本框中输入文本，如图 4.31 所示，按 Enter 键后文本框中的文本如图 4.32 所示。

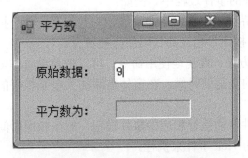

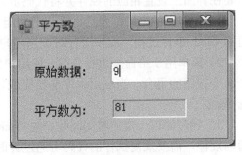

图 4.31　在文本框中输入数据　　　　　　　图 4.32　按回车键后的效果

## 4.4　可视化界面设计

VB.NET 是面向对象的程序设计语言，它把程序和数据封装起来成为一个对象，每个对象都是可视的（Visual）。

依靠 VB.NET 提供的可视化设计平台，开发者不必为界面的设计而编写大量的程序代码，只需按照设计要求的屏幕布局，在屏幕上"画"出各种"部件"即对象，如窗口、命令按钮、菜单等，并设置这些图形对象的位置、大小、颜色等属性，VB.NET 将自动产生出界面设计代码，开发者需要编写的只是实现程序功能的那部分代码，这种"所见即所得"的可视化用户界面设计极大地提高了程序开发效率。

用 VB.NET 设计应用程序，首先要做的是布置好所需要的控件对象并对这些对象做必要的初始属性设置工作，这是界面设计阶段；接下来是根据应用程序需求编写相应事件过程代码并调试运行，这一阶段称为编码运行阶段。

本节重点讨论界面设计，当需要利用 VB.NET 完成一个特定的功能时，需要在窗体中设计一些什么控件，才能做到既满足功能需求，又方便用户操作呢？

VB.NET 中的程序段一般由 3 部分组成：输入数据、处理数据、输出数据。

### 1. 输入数据

用于输入数据的程序元素有文本框控件、单选按钮控件、复选框控件、列表框控件、通用对话框控件、赋值语句等。

1）文本框是最常用的输入文本的控件，文本框简单、直观，在学习其他较复杂的输入数据的控件之前，我们利用该控件来完成数据输入的工作。

2）单选按钮控件、复选框控件、列表框控件也是用来输入数据的控件，它们的共同特点是，通过显示多个选项供用户选择，以达到与用户对话的目的。

### 2. 处理数据

为了对输入的数据进行处理，需要编写相应的程序代码，而为了使代码能够被执行，需要在界面上设置相应的控件并将代码放入控件的事件过程中。例如：

1）最常用的方法：为了完成某个功能，在界面上放置一个命令按钮，并编写此命令按钮的 Click 事件过程。程序运行时，当用户单击按钮，相应的代码便会被执行。

2）菜单用于给命令进行分组，使用户能够方便、直观地使用命令。可以把菜单看作多个命令按钮的集合。当应用程序需要完成较多的功能的时候，在窗体上添加菜单是很好的选择。

3）计时器以一定的时间间隔产生 Tick 事件从而执行相应的事件过程。对于按照时间间隔规律，需要反复执行的代码可通过计时器的 Tick 事件来执行。

4）在应用程序中经常会有一些需要在程序启动后立即执行的代码，如对变量和对象的属性进行初始化等，这些代码可放入窗体的 Load 事件过程中。

5）当用户在文本框中输入数据后，需编写代码判断输入数据的合法性，这类代码可放入文本框的 LostFocus 事件过程中。

#### 3．输出数据

当程序完成数据处理的工作后，需要将结果呈现在用户面前。用于输出数据的程序元素有文本框控件、标签控件、图片框控件、MsgBox 函数等。

1）文本框控件既可以用来输入数据，也可以用来输出（显示）数据。

2）标签控件可用来显示用户不能编辑的文本信息。标签与文本框的区别在于：文本框既可用于输入数据，也可用于输出数据，而标签只能用于输出数据，不能用于输入数据。

3）程序的输出数据既可以是数值类型、文本类型，也可以是图像类型。图片框控件可用于显示图像文件。

4）MsgBox 函数用于在屏幕上的消息框中显示简短消息，如图 4.33 所示。

当确定了窗体上需要一些什么样的控件后，需要将这些控件在窗体上合理布局，并设置窗体和控件的外观属性（如位置、大小、背景、边框样式，显示在控件中文字的字体、大小、颜色和对齐方式等）和功能性属性（如控件名称、控件状态、数据源等）。

另外，为解释控件在窗体中的作用或者需要对控件做功能性划分，可考虑再增加一些说明控件，如标签、分组控件、图片框等，并设置某些必要的属性。

**例 4.9**　编写程序，输入圆的半径，计算圆的面积。

界面设计：

根据功能需求和上述界面设计原则，窗体上应包括以下控件：

1）数据的输入要求：一个文本框：接收圆的半径。另外，为了告诉用户此文本框的作用，在文本框的左边放置一个标签，显示的文本为"请输入圆的半径："。

2）数据的输出要求：一个标签：显示圆的面积。为了告诉用户此标签的作用，在此标签的左边再放置一个标签，显示的文本为"圆的面积为："。

3）功能性需求：设置一个命令按钮，在命令按钮的 Click 事件过程中编写代码完成面积的计算。

综上所述，程序的界面如图 4.34 所示。

图 4.33　信息框

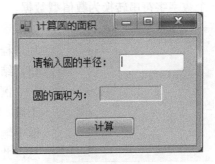

图 4.34　例 4.9 的界面设计

属性设置：

窗体和各控件的属性设置见表 4.17。

表 4.17  例 4.9 的窗体和控件的属性及属性值

| 序号 | 控件 | 属性 | 值 | 备注 |
|---|---|---|---|---|
| 1 | Form | Name | frmExample4_9 | — |
| | | Text | 计算圆的面积 | — |
| 2 | TextBox | Name | txtRadius | 用途：输入半径 |
| 3 | Label | Name | lblArea | 用途：输出面积 |
| | | AutoSize | False | 尺寸不随文本长度变化 |
| | | BorderStyle | Fixed3D | 三维边框 |
| 4 | Label | Name | Label1 | 系统默认名 |
| | | Text | 请输入圆的半径： | — |
| 5 | Label | Name | Label2 | 系统默认名 |
| | | Text | 圆的面积为： | — |
| 6 | Button | Name | btnCompute | 用途：单击时计算面积 |
| | | Text | 计算 | — |

程序代码：

```
Private Sub btnCompute_Click(ByVal sender As System.Object, ByVal e As
System.EventArgs) Handles btnCompute.Click
    Dim sglRadius, sglArea As Single
        sglRadius = Val(txtRadius.Text)            '从文本框中读入半径
        sglArea = 3.14159 * sglRadius * sglRadius  '计算
        lblArea.Text = sglArea                     '在标签中显示面积
    End Sub
```

程序设计说明：

1）在 Dim 语句中定义了两个名字分别为 sglRadius 和 sglArea 的单精度型（Single）变量，分别用来存放半径和面积值。

2）在将文本框中的内容赋值给变量 sglRadius 的语句中使用了"Val"函数，其作用是将一个数字字符串转换为数值型数据。

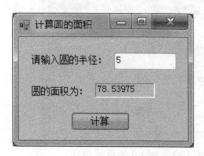

图 4.35  例 4.9 的运行结果

运行结果：

程序运行后，用户在文本框中输入半径，单击命令按钮，结果如图 4.35 所示。

例 4.10  对例 4.9 进一步要求，为了保证程序运行的正确，对输入的半径要进行合法性检查。如果用户在文本框中输入的不是数字字符串，则利用 MsgBox 显示出错信息，并将焦点重新定位于文本框。

程序设计分析：

1）可通过调用 IsNumeric 函数来判断一个文本是否

为数字字符串,如果文本是数字字符串,则 IsNumeric 函数的返回值为 True,否则返回值为 False。

2)焦点是接收用户鼠标或键盘输入的能力。当对象具有焦点时,可接收用户的输入。在有几个文本框的窗体中,只有具有焦点的文本框才能由键盘输入文本。

当对象得到或失去焦点时,会产生 GotFocus 或 LostFocus 事件。窗体和多数控件支持这些事件。调用文本框的 Focus 方法,可以使文本框获得焦点。

3)数据的合法性检查应该在数据输入结束时进行,数据输入结束有两种方法:

① 文本框失去焦点。用户输入 Tab 键,用鼠标单击其他控件都会使文本框失去焦点,此时产生 LostFocus 事件,因此可以在 LostFocus 事件过程中进行数据合法性检查。

② 用户输入特殊字符表示数据输入结束。一般将输入 Enter 键作为数据输入结束的标志,此时可以将数据合法性检查的代码写在文本框的 KeyPress 事件过程中。

程序代码:

```
'在文本框 txtRadius 失去焦点时判断数据的合法性
Private Sub txtRadius_LostFocus(sender As Object, e As System.EventArgs)
Handles txtRadius.LostFocus
    If IsNumeric(txtRadius.Text) = False Then
        MsgBox("输入错误!必须输入数值,请重新输入!")
        txtRadius.Focus()                        '使文本框获得焦点
    End If
End Sub
'单击命令按钮时计算圆的面积
Private Sub btnCompute_Click(ByVal sender As System.Object, ByVal e As
System.EventArgs) Handles btnCompute.Click
    Dim sglRadius, sglArea As Single
    sglRadius = Val(txtRadius.Text)              '从文本框中读入半径
    sglArea = 3.14159 * sglRadius * sglRadius    '计算
    lblArea.Text = sglArea                       '在标签中显示面积
End Sub
```

# 4.5　综合应用

**例 4.11**　编写一个实现登录的应用程序,用户输入用户名和密码后,程序判断输入是否正确,并通过消息框显示提示信息。

界面设计:

根据功能需求和界面设计原则,窗体上应包括以下控件:

1)数据的输入要求:一个用于输入用户名的文本框和一个用于输入密码的文本框,两个用于显示文本框用途的标签。其中用于输入密码的文本框需要设置 PasswordChar 属性值。

2)数据的输出要求:通过消息框来显示用户是否输入正确。

3）功能性需求：设置一个"登录"命令按钮，在其 Click 事件过程中编写代码判断用户输入是否正确，并弹出相应的消息框；设置一个"取消"按钮，用于清空用户名文本框和密码文本框。

程序的界面如图 4.36 所示。

属性设置：

窗体和各控件的属性设置见表 4.18。

表 4.18　例 4.11 的窗体和控件的属性及属性值

| 序号 | 控件 | 属性 | 值 | 备注 |
|---|---|---|---|---|
| 1 | Form | Name | frmExample4_11 | — |
| | | Text | 登录 | — |
| 2 | TextBox | Name | txtUserName | 用途：输入用户名 |
| 3 | TextBox | Name | txtPassword | 用途：输入密码 |
| | | PasswordChar | * | 密码输入显示的字符 |
| 4 | Label | Name | Label1 | 系统默认名 |
| | | Text | 用户名 | — |
| 5 | Label | Name | Label2 | 系统默认名 |
| | | Text | 密码 | — |
| 6 | Button | Name | btnLogin | 用途：单击时判断输入是否正确 |
| | | Text | 登录 | — |
| 7 | Button | Name | btnCancel | 用途：单击时清空用户名和密码文本框 |
| | | Text | 取消 | — |
| 8 | PictureBox | Name | PictureBox1 | 用途：显示一幅图片 |
| | | Image | 导入一个图像文件 | 图片框里显示的图像 |
| | | SizeMode | StretchImage | 将图像拉伸或收缩，以适合图片框的大小 |

程序代码：

```
    Private Sub btnLogin_Click(ByVal sender As System.Object, ByVal e As
System.EventArgs) Handles btnLogin.Click
        If txtUserName.Text = "" Then
            MsgBox("用户名不能为空!")          '显示提示信息
            txtUserName.Focus()               '将光标移到文本框中
            Return                            '退出本事件过程
        End If
        If txtPassword.Text = "" Then
            MsgBox("密码不能为空!")
            txtPassword.Focus()
            Return
        End If
        If txtUserName.Text = "HUST" And txtPassword.Text = "13579" Then
```

```
        MsgBox("欢迎使用本系统!")
      Else
        MsgBox("输入的用户名或密码错误!")
      End If
    End Sub
    Private Sub btnCancel_Click(ByVal sender As System.Object, ByVal e As
System.EventArgs) Handles btnCancel.Click
      '清空用户名和密码文本框
      txtUserName.Text = ""
      txtPassword.Text = ""
    End Sub
```

运行结果：

程序运行后，出现如图 4.36 所示界面。

① 如果用户未输入用户名或密码就单击了"登录"按钮，则会弹出"用户名不能为空！"或"密码不能为空！"的消息框，并将光标定位于输入用户名的文本框或输入密码的文本框。

② 如果用户输入的用户名或密码错误，则会弹出"输入的用户名或密码错误！"的消息框。

③ 如果用户输入的用户名和密码正确，则会弹出显示"欢迎使用本系统！"的消息框，如图 4.37 所示。

图 4.36　例 4.11 的界面设计

图 4.37　例 4.11 的运行效果

# 习　题

**一、简答题**

1. 什么是类？什么是对象？类与对象的关系是什么？

2. 事件过程和方法的区别是什么？

3. 叙述建立一个 Windows 窗体应用程序的过程。

4. VS 2010 中有多种类型的窗口，若要打开代码设计窗口，应怎样操作？

5. 对象的 Name 和 Text 属性有什么不同？

6. 标签和文本框的区别是什么？

7. 窗体的 Load 事件在什么时候会被触发？一般将什么样的代码放入窗体的 Load 事件过程中？

8. 当希望标签的大小不随标签中文本的字号大小而扩大或缩小时，应对该控件的什么属性进行何种设置？

## 二、程序设计题

1. 编写程序，程序界面如图 4.38 所示。当用户单击"窗体左下移"命令按钮时，窗体往屏幕的左方和下方各移动 50 个像素；单击"窗体右上移"命令按钮时，窗体往屏幕的右方和上方各移动 50 个像素；单击"退出"按钮时，则关闭窗体。

2. 编写程序，输入圆的半径，计算圆的面积。要求：将用户输入 Enter 键作为数据输入结束的标志，此时进行合法性检查，如果用户在文本框中输入的不是数字字符串，则利用 MsgBox 显示出错信息，并将焦点重新定位于文本框；如果数据合法则计算圆的面积。程序的界面如图 4.39 所示。

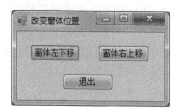

图 4.38　温度转换

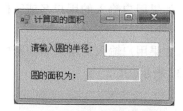

图 4.39　计算圆的面积

 **拓展阅读**

比尔·盖茨（Bill Gates），全名威廉·亨利·盖茨三世，简称比尔或盖茨，1955 年 10 月 28 日出生于美国华盛顿州西雅图，企业家、软件工程师、慈善家、微软公司创始人，曾任微软董事长、CEO 和首席软件设计师。

比尔·盖茨 13 岁开始计算机编程设计，18 岁考入哈佛大学，一年后从哈佛退学。1976 年 11 月 26 日，盖茨和艾伦注册了"微软"（Microsoft）商标，当时艾伦 23 岁，盖茨 21 岁。

1980 年 8 月 28 日，盖茨与 IBM 签订合同，同意为 IBM 的 PC 机开发操作系统。随后他以 5 万美元购买了一款名为 QDOS 的操作系统，对其稍加后，将该产品更名为 DOS，然后将其授权给 IBM 使用。

1982 年，在上市销售的第一年期间，盖茨向 50 家硬件制造商授权使用 MS-DOS 操作系统。1983 年 11 月 10 日，Windows 操作系统首次登台亮相。该产品是 MS-DOS 操作系统的演进版，并提供了图形用户界面，由此创立微软王国。

　　比尔·盖茨 1995～2007 年连续 13 年成为《福布斯》全球富翁榜首富，连续 20 年成为《福布斯》美国富翁榜首富。2000 年，比尔·盖茨成立比尔和梅琳达·盖茨基金会，2008 年比尔·盖茨宣布将 580 亿美元个人财产捐给慈善基金会，2014 年比尔·盖茨辞去董事长一职。

　　2014 年美国当地时间 9 月 29 日，《福布斯》发布美国富豪 400 强榜单显示，微软联合创始人比尔·盖茨以 810 亿美元的财富，连续第 21 年蝉联美国首富宝座。

# 5 VB.NET 语言基础

要编写一个 VB.NET 程序，通常需要使用不同类型的数据，常量、变量以及由数据及运算符构成的表达式，这些是构成程序设计语言的基础。

本章将介绍 VB.NET 程序设计语言的基础知识：各种常用的数据类型、常量和变量的声明及表示和运用方式、常用运算符的意义及使用、表达式的书写规则，以及常用的内部函数。

## 5.1　数据类型

### 5.1.1　数据类型概述

生活中我们总是与各种各样的数据打着交道。例如人名、国籍、性别、出生日期、年龄、体重、身高、高考成绩、气温等。在生活、工作及科学计算中出现的数据，通常可以分为以下几种类型：

1）数值类型。数值类型在生活中出现的较为普遍。例如高考分数 643 分、天气预报中的气温 32.3℃、精确到小数点后 15 位的圆周率 3.14159 26535 89793 等。

2）文本类型。文本类型的数据通常由英文字符、中文字符、数字字符、符号字符等各种字符构成。例如英文字母 "C"，符号字符 "&"，中文人名 "张三"，英文人名 "Sam"，一句话 "祖国啊，我的母亲" 等。

3）布尔类型。在生活中，很多事情或事物只有两种状态。例如，门有开和关两种状态，血色素有达标和不达标两种状态，等等。使用布尔类型能较好地描述这些事物。

4）日期型。日常生活中很多事情都和时间相关。有的时候，时间只需要精确到年月日，有时候则需要精确到分钟或秒钟。在 VB.NET 中，时间用日期型来表示。例如 1995 年 7 月 3 日，就可以用日期型来表示。

5）对象型。对象类型用来存储应用程序中的对象，可存放任何类型的数据。

表 5.1 中列出了 VB.NET 编程语言中的较常用的基本数据类型。需要注意该表的第 3 列是该类型对应的符号表示，在 VB.NET 程序中，可以用类型符来代替类型关键字。如表 5.1 中所示，并不是所有的数据类型都有类型符。

当存在一个事物需要用数据来表达时，首先要为它选择合适的数据类型。这通常需要先分析描述该事物的数据范围，然后根据数据范围，参看表 5.1 中的描述不同类型数据值范围的最后一列，选择能够包含所需要描述的数据范围的数据类型。例如某门课程的成绩，要求以整数表达，它的数据范围是[0,100]之间的整数，能够包含该数据范围的有短整型、整型和长整型 3 种。通常情况下，选择能够刚好包含该范围的数据类型即可。此处，用短整型即可，用整型和长整型也可以正确的描述。

表 5.1　V B.NET 基本数据类型

| 数据分类 | 数据类型 | 关键字 | 类型说明符 | 占用空间（字节） | 范　围 |
|---|---|---|---|---|---|
| 数值类型 | 字节型 | Byte | 无 | 1 | 0～255 |
| | 短整型 | Short | 无 | 2 | −32768～32767 |
| | 整型 | Integer | % | 4 | −2，147，483，648～2，147，483，647 |
| | 长整型 | Long | & | 8 | −9，223，372，036，854，775，808～−9，223，372，036，854，775，807 |
| | 单精度型 | Single | ! | 4 | 负数：−3.402823E38～ −1.401298E−45<br>正数：1.401298E−45～3.402823E38 |
| | 双精度型 | Double | # | 8 | 负数：−1.79769313486231E308 ～ −4.94065645841247E−324<br>正数：4.94065645841247E−324 ～ 1.79769313486231E308 |
| | 十进制型 | Decimal | 无 | 16 | 没有小数位：+/−79228162514264337593543950335<br>小数位数有 28 位：+/−7.9228162514264337593543950335<br>最小的非零数字为：+/−$10^{-28}$ |
| 文本类型 | 字符型 | Char | 无 | 2 | 以 0～$2^{16}$−1 之间数字的形式存储 |
| | 字符串型 | String | $ | 不定 | 0～$2^{31}$ 个字符 |
| 布尔类型 | 布尔型 | Boolean | 无 | 2 | 取值只有两种：True 和 False |
| 日期型 | 日期型 | Date | 无 | 8 | #1/1/0001 0：00：00 #～#12/31/9999 23：59：59#<br>即日期范围为公元 1 年 1 月 1 日～9999 年 12 月 31 日，时间范围为 0：00：00～23：59：59 |
| 对象型 | 对象型 | Object | 无 | 4 | 可存放任何数据类型的变量 |

本小节对 VB.NET 中的常用基本数据类型进行了介绍，本节后面的内容针对每一个具体的数据类型进行详细的介绍和示例。

### 5.1.2　数值类型

根据数值具有的不同特点，数值类型分为整数、浮点数和字节型等多种。下面逐一详细介绍。

#### 1. 整数

日常生活工作中和科学计算中有很多事物需要用整数来表示，如高考成绩、一次购物的件数、武汉至成都的航班里程数（以千米为单位）、土星离地球的最远距离（以千米为单位），人类基因组中全部 DNA 的碱基对个数等。

在这些例子中，每个整数的大小都是不一样的。根据表示的数据范围的不同，VB.NET

将整数分为短整型（Short）、整型（Integer）和长整型（Long）3 种。它们的表示范围各不相同，如表 5.1 所示。

在 VB.NET 中，需要根据具体情况，选择合适的数据类型。例如土星离地球的最远距离为 1 576 540 000 千米，这超过了短整型的表示范围，需要用整型或长整型来表示。人类基因组中全部 DNA 的碱基对个数约为 12.6 亿，以个为单位表示为 12 600 000 000，这个数值超过了短整型和整型的表示范围，需要用长整型来表示。高考成绩、一次购物的件数、武汉至成都的航班里程数等则在短整型的表示范围内，可以用短整型、整型或长整型表示。通常使用正好可以满足数值取值范围的数据类型表示即可。

整数的表示形式由两部分组成：

数值部分[＋ 类型符部分(为整型类型符% 或长整型类型符 &)]

如果不加类型符号，则为整型。

例如：

● -10%，表示数据类型是整型的整数-10，其中，类型符%表示是整型；

● -10&，表示数据类型是长整型的整数-10，其中，类型符&表示是长整型；

● -10，不加类型符号，-10 表示数据类型是整型的整数-10。

2. 浮点数

在一个带原点和刻度的数轴上，整数只能是数轴上的某些固定位置的点。要表示数轴上的任意一个点，就需要使用实数。在 VB.NET 中，用浮点数来表示实数。

根据实数有效数位的大小，浮点数进一步分为单精度型（Single）和双精度型（Double）和十进制型（Decimal）3 种。单精度型可以表示的有效数字为 7 位以内（含 7 位）；双精度型可以表示的有效数字为 15 位以内（含 15 位）；十进制型是 Visual Studio.NET 框架内的通用数据类型，可以表示 28 位十进制数，且小数点的位置可根据数的范围及精度要求而定。

例如，精确到小数点后 5 位的圆周率，可以表示为 3.14159；人类基因组中全部 DNA 的碱基对个数，可以表示为 12 600 000 000。对于有一位小数的日常气温，有效数字不超过 3 位，用单精度型或双精度型均可正确表示。

上述值的方式都使用的是完全列出数值的所有整数及小数位，这是定点形式表示法。

浮点数的定点形式表示法与整数的表示法类似，由两部分组成：

数值部分[＋类型符部分(为单精度型类型符!或双精度型类型符#)]

如果不加类型符号，则为双精度型浮点数。

故：

● 3.14159！表示单精度浮点数 3.14159；

● 3.45#表示双精度浮点数 3.45；

● 3.45，不加类型符号，表示双精度浮点数 3.45；

● 12600000000#表示双精度浮点数 12600000000。

为了能够表示更大的数值范围，浮点数也支持指数形式的表示方式。

指数形式是将一个数字表示成 a×10 的 n 次幂的形式，其中 a 需要为单精度数或双精度数，n 为整数。使用字母 E（或 e）表示以 10 为底的指数。

例如，土星离地球的最远距离为 1 576 540 000 千米，可以写为 157654E4，该值等价于 1 576 540 000.0；表示人类基因组中全部 DNA 的碱基对个数可以写为 126E8，该值等价于 12 600 000 000.0。

### 3. 字节型

字节型（Byte）数据占 1 个字节的存储空间，其取值范围为 0～255。

### 5.1.3　文本类型

上网已经成为了人们日常生活的一部分。很多网站都需要用户首先注册用户名，并填写地址、兴趣爱好等相关文字信息。这些信息在计算机中存储时，通常使用文本类型。在 VB.NET 中，文本类型分为字符类型和字符串类型两种。

在生活中，常常会提及 26 个英文字母，每个英文字母就是一个独立的字符，在 VB.NET 中，字符类型（Char）中的数据可为英文字符、中文字符、数字字符、符号字符（如逗号、句号、问号等符号字符）等。字符必须在首尾用双引号（""）括起来作为定界符。例如"a" "W" "*" "%" "中"等。

字符串类型（String）的数据可由零至多个字符构成。同字符一样，字符串必须在首尾用双引号（"）括起来作为定界符。例如"Address: 1037 Luoyu Road, Wuhan, China" "Hello Tom" "430074" "我爱中国" "*这是注释*"等。

如果是零个字符组成的字符序列，称为空字符串，简称空串，表示方法为""。

通常情况下，如果要表达的数据一定是单字符，则使用字符类型；如果可能为单字符，也可能为多字符，则用字符串类型。

例如，某个应用需要统计元音字母 a、e、i、o、u 在某一句英文中出现的次数（如 Hey, how are you?）。作为实现该应用的基础，需要表示 5 个元音字母及该句英文，才能进一步分析元音字母出现的词频。

在该例子中 5 个元音字母就需要用字符类型来表示，而英文语句"Hey, how are you?"则需要用字符串数据类型。

**注意：**

1）""表示一个空串，" "表示有一个空格的字符串。

2）如果字符串序列中含有双引号字符，则必须用两个连续的双引号表示。例如，要表示字符串 abc"12，则需要表示为"abc""12"，其中首尾的双引号为定界符。

3）首尾的双引号仅仅是字符串的定界符，在应用程序中输出或显示一个字符串时，双引号不会随着字符一起输出或显示。

### 5.1.4　布尔型

布尔型也称为逻辑型（Boolean）。其值只有 True（真）和 False（假）两种，用于表示条件的成立与否或真与假。

例如，学校组织一次体检，需要检查每个同学的血色素是否达标，并进行记录。经检查，William 的血色素低于标准的最低值，Wendy 的血色素达标。要求记录 William 和 Wendy 的血色素是否达标的情况。

有对于血色素达标与否就可以使用布尔型数据，用 True 表示达标，False 表示不达标，因此 William 对应的血色素数据值为 False，Wendy 对应的血色素数据值为 True。

### 5.1.5 日期型

日期型（Date）数据用于表示日期和时间，日期和时间之间用空格分隔。日期范围为公元 1 年 1 月 1 日～9999 年 12 月 31 日，时间范围为 0:00:00～23:59:59。

日期型常量数据通常使用"#"括起来作为定界符，例如，#5/1/2011#、#August 1,2012#、#2012-3-15 8:30:00 AM#。

### 5.1.6 对象型

对象型（Object）存放的是一个地址，使用该地址可引用应用程序中或某些其他应用程序中的对象。对象型变量也可以用来存储各种类型的数据变量。

## 5.2    变  量

计算机在处理数据时，需要频繁地利用内存单元存取数据。在计算机高级语言中，变量对应计算机的内存单元，一旦定义了某个变量，就可以通过变量名访问内存单元中存放的数据，直到释放该变量。

### 5.2.1 变量的三要素和命名规则

#### 1. 变量的三要素

在 VB.NET 中，程序运行时取值可以变化的量称为变量。一个变量在任何时刻只能存放一个值。

变量具备有 3 个要素：变量名、变量类型、变量值，如图 5.1 所示。在程序中，通过变量名引用变量中的数据；而变量的类型决定了该变量的存储方式以及使用该变量的操作方式；变量的值是该变量对应的内存单元中存储的值，这个值随着程序的运行是可以改变的。

图 5.1 中显示的变量名为 sum，变量的数据类型是整型，因此占用 4 个字节，在存储空间中占用的地址图中显示是从 2000～2003 共计 4 个字节。当前该存储空间中存储的值为 10。

#### 2. 变量的命名规则

变量名是 VB.NET 标识符的一种，其命名必须符合标识符的命名规则。

为增加程序的可读性，可在变量名前加一个缩写的前缀来表明该变量的数据类型。最好"见名知义"。

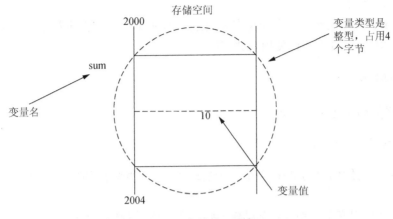

图 5.1　变量的三要素

在本书后面章节中，通常对声明的变量，都统一增加规定的前缀来表示变量的数据类型。数据类型对应的变量名前缀见表 4.3。

### 5.2.2　变量的声明

变量声明又称变量定义，分为显式声明和隐式声明两种方式。

（1）用 Dim 语句显式声明变量

一般情况下，一个变量在使用之前要先声明，以决定系统为它分配的内存单元及操作方式，这种方式称为变量的显式声明。

声明变量的语法格式如下：

　　　　Dim <变量名[,…]　[<As 类型>|类型符>][,…]

语法格式中的类型为表 5.1 中所列举出的关键字，类型符为表 5.1 中所列举出的类型符。如果既不写"As 类型"，也不写类型符，则为对象型。

用 Dim 语句显示声明变量的例子见表 5.2。

表 5.2　变量声明样例表

| 序号 | 语句 | 说明 |
|---|---|---|
| 1 | Dim str1 as string<br>Dim str1$ | 声明 str1 为字符串类型 |
| 2 | Dim a, b, c as integer<br>Dim a%, b%, c% | 声明 a, b, c 3 个整型变量 |
| 3 | Dim a as integer, b as integer, str1 as string<br>Dim a, b as integer, str1 as string<br>Dim a as integer, b as integer, str1$<br>Dim a as integer, b%, str1$<br>Dim a, b as integer, str1$<br>Dim a%, b%, str1$ | 声明 a, b 两个整型变量，str1 为字符串 |
| 4 | Dim h | 声明 h 为对象型 |

（2）隐式声明变量

在 VB.NET 中，也允许一个变量在使用之前不进行声明，这种方式称为变量的隐式声明。对于初学者，一般不建议使用隐式声明。

### 5.2.3 变量初始化

所谓变量的初始化是指在定义变量时给变量赋值。

1. 变量的显式初始化

变量的显式初始化指的是在声明一个变量的同时对变量赋初始值。以下通过例子进行讲解。

**例 5.1** 请使用变量分别表示某同学的姓名和年龄。假设同学姓名为张三，年龄为 18 岁。

**分析**：姓名通常由多个字符构成，是文本类型数据，使用字符串类型，变量名定义为 strName；年龄是数值数据，这里使用整数，用整型来表示，变量名定义为 intAge。

  Dim strName As String = "张三"  或  Dim strName$ = "张三"

  Dim intAge As Integer = 18  或  Dim intAge% = 18

对变量赋值时，对于数值数据类型，所赋予的直接常量后面可以加上类型符，也可以不加。故对变量 intAge 的声明及赋初值也可使用如下语句：

```
Dim intAge As Integer = 18%
```

对于单精度型、双精度型、长整型等具有类型符的数值数据类型，该方法都适用。

**注意**：当变量声明为数值型数据时，赋初值时需注意初始值不要超出变量类型的表示范围，否则会影响数据的精度或发生"溢出"错误。

**例 5.2** 假设当前门的状态有两种：开着和关着。请用变量表示当前门的状态，门的初始状态为关着。

**分析**：对于有且只有两种状态的情景，通常使用布尔类型来描述。这里使用变量 blnDoorStat 来表示门的状态，并定义门开着用布尔值 True 表示，关着用 False 来表示。声明及赋初值语句如下：

```
Dim blnDoorStat As Boolean = False
```

2. 变量的隐式初始化

当声明一个变量但不显式赋初值时，变量根据其数据类型，具有一个默认的值。数值型变量的默认值为数值 0；字符串型变量的默认值为空串，即""；布尔型变量的默认值为 False；对象型变量的默认值为空值，即 NULL。

例如：

```
Dim n%, m!, str1$
Dim b1 As Boolean
```

上述代码，声明并隐式初始化了如下变量：

1）整型变量 n，隐式初始化其值为 0。

2）单精度变量 m，隐式初始化其值为 0。

3）字符串变量 str1，隐式初始化其值为空串。

4）布尔型变量 b1，隐式初始化其值为 False。

### 5.2.4　变量的数据类型与变量的值

当声明了变量具有的数据类型时，变量的赋值必须吻合变量的数据类型，否则 VB.NET 会将对变量赋予的值强制转换成符合变量数据类型的对应值。

为了帮助进一步理解变量的数据类型和变量的值的关系，请看例 5.3。

**例 5.3**　将数值 12345.67890123456 分别赋予整型、单精度型、双精度型变量，最终的数值结果是什么？

**分析**：考虑先声明整型、单精度型及双精度型变量，3 个变量名分别为 intNum、sglNum、dblNum，然后使用赋值语句给这 3 个变量分别赋值 12345.67890123456，最终通过标签 Label 看最终的数值结果。程序界面设置如图 5.2 所示，界面中各个控件的属性及取值见表 5.3，代码如表 5.4。

图 5.2　例 5.3 的窗体

表 5.3　例 5.3 的窗体有关控件的属性及属性值

| 序号 | 控件 | 属性 | 值 | 备注 |
|---|---|---|---|---|
| 1 | form | Name | frmExample5_3 | |
| | | Text | 数据类型对数值的影响 | |
| 2 | Label | Name | Label1 | 采用系统默认名 |
| | | Text | 整型 | |
| 3 | Label | Name | Label2 | 采用系统默认名 |
| | | Text | 单精度型 | |
| 4 | Label | Name | Label3 | 采用系统默认名 |
| | | Text | 双精度型 | |
| 5 | Label | Name | lblIntNum | 位置：位于 Label1 的右边<br>用途：显示变量 intNum 的值 |
| | | Text | | 为空 |
| | | AutoSize | False | |
| | | BorderStyle | Fixed3D | |

续表

| 序号 | 控件 | 属性 | 值 | 备注 |
|------|------|------|-----|------|
| 6 | Label | Name | lblSglNum | 位置：位于 Label2 的右边<br>用途：显示变量 sglNum 的值 |
| | | Text | | 为空 |
| | | AutoSize | False | |
| | | BorderStyle | Fixed3D | |
| 7 | Label | Name | lblDblNum | 位置：位于 Label3 的右边<br>用途：显示变量 dblNum 的值 |
| | | Text | | 为空 |
| | | AutoSize | False | |
| | | BorderStyle | Fixed3D | |
| 8 | Button | Name | btnRun | |
| | | Text | 单击实现赋值 | |

表 5.4　例 5.3 的代码

| 行号 | 代码 |
|------|------|
| 1 | `Public Class frmExample5_3` |
| 2 | `    Private Sub btnRun_Click(sender As Object, e As EventArgs) _`<br>`        Handles btnRun.Click` |
| 3 | `        Dim intNum%, sglNum!, dblNum#` |
| 4 | `        intNum = 12345.67890123456` |
| 5 | `        sglNum = 12345.67890123456` |
| 6 | `        dblNum = 12345.67890123456` |
| 7 | `        lblIntNum.Text = intNum` |
| 8 | `        lblSglNum.Text = sglNum` |
| 9 | `        lblDblNum.Text = dblNum` |
| 10 | `    End Sub` |
| 11 | `End Class` |

在 btnRun_Click 事件的代码中：

语句 3：声明了整型、单精度型及双精度型三变量，变量名分别为 intNum、sglNum、dblNum。

语句 4～语句 6：将数值 12345.67890123456 分别赋给语句 3 中声明的 3 个变量。

语句 7～语句 9：在 lblIntNum、lblSglNum、lblDblNum 3 个标签对象中分别显示最终上述 3 个变量存储的值。

运行后单击 btnRun 按钮，触发 btnRun_Click 事件过程后的程序运行结果如图 5.3 所示。

通过该运行结果，可以看到，给一个数据类型为整型的变量赋值，即使赋予的数值本身含有小数点，最终结果一定是整数；给数据类型为单精度的变量赋值，最终该变量存储的数值的有效数位一定在 7 位以内（含 7 位）；给数据类型为双精度的变量赋值，最终该变量存储的数值的有效数位一定在 15 位以内（含 15 位）。

图 5.3　例 5.3 单击按钮后的运行结果

通过下面的例子进一步理解变量的数据类型和变量的值的关系：

例如：

```
Dim chC as Char="China"       '执行后,chC="C"
Dim intK as integer =True     '执行后,intK=-1
Dim blnB as boolean = 0       '执行后,blnB=False
```

需要说明的是，在 VB.NET 中，对于 Boolean 类型的数据，当需要把布尔类型的值转换为数值类型的时候，会把 True 当成-1 来处理，把 False 当作 0 来处理。当需要把数值类型的值转换为布尔类型的时候，会把 0 转换为 False，而把其他的非 0 数值转换为 True。

# 5.3　常　量

常量是指在程序执行期间其值不发生变化的数据。在 VB.NET 中，有 3 种类型的常量：直接常量、用户自定义的符号常量和系统常量。

## 5.3.1　直接常量

直接常量就是在程序中直接使用的各种常量，其值是数据值本身直接给出，也直接反应了该常量的类型。

例如：

1）数值型常量：

① 整型：12345%、12345（两者等价，即常量后面可以加类型符，也可以不加）。

② 长整型：6789&。

③ 单精度型：0.5!。

④ 双精度型：0.123456789012#、0.123456789012（两者等价，即常量后面可以加类型符，也可以不加），1.234E2。

2）字符串型常量："abc"、"xyz_1&2*"、"　"（含有一个空格的字符串）、""（空串）。

3）逻辑型常量：True、False。

4）日期型常量：#11/10/2001#、#3-6-93 13:20#、#March 27,1993 1:20am#。

#### 5.3.2 符号常量

在 VB.NET 中，对于在程序中经常要用到但不需要修改的某些常数值，可以由用户自定义的符号常量来表示，一方面可以提高程序代码的可读性，另一方面当需要修改时，只要改变对应的符号常量的值，那么整个程序中所有该符号常量的值都被修改，提高了代码的可维护性。

用户自定义的符号常量的格式如下：

```
Const 符号常量名 [As 数据类型]=表达式
```

其中，符号常量名的命名要符合标识符的命名规则；[As 数据类型]用来说明该常量的类型，如果省略则由 "=" 后的表达式决定其类型；表达式可以是常量或运算符所组成的表达式。

给用户自定义符号常量赋值通常有两种方法。

1. 使用直接常量给用户自定义符号常量赋值

**例 5.4**　要表示精确到小数点后五位的圆周率，可使用单精度数据类型。使用常量 PI 表示圆周率 PI，代码如下：

```
Const PI As Single = 3.14159
```

或者

```
Const  PI As single = 3.14159!
```

**例 5.5**　土星离地球的最远距离为 1 576 540 000 千米，要求用指数形式来表示，假设常量名为 DISTANCE，可使用如下代码声明该常量并赋予初值：

```
Const DISTANCE As Single = 157654E4
```

在 Visual Studio 2010 集成开发环境中，上述语句自动转换为如下形式：

```
Const DISTANCE As Single = 1576540000.0
```

2. 使用表达式给用户自定义符号常量赋值

对于用户自定义的符号常量的赋值，不仅可以使用直接常量进行赋值，也可以使用表达式赋值的方式：

例如：

```
Const  P2 = PI*2+30   '使用表达式 PI*2+30 给常量 P2 赋值,其中 PI 为已声明常量
Const  S1$ = "TITLE:"& vbCr & "Annual Report"  '使用字符串表达式给常量赋值
```

注意：

1）符号常量名一般用大写字母表示。在定义符号常量并对其赋初始值后，其后的代码只能对其引用，不能修改符号常量的值。

2）由于常数可以用其他常数定义，因此在使用时两个以上的常数间不要出现自身或循

环引用。如下写法是错误的写法：

```
PI = PI * 10          '错误，不能修改常数
```

### 5.3.3  系统常量

在 VB.NET 中，提供了一系列预先定义的符号常量，供用户直接使用，这些符号常量称为系统常量。

系统常量通常定义在不同的类中，可以通过类名来引用相应的符号常量。常用的系统常量见表 5.5。

**表 5.5  常用的系统常量**

| 常　量 | | 值 | 描　述 |
|---|---|---|---|
| 控制符常量 | vbCr | Chr(13) | 回车符 |
| | vbLf | Chr(10) | 换行符 |
| | vbTab | Chr(9) | 水平制表符 |
| WindowState 常量 | FormWindowState.Normal | 0 | 正常 |
| | FormWindowState.Minimized | 1 | 最小化 |
| | FormWindowState.Maximized | 2 | 最大化 |
| 颜色常量 | Color.Black | | 黑色 |
| | Color.Red | | 红色 |
| | Color.Green | | 绿色 |
| | Color.Blue | 均为 ARGB 值 | 蓝色 |
| | Color.Yellow | | 黄色 |
| | Color.Magenta | | 紫色 |
| | Color.Cyan | | 青色 |
| | Color.White | | 白色 |

# 5.4　用表达式处理数据

运算（即操作）是对数据的加工，运算符指明对操作数所进行的运算。VB.NET 中提供了 4 类运算符：算术运算符、字符串运算符、关系运算符和逻辑运算符；按照操作数的数目来分，又可以分为单目运算符和双目运算符。单目运算有一个操作数，双目运算有两个操作数。

VB.NET 中提供了丰富的运算符，通过运算符将常量、变量、函数等操作数以及圆括号按一定的规则连接起来构成表达式，实现对数据的加工处理。表达式通过运算后产生一个结果，运算的结果由操作数和运算符共同决定。

当一个表达式中出现多个运算符时，每一部分的运算都要按照一定的顺序进行计算，这个顺序就是运算的优先顺序，称为运算符的优先级。

### 5.4.1　算术运算符与算术表达式

算术运算符用于算术运算，涉及的操作数为整型或浮点型等数值型数据。算术运算符及其运算的优先级见表 5.6。

**表 5.6　算术运算符及其优先级**

| 优先级 | 运算符 | 含义 | 举例 | 结果 |
|---|---|---|---|---|
| 1 | ^ | 乘方 | 2 ^ 3 | 8 |
| 2 | – | 负号 | –2 ^ 4 | –16 |
| 3 | *、/ | 乘、除 | 5 * 3 / 2 | 7.5 |
| 4 | \ | 整除 | 5 * 3 \ 2 | 7 |
| 5 | Mod | 求余 | 5 * 3 Mod 2 | 1 |
| 6 | +、– | 加、减 | 10 – 3 + (–2) | 5 |

其中，"–"运算符是单目运算符，需要一个操作数；其余都是双目运算符，需要两个操作数。

算术表达式就是用算术运算符将数值型数据以及圆括号连接起来所组成的式子。

说明：

1）算术运算符连接的操作数应该是数值型，若是数字字符串型或逻辑型，则自动转换为数值型后再参与运算。

例如：

```
0 - True + "4"
```

**注意**：在 VB.NET 中，逻辑型数据和数值型数据之间会根据计算需要，相互自动转换：①当需要将逻辑型数据转换为数值型数据时，False 转换为数值 0，True 转换为数值–1；②当需要将数值型数据转换为逻辑型数据时，0 值转换为 False，非 0 值转换为 True。

上述表达式在计算过程中，由于使用的是算术运算符进行计算，因此逻辑型数据会转换成数值型数据，故 True 转换为–1；数字字符串进行计算"4"转换为数值数据 4。上式计算结果为 5。

2）\（整除）：双目运算符，得到的是除运算的商。

例如：

```
7 \ 2    '结果为3
```

如果整除运算的操作数为 Single 或 Double 数据类型，则根据 IEEE 754 算术法则计算商。

3）Mod（求余）：双目运算符，得到的是除运算的余数。

例如：

```
7 mod 2    '结果为1。
```

如果 Mod 运算的操作数数据类型为 Byte、Short、Integer 和 Long。x Mod y 的结果为

x − (x / y) * y 所产生的值。如果两个操作数为 Single 或 Double 类型，则根据 IEEE 754 算法的规则计算余数。如果 y = 0，则引发 System.DivideByZeroException 异常。

4）如果参与运算的操作数具有不同的数据类型，在 VB.NET 中规定运算结果的数据类型采用精度较高的数据类型，即：

```
Byte<Short<Integer <Long<Decimal <Single<Double
```

**例 5.6** 对于一个任意的整数 x，分离其百位、十位和个位。

```
Dim x%, a%, b%, c%
x = 4582
c = x Mod 10              '分离出个位
b = x \ 10 Mod 10         '分离出十位
a = x \ 100 Mod 10        '分离出百位
Label1.text = "该数字的个位、十位、百位分别为: " & c & b & a
```

### 5.4.2 字符串运算符与字符串表达式

字符串运算符有两个："&"、"+"，作用是字符串的连接操作，它们都是双目运算符。优先级需要注意：字符串连接运算符 "+" 的优先级与算术加，算术减一致。字符串连接运算符 "&" 的优先级低于它们。

字符串表达式就是用字符串运算符将变量、常量、函数等操作数以及圆括号连接起来的式子。

使用 "&" 运算符时，两旁的操作数可以是任意数据类型，先转换成为字符串型后再进行连接。因为 "&" 可以作为长整型的说明符，所以在作为字符串运算符时，与操作数 "&" 之间应加入一个空格，否则运行时将会出错中断。

例如：

```
"ab" & 123      ' 结果为字符串"ab123"
"12" & 456      ' 结果为字符串"12456"
"12" & True     ' 结果为字符串"12True"
```

"+" 运算符仅在两个操作数均为字符串型时，才会作字符串连接运算，否则将进行算术加法运算。

例如：

```
"ab"+ 123       ' 做加法运算，字符串"ab"转换到 Double 型无效，出错
"12"+ 456       ' 做加法运算，数字字符串"12"转换为数字 12，结果为 468
"12" + True     ' 做加法运算，True 转换为-1，结果为 11
"12" + "456"    ' 做字符串连接运算，结果为字符串"12456"
```

### 5.4.3 关系运算符与关系表达式

关系运算符也称比较运算符，用于两个操作数的值的大小比较，常用的见表 5.7。

表 5.7 关系运算符

| 运算符 | 含义 | 举例 | 结果 |
|---|---|---|---|
| = | 等于 | "ABCDE" = "ABR" | False |
| > | 大于 | "ABCDE" > "ABR" | False |
| >= | 大于等于 | "bc" >= "abcde" | True |
| < | 小于 | 23 < 3 | False |
| <= | 小于等于 | "23" < "3" | True |
| <> | 不等于 | "abc" <> "abcde" | True |

由关系运算符构成的表达式称为关系表达式，例如：

```
Dim a%, b%
a=15:  b=20
If a>b then TextBox1.text="a>b"
```

其中 a>b 就是由关系运算符>和操作数 a，操作数 b 共同构成的关系表达式。

关系表达式的值为逻辑型，即 True 或 False。

所有的关系运算符都是双目运算符，它们的优先级相等，参考表 5.6。

说明：

1）数值型数据按其大小比较。

2）字符串比较按照字符的 ASCⅡ 码值从左到右逐一依次比较，直到相同位置出现不同的字符为止。

3）日期型将两个日期分别转换为"yyyymmdd"的 8 位整数，然后比较两个数值的大小。

需要注意的是，关系运算的两个操作数只要有一个是数值型，就会强制将另一个操作数转换为数值型，然后进行比较。如果操作数转换为数值型出错，则运行时显示出错。

例如：

```
True > False           '两边操作数转换为数值型后进行比较，结果为 False
"29" > "189"
' 进行字符串比较，数字字符"2"的 ASCII 码大于数字字符"1"的 ASCII 码，结果为 True
#1/2/2010# 〉 #10/25/2014#
' 将两边的日期均转换为 8 位整数：20100102 和 20141025，然后比较，结果为 False
```

### 5.4.4 逻辑运算符与逻辑表达式

逻辑运算符中，Not 为单目运算符，其余为双目运算符。常用的逻辑运算符的优先级如表 5.8。

表 5.8 逻辑运算符及其优先级

| 优先级 | 运算符 | 含义 | 说明 |
|---|---|---|---|
| 1 | Not | 非 | 对操作数取反 |
| 2 | And | 与 | 当两个操作数均为 True 时，结果为 True；否则为 False |
| 3 | Or | 或 | 当两个操作数均为 False 时，结果为假；否则为 True |

　　逻辑表达式是用逻辑运算符将逻辑值或关系表达式以及圆括号连接起来组成的式子，逻辑表达式的值也只可能是一个逻辑值，即 True 或 False。

　　逻辑运算符的真值见表 5.9（用 T 表示 True，F 表示 False），其中，X 和 Y 为逻辑值或关系表达式。

表 5.9　逻辑运算符的真值表

| X | Y | Not X 的值 | X And Y 的值 | X Or Y 的值 |
|---|---|---|---|---|
| T | T | F | T | T |
| T | F | F | F | T |
| F | T | T | F | T |
| F | F | T | F | F |

说明：

1）数值型数据也可以进行逻辑运算，具体方法本书不涉及。

2）And 和 Or 用于连接多个条件时，And 运算的结果必须在条件全部为真时才为真；Or 只要有一个条件为真时，结果就为真。

　　例如，某用人单位招聘秘书，要求年龄 age 小于 40 岁，性别 gender 为女，学历 degree 为专科或本科。对于招聘的人员是否满足要求，用变量 bln_result 表示，如果满足要求，则该变量值为 True，否则为 False。

　　假设使用按钮单击事件，年龄 age 从 TextBox1 中获取，性别 gender 从 TextBox2 中获取，学历 degree 从 TextBox3 中获取。3 个变量的声明及初始化语句如下：

```
Dim age%=TextBox1.text
Dim gender$=TextBox2.text
Dim degree$=TextBox3.text
```

变量 bln_result 的声明语句如下：

```
Dim bln_result as boolean
```

对于变量 bln_result 进行赋值的表达式，考虑分别写成如下两种方式：

方式一：

```
blnresult=age<40 And gender="女" And (degree="专科" And degree="本科")
```

方式二：

```
blnresult=age<40 Or gender="女" Or (degree="专科" Or degree = "本科")
```

方式一要求学历既是专科又是本科，方式二则只要满足用 Or 连接的三个条件之一就为 True，故这两种写法均不满足要求。

　　正确的表示方法应该是：

```
bln_result=age < 40 And gender="女" And (degree="专科" Or degree =
"本科")
```

3）对于数学不等式 a<=x<=b，必须写成 x >= a And x <= b。

例如：

```
Dim x%
x = 1
Label1.Text = 3<= x <= 7
Label2.Text = 3 <= x And x <= 7
```

运行后 Label1 中显示表达式 3 <= x <= 7 的结果为 True。而 Label2 中显示表达式 3 <= x And x <= 7 的结果则为 False。

对于 Label2 的 Text 属性的赋值语句，可以理解为将表达式 3 <= x And x <= 7 的值赋予 Label2 的 Text 属性。

**思考**：请思考赋值语句 Label1.Text = 3<= x <= 7 中，表达式 3<= x <= 7 的运算过程。

### 5.4.5　运算符的优先级

一个表达式中含有多个运算符时，VB.NET 会根据不同的运算符的优先级进行运算。同一类的运算符的优先级前面已经做了介绍，不同类的运算符之间的优先级别从低到高分别为逻辑运算符、关系运算符、字符串运算符、算术运算符。

在所有的运算符中，圆括号的优先级别是最高的，对于要优先执行的运算，可以放在一对圆括号内。如果一个操作数左右两边的运算符优先级别相同，则先执行左边的运算。

例如，计算下面的表达式：

```
     5+3<5^3 And Not 8<>2*-3   Or 9 Mod 2>=1
1)   8<5^3 And Not 8<>2*-3     Or 9 Mod 2>=1     '计算 5+3 粗斜体为计算结果
2)   8<125 And Not 8<>2*-3     Or 9 Mod 2>=1     '计算 5^3
3)   True And Not 8<>2*-3      Or 9 Mod 2>=1     '计算 8<125
4)   True And Not 8<>-6        Or 9 Mod 2>=1     '计算 2*-3
5)   True And Not True         Or 9 Mod 2>=1     '计算 8<>-6
6)   True And False            Or 9 Mod 2>=1     '计算 Not True
7)   False                     Or 9 Mod 2>=1     '计算 True And False
8)   False                     Or 1>=1           '计算 9 Mod 2
9)   False                     Or True           '计算 1>=1
10)                          True                '计算 False Or True
```

### 5.4.6　表达式的书写规则

在 VB.NET 中书写表达式时，应注意以下规则：

1）除单目运算符外，其他运算符不能相邻，例如 a+*b 是错误的。

2）乘号必须使用写成*且不能省略，例如 x 乘以 y 应写成 x*y。

3）括号均使用圆括号，可以多对圆括号成对出现、嵌套使用。

4）表达式从左到右在同一基准上书写，无高低、大小。

# 5.5　用函数处理数据

计算机语言中的函数和数学中的函数功能非常相似。数学中的函数包括自变量、函数名和因变量，例如在 y=sinx 中，自变量是 x，函数名是 sin，因变量是 y。在计算机语言的函数中，自变量称为参数并放在函数名后的圆括号中，同时可以将函数的返回值赋值给因变量，表示为 y=sin(x)。

VB.NET 中的函数包括系统预定义的内部函数和用户自定义函数两大类，本节主要介绍常用的内部函数。常用的内部函数又可以分为算术运算类函数、字符运算类函数、日期运算类函数、数据类型转换类函数及其他函数。

函数调用的一般格式为

　　*函数名*（［*参数列表*］）

其中，[参数列表]表示可以无参数。参数列表可以含有一个或多个参数，之间用逗号"，"分隔；参数可以是常量、变量或表达式。

## 5.5.1　算术运算类函数

算术运算类函数也称为数学函数，用于实现各种数学运算，作用与数学中的定义通常一致，使用时通过类名 Math 调用。常用的数学函数见表 5.10。

表 5.10　常用数学函数

| 函数 | 功能 | 示例 | 结果 |
| --- | --- | --- | --- |
| Sin(x) | 正弦函数 | Math.Sin(30*3.14/180) | 0.499770102643102 |
| Cos(x) | 余弦函数 | Math.Cos(30*3.14/180) | 0.866158094405463 |
| Tan(x) | 正切函数 | Math.Tan(30*3.14/180) | 0.576996400392873 |
| Atn(x) | 反正切函数 | Math.Atn(30*3.14/180) | 0.482139556407762 |
| Abs(x) | 绝对值函数 | Math.Abs(−22.7) | 22.7 |
| Sqrt(x) | 平方根函数 | Math.Sqrt(16) | 4 |
| Sign(x) | 符号函数（正数为 1，负数为−1） | Math.Sign(2.6)<br>Math.Sign(0)<br>Math.Sign(−2.6) | 1<br>0<br>−1 |
| Exp(x) | 指数函数 $e^x$ | Math.Exp(3) | 20.0855369231877 |
| Log(x) | 自然对数 lnx | Math.Log(10) | 2.30258509299405 |
| Log10(x) | 以 10 为底的对数 | Math.Log10(10) | 1 |
| Round(x,n) | 四舍五入，n 为小数点右边的位数，如省略则表示小数点右边 0 位四舍五入 | Math.Round(4.56789, 2)<br>Math.Round(4.56789) | 4.57<br>5 |

除了上面一些常用的数学函数，在对数值型数据进行处理时，经常用到下面一些常用的函数：

（1）Int(x)函数和 Fix(x)函数

Int 函数和 Fix 函数的功能都是返回一个数值型数据的整数部分。Int 函数的取整规则是向下取整，而 Fix 函数的取整规则是截取整数部分。

例如：

```
Int(5.6)        ' 结果为 5
Int(-5.6)       ' 结果为-6
Fix(5.6)        ' 结果为 5
Fix(-5.6)       ' 结果为-5
```

（2）Rnd 函数

Rnd 函数用来返回一个 Single 类型的随机数，该随机数的范围为[0，1)。

在调用 Rnd 之前，先使用无参数的 Randomize 语句初始化随机数生成器，该生成器具有一个基于系统计时器的种子。

例如：

```
Dim a!
Randomize
a=Rnd( )
```

通常使用 Rnd 函数来产生一组任意范围内的随机整数。其方法如下：

1）将取值区间转换为左边闭右边开的形式[a, b)。

2）进行推导：[a,b)⇔ a+[0,b-a)⇔ a+(b-a)*[0,1) 由于要生成随机整数，故使用 Rnd( )函数生成一个[0,1)范围内的随机数后，最后对 a+(b-a)* Rnd( )整个表达式用 int 函数取整。故可以使用下面的表达式生成[a, b)范围内的随机整数：

```
Int(a+(b-a)*Rnd( ))
```

例如，要产生 100～135 之间的随机整数（即[100, 135]），首先转换其取值区间为[100, 136)，即 100+[0,36)，进一步推导为 100+36*[0,1)，故表达式为

```
Int(100+ 36*Rnd( ))
```

### 5.5.2　字符运算类函数

在.NET Framework 中提供了大量的字符串操作函数，给字符串型变量的处理带来了极大的方便。常见的字符串函数见表 5.11。其中 s、s1、s2 代表字符串，n、m 代表数值。

表 5.11　常用字符串函数

| 函数 | 功能 | 示例 | 结果 |
| --- | --- | --- | --- |
| Ltrim(s) | 去掉 s 左端的空格 | Ltrim(" abc ") | "abc " |
| Rtrim(s) | 去掉 s 右端的空格 | Rtrim(" abc ") | " abc" |
| Trim(s) | 去掉 s 两端的空格 | Trim(" abc ") | "abc" |
| Left(s,n)* | 从 s 左边取 n 个字符 | Left("abcdef", 4) | "abcd" |
| Right(s,n)* | 从 s 右边取 n 个字符 | Right("abcdef", 4) | "cdef" |

续表

| 函数 | 功能 | 示例 | 结果 |
|------|------|------|------|
| Mid(s,n[,m]) | 从 s 第 n 个字符起取 m 个字符；m 省略不写时，取从第 n 个字符开始的右边所有字符 | Mid("abcdef", 2, 3)<br>Mid("abcdef", 2) | "bcd"<br>"bcdef" |
| Len(s) | 返回字符串长度 | Len("VB.NET 学习") | 8 |
| Instr([n,]s1,s2) | 从 s1 的第 n 位开始查找 s2 首次出现的位置；n 省略不写时，从第 1 个位置开始查找 | InStr(3, "abcdabcde", "ab")<br>InStr("abcdabcde", "ab") | 5<br>1 |
| Strdup(n,s) | 返回 s 的首字符重复 n 次的字符串 | StrDup(3, "VB.NET") | "VVV" |
| Space(n) | 返回 n 个空格 | Space(5) | "     " |
| LCase(s) | 将 s 中所有字母转换为小写字母 | LCase("VB.NET") | "vb.NET" |
| UCase(s) | 将 s 中所有字母转换为大写字母 | UCase("VB.NET") | "VB.NET" |

\* 字符串函数 Lef 和 Right 在使用时需要加上 Microsoft.VisualBasic 的前缀，其他字符串函数可用可不用。

例如：

```
Dim s1$= Microsoft.VisualBasic.Trim("  VB.NET  ")
Dim s2$ = Microsoft.VisualBasic.Left("hello world", 5)
```

### 5.5.3　日期运算类函数

常用的日期时间函数见表 5.12。其中 d 表示日期。

表 5.12　常用日期时间函数

| 函数 | 功能 | 示例 | 结果 |
|------|------|------|------|
| Now | 当前系统日期和时间 | Now | 2011/5/20 13 :20 :30 |
| Year(d) | 返回年份 | Year(#7/21/2011#) | 2011 |
| Month(d) | 返回日期参数 d 中指明的月份 | Month(#7/21/2011#) | 7 |
| Day(d)* | 返回日期参数 d 中指明的月的日期 | Day(#7/21/2011#) | 21 |
| DateAdd( ) | 增减日期 | | |
| DateDiff( ) | 两个日期之间的间隔 | | |

\* 在 VS 2010 中，Day 函数使用时需要加上 Microsoft.VisualBasic 的前缀，其他日期运算类函数可用可不用。

（1）DateAndTime.DateAdd ( Interval , Number , DateValue )函数

将特定的时间间隔与另一个日期值进行加法或减法，返回一个包含日期和时间的 Date 值，该值即是已经加上或减去指定时间间隔后的日期和时间。其中：

Interval：要加上的时间间隔的 DateInterval 枚举值或 String 表达式。

Number：希望添加时间间隔的浮点表达式（正值：得到未来的日期/时间；负值：得到过去的日期/时间）。

DateValue：要在其基础上加上此时间间隔的日期和时间表达式。

**例 5.7**　DateAdd 函数的使用。

```
Dim dtD1, dtD2 As Date
dtD1 = DateAdd(DateInterval.Month, 5, #10/30/2011#)
Label1.Text = dtD1    'dtD1=2012/3/30
dtD2 = DateAdd(DateInterval.Month, -5, dtD1)
```

```
Label2.Text = dtD2    'dtD2=2011/10/30
```

在本例中，对日期时间的修改是以月份的方式，由第一个参数 DateInterval.Month 指定。运行程序后 Label1 中显示的内容为 :2012/3/30；Label2 中显示的内容为：2011/10/30

（2）DateAndTime.DateDiff (DateInterval, DateTime1, DateTime2)函数

DateDiff 函数用于计算两个日期时间之间的间隔，返回一个 Long 值。其中：

DateInterval：DateInterval 枚举值或 String 表达式，表示要用做两个时间之差的单位；

DateTime1 和 DateTime2：计算日期时间间隔的 Date 值。

**例 5.8** DateDiff 函数的使用。

```
Dim dtD1 As Date = #6/1/2011#
Dim dtD2 As Date = #12/31/2011#
Dim intDf% = DateDiff(DateInterval.Day, dtD1, dtD2)    'intDf=213
Dim intDD% = DateDiff(DateInterval.Weekday, dtD1, dtD2)    'intDD=30
Label1.Text = intDf
Label2.Text = intDD
```

运行程序后在 Label1 和 Label2 中显示的内容分别为 213 和 30

### 5.5.4  数据类型转换类函数

转换函数用于数据类型及其形式之间的转换。常见的转换函数见表 5.13。其中，s 表示字符串，n 表示数值。

**表 5.13  常用转换函数**

| 函数 | 功能 | 示例 | 结果 |
|---|---|---|---|
| Asc(s) | 字符转换为 ASCII 码值 | Asc("A") | 65 |
| Chr(n) | ASCII 码值转换为字符 | Chr(65 + 32) | "a" |
| Str(n) | 数值转换为字符串 | Str(−12.345) | "−12.345" |
| | | Str(12.345) | " 12.345"* |
| Val(s) | 数字字符串转换为数值 | Val("12abc.345") | 12 |

\*  正数转换为字符串时，字符串的第一个字符是空格。

### 5.5.5  Format 函数

Format 函数有多种格式。本节重点介绍 String.Format 方法。

String.Format 方法可用于将一个或多个数值格式化为指定格式的字符串。它的应用方法多种多样，这里给出一种常用于格式对齐及数值格式化的方法，其格式如下：

```
String.Format("[字符串 1]{index[,W][:format 格式] }[字符串 2] [ [字符串 3]{ index[,W][:format 格式] }[字符串 4]…]",数值1[,数值 2…])
```

其中：

● 数值：要格式化的数值，可为 1 个或多个。多个数值之间用逗号隔开。String.Format

方法可有两个参数或多个参数，从第二个参数开始均为数值，表示要格式化的数值。

- "..."：这是 String.Format 方法的第一个参数，该参数使用两个双引号" "括起。对该参数的内部内容的进一步说明如下：

    ➢ 字符串：任何字符串。它不是一个必须有的参数，可省略不写。

    ➢ {...}：用花括号括起来的参数用于表明对数值参数格式化的具体方法。

    ➢ Index：数值的索引，从 0 开始计数。

- W：数值格式化后的长度，或占有的宽度，以及对齐的方式。其中，长度以字符数计算。若为正数，则是右对齐，负数则是左对齐。如果长度小于数值格式化后的长度，则以数值格式化后的长度作为最终的长度。该参数可以省略，此时以 Format 格式后的字符数作为长度。

- Format 格式：任何有效的格式表达式，该参数可省略。若省略，则直接将数值转换为字符串。常用的将数值数据格式化的 Format 格式字见表 5.14。

表 5.14　常用数值格式字符

| 字符 | 功能 | 示例 | 结果 |
|---|---|---|---|
| 0 | 实际数字位数小于符号位，前后补 0；否则小数部分四舍五入 | String.Format("{0:0000.00000}", 123.4567)<br>String.Format("{0:00.00}", 123.4567) | 0123.45670<br>123.46 |
| # | 有数字与#对应则显示数字，无数字对应则不显示 | String.Format("{0:####.#####}", 123.4567)<br>String.Format("{0:##.##}", 123.4567) | 123.4567<br>123.46 |

String.Format 方法的使用举例如下：

```
Label1.Text = String.Format("{0:####.000}", 123.4567)
'结果为字符串"123.457"
```

解释：第一个参数包含在""符号之中，表示对后续数值参数的格式化说明。在花括号 {}中的第一个数值 0，是数值参数 123.4567 的 index 索引号，表明这里的格式针对的是该数值参数，该参数不能省略；冒号后的####.000，是具体的格式表达式，该参数可省略。此例子中宽度值省略，故整个字符串的长度使用格式化后的字符串的长度。

```
Label2.Text = String.Format("{0}", 123.4567)
'结果为字符串"123.4567"
```

解释：这里第一个参数中只有对数值参数的索引号 0，宽度和格式表达式均省略了。故直接将第一个数值参数转换为字符串。

```
Label3.Text = String.Format("m={0:####.000}hello", 123.4567)
'结果为字符串"m=123.457hello"
```

解释：在第一个参数的左花括号{之前，有字符串"m="，因此，该字符串被加在数值格式化后的字符串"123.457"的前面；在右花括号}之后，有字符串"hello"，因此，该字符串被加在数值格式化后的字符串"123.457"的后面。显然，字符串参数可以省略不写。

```
Label4.Text = String.Format("m={0,10:0000.00}", 123.4567)
'结果为字符串"m=   0123.46"
```

解释：第一个参数中的 10，表示被数值 123.4567 格式化后的字符串的长度为 10，即宽度，它是一个正数，因此是右对齐。因此，数值参数 123.4567 格式化后的字符串为 "0123.46"，其前面有 3 个空格，整个采用右对齐。

```
Label5.Text = String.Format("m={0,3:0000.00}end", 123.4567)
'结果为字符串"m=0123.46end"
```

解释：第一个参数中的宽度 3，表明数值参数格式化后的长度为 3，由于按照 0000.00 格式化后，长度为 7，大于这里表明的宽度 3，因此，最终使用格式化后的长度 7 作为数值部分格式化后的长度。

```
Label6.Text = String.Format("m={0,-10:####.##}end", 123.4567)
'结果为字符串"m=123.46   end"
```

解释：花括号中的宽度参数-10，表明数值部分格式化后长度为 10，采用左对齐。

```
Label7.Text = String.Format("m={0,5:0000.##},n={1,8}", 123.4567, 78.9)
'结果为字符串"m=0123.46,n=    78.9"
```

解释：此例子中，数值参数有两个：第二个参数 123.4567 和第三个参数 78.9，它们之间使用逗号隔开。在第一个参数中，有两个花括号{}对。第一个花括号对中的 0 表示该花括号中的格式化针对的是索引号为 0 的数值参数，即参数 123.4567；第一个花括号对中的 1 表示该花括号中的格式化针对的是索引号为 1 的数值参数，即参数 78.9。

**例5.9** 计算半径为 4 的圆的面积和周长，并按格式输出。

代码段如下：

```
Private Sub Form1_Click(sender As Object, e As EventArgs) Handles
Me.Click
    Const PI As Single = 3.14159
    Dim intR As Integer = 4
    Dim dblArea As Single = PI * intR ^ 2
    Dim dblCircle As Single = PI * 2 * intR
    MsgBox("dblArea=" & dblArea & " dblCircle=" & dblCircle)
    Label1.Text = String.Format("面积={0,10:000.000}", dblArea)
    Label2.Text = "周长=" & String.Format("{0:####.##}", dblCircle)
End Sub
```

程序运行后，显示内容依次如下。

- 在 Msgbox 消息对话框中显示：dblArea=50.26544    dblCircle=25.13272
- 在 Label1 中显示：面积=    050.265
- 在 Label2 中显示：周长=25.13

# 习　题

1. 简述 Visual Basic.NET 中常用的数据类型，并举例说明。

2. 变量和常量的主要区别是什么？对上题回答时所举的例子，使用变量或常量来表示，并实现变量/常量的声明及赋值。

3. 根据条件写出相应的变量的声明及赋值语句。

1）产生"A"～"Z"范围内的一个字符，字符变量名为 ch_1。

2）产生 150～268（包括 150 和 268）范围内的一个正整数 intNum。

3）产生 100～999 范围内的一个正整数 intA，并判断是否能整除 5 和 7。

4）存在一个 2 位数的变量 intK1，将该数的个位与十位互换，生成新数 intK2。

5）产生"a"～"n"范围内的一个小写字母 ch_L，并转换为大写字母 ch_U。

6）将字符串 str1 中去掉左右的空格，再将首字母和末尾字母一起构成新的字符串 str2。

7）用变量 bln_Age 表示年龄 age 是否在 15～30 岁之间，如果是，变量的值为 True，否则为 False。

**拓展阅读**

姚期智（Andrew Chi-Chih Yao），世界著名计算机学家，2000 年图灵奖得主，美国科学院院士，美国科学与艺术学院院士，中国科学院外籍院士，清华大学高等研究中心教授，香港中文大学博文讲座教授。1967 年获得台湾大学物理学士学位，1972 年获得美国哈佛大学物理博士学位，1975 年获得美国伊利诺依大学计算机科学博士学位。1975～1986 年曾先后在美国麻省理工学院数学系、斯坦福大学计算机系、加利福尼亚大学伯克利分校计算机系任助理教授、教授。1986～2004 年在普林斯顿大学计算机科学系担任 Wiliam and Edna Macaleer 工程与应用科学教授。2004 年起在清华大学任全职教授。2005 年出任香港中文大学博文讲座教授。2007 年 3 月 29 日，姚期智领导成立了清华大学理论计算机科学研究中心。

姚期智在理论计算机领域作研究至今，曾获美国工业与应用数学学会 George Polya 奖，以及美国计算机协会算法与计算理论分会（ACM SIGACT）Donald E.Knuth 奖等荣誉。全球首要计算机协会（ACM）在 2000 年授予姚期智图灵奖。姚期智是图灵奖创立以来首位获奖的亚裔学者，也是迄今为止获此殊荣的唯一华裔计算机科学家。图灵奖是世界计算机科学领域的最高奖项，与物理、化学、医学、经济学领域的诺贝尔奖齐名。2004 年姚期智离开普林斯顿大学，到清华大学任全职教授。

在他看来，成功意味着做出超乎自己能力的事情。

姚期智认为，年轻学子们不要只把目光局限在自己的学科，应该不断学习其他事情。

"有如此众多不同的领域的美丽，如果限制欣赏的范围，那是一种遗憾。"

"成功有很多不同的模式，如果在每一个模式里你都有自己的想法，做得特别好，那么都能够成功。一般来讲，学校专业比较完整，如哈佛大学，有各种专业学院，那么它就能够办成世界一流大学。但这也有例外，普林斯顿大学传统的理念是，他们不需要做所有的事情，他们只需要把想做的事情都做好，做得最好。这是他们的成功之道。"

普林斯顿大学的成功理念仍然影响着在那里工作生活了多年的姚期智。他仍然坚守着"还是希望有我自己控制的时间和控制的环境。生命有许多阶段，工作有许多性质，在有些阶段，几乎要百分之百地做一件事情。

姚期智的事业之路不能说是一条直线。1967 年，当他填写大学所学专业时，选择物理学并不是出于对物理学的了解。但是，在以后学习物理的过程中，接触到了相对论和量子学，了解了其中的意义的时候，那种感觉至今仍然令姚期智记忆犹新："那是我一生中最快乐的时候。对我们研究科学的人来说，那就是最令人喜悦的事情。"

这个意外收获，将姚期智带入到了一个新的境界。物理上的经验使他知道有另外一个世界，而对文学的喜爱使他学会如何更好地与人沟通，同时帮助他了解了学文学的人以及学别的科学的人。"因为我知道学文学的人读莎士比亚，学音乐的人听到音乐，他们所感受到的程度，他们心里的感觉。这种感觉对我的工作也有很大的影响，它成为我做学问的一个标准。如果你有一个你所达不到的标准，你对你的工作就永远不会满意。"

视野的开阔，岁月的不断积淀，使姚期智对人生有了更多的感悟，对社会有了更多的责任感。"我现在觉得可忧的是以前大家都看书，现在许多人都不看书了，而是看电视和玩游戏。那种自然的、合作与交流的感觉在现代化的过程中丧失得太快。"

性格上的坚忍不拔是成功的重要因素。姚期智说，遇到困难，人们往往有两种处理方法，一种是换别的事情干干，一种是想办法克服它。打开成功宝典，一般情况下要有相当程度忍受失败的精神，不能一件事情干一段时间不成功，马上换一件事情做。"我想，每一件值得做的事情都是要克服某一层面的困难的，一件事情如果别人能做的话，恐怕别人都已经做过了。当然性格上的坚忍不拔也要有个'度'。要知道什么时候要坚持，什么时候要放弃。"

# 6

# 数据的处理

在学习了前面章节有关 VB.NET 的基础知识后，需要进一步思考如何通过 VB.NET 应用程序来解决生活工作及科学研究中的问题。

本章将以一个例子为引导，分析一个完整的程序通常对数据进行处理的步骤，然后针对这些数据处理步骤和常用的数据处理方法来进一步介绍。

## 6.1　　　　　一个完整的界面程序

请看一个现实生活中的例子。对盲人来说，根据人行红绿灯的情况来决定是否能够过马路是一件几乎不可能的事情。现在，导盲机器人的出现，成功地解决了这样一个问题。导盲机器人通过摄像头获取当前的人行红绿灯视频信息后，使用图形图像识别技术识别红绿灯当前的颜色状态。然后根据交通规则进行判断，进一步决定是提示盲人停在原地等待还是提示盲人可以安全穿过马路。

在导盲机器人的这整个行为过程中，当它识别颜色状态后，进行判断并做出抉择的过程，就是程序设计语言可以解决的问题。

**例 6.1**　请思考给出当前红绿灯的状态后，如何使用 VB.NET 应用程序，实现导盲机器人的判断并做出抉择的过程。

**分析**：我们首先对该例子进行分析。整个应用程序要实现的步骤如下：

第一步：输入当前红绿灯状态。

第二步：根据人行红绿灯状态决定要给出的提示信息的内容，是"可安全通过"还是"请耐心等待"。

第三步：将最终得到的提示信息显示给用户。

本例子中的上述三步实际上就是一个典型的应用程序的处理过程：首先进行数据输入（输入红绿灯状态），然后进行逻辑处理（判断提示信息的内容），最后进行输出（显示提示信息）。

对 VB.NET 程序设计语言而言，数据是基础。任何一个问题，通常会先给出一些先决条件，这些先决条件在 VB.NET 程序设计语言中通常是通过数据来表示的。而问题的答案，最终通常也是用数据来表示的。这些数据可能是数值数据类型，也可能是字符串数据类型，或者其他的数据类型。程序的核心则是对数据的逻辑处理过程，通过对数据的处理，最终获得问题的答案数据，并将它按照需要的格式和方式进行显示。

因此，一个典型的应用处理程序就包括以下三步：

第一步：数据输入。

第二步：逻辑处理。

第三步：结果输出。

在进一步设计实现 VB.NET 应用程序时，都需要按照这三步来思考。

VB.NET 界面程序由两部分组成：应用程序界面，以及应用程序代码。当我们设计界面应用程序来解决问题时，通常会首先进行界面设计，然后再考虑代码设计。

### 1. 应用程序的界面设计

这里首先来讨论本例子的界面设计。

在第 4 章中介绍了 VB.NET 界面设计的常用控件、文本框 TextBox、标签 Label、命令按钮 Button 等。根据前面的问题分析，在界面设计中要考虑以下几点：

1）数据输入：用于红绿灯状态输入的控件。

2）逻辑处理：用于触发事件过程，执行逻辑处理代码的控件，以及要使用该控件的哪个事件过程。

3）结果输出：用于显示提示信息的控件。

在本例子中，红绿灯的状态要通过界面来输入，一种常用的方法是在文本框中进行数据输入，因此界面中可包含一个文本框做数据输入。然后需要一个控件用于触发事件过程，例如使用命令按钮，单击按钮触发执行对输入的红绿灯状态进行判断的事件过程。最后考虑进行结果输出的控件，通常使用标签控件进行输出。

这样，就确定了该应用程序的界面由 3 个控件组成：用于输入的文本框 TextBox1，用于触发事件过程的命令按钮 Button1，以及用于输出的标签 Label1。同时也确定了用按钮的单击事件来执行相关的逻辑处理代码。界面设计效果如图 6.1 所示。

图 6.1 的这个界面看起来会不容易让人明白每个控件的功能，因此，我们可以进一步美化一下界面：在 TextBox1 前面加上标签，说明让用户输入红绿灯状态；Label1 的内容显示为"机器人判断后的提示信息"；Button1 上显示的内容为"单击进行判断"，修改后的界面显示如图 6.2 所示。

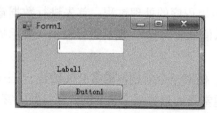

图 6.1 例 6.1 的初始设计界面

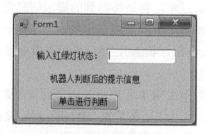

图 6.2 例 6.1 的设计界面

### 2. 应用程序的代码设计

进行了界面设计后，我们进一步考虑代码设计。

我们在设计窗口对 Button1 进行双击，看到代码窗口显示，如图 6.3 所示。

图 6.3 例 6.1 的代码窗口初始信息

在这段代码中，有 Button1_Click 事件过程的框架，本例子的核心逻辑处理代码都位于该事件过程内部。下面进一步思考逻辑处理代码的设计实现。

代码设计过程也是如同问题分析过程所阐述的，要考虑以下问题：

（1）数据的输入

界面中使用文本框进行红绿灯状态信息输入，输入的值可以存储在一个变量中。我们需要设计该变量的变量名，变量类型和变量值。

变量名需要符合变量定义语法，最好能做到见名知义。例如 sign_traffic，或者是 light_traffic，或者是单纯的定义为变量 a、变量 b，等等。由于该变量要存储的是输入在文本框的内容，文本框的内容的类型是字符串，因此，该变量的类型为 String。由于该变量的值是需要从用户在文本框 TextBox1 中输入的内容获得的，因此，该变量无需赋予初始值。使用赋值语句将 TextBox1 的文本内容值赋值该变量即可。

对应的变量声明及变量赋值代码如下：

```
Dim sign_traffic As String
sign_traffic = TextBox1.Text
```

（2）逻辑处理

要用代码实现的逻辑处理为：如果输入是"green"，则要提示的信息为"可安全通过"；如果输入的是"red"，则提示信息为"请耐心等待"。

要提示的信息"可安全通过"和"请耐心等待"也可以存放在一个变量中。变量名的设计方法同上所述。这里定义为 msg_str。该变量显然必须是字符串型，定义如下：

```
Dim msg As String
```

由于输入的内容已经存储在变量 sign_traffic 中，因此，只需要对该变量的内容进行判断。这里是一个典型的分支条件。我们使用本章后面要介绍的双分支语句来实现，代码如下：

```
If sign_traffic = "red" Then
          msg = "请耐心等待"
Else
          msg = "可安全通过"
```

```
    End If
```

（3）结果输出

将提示信息"可安全通过"或"请耐心等待"显示在标签中。由于结果信息存储在变量 msg 中，因此，使用赋值语句将变量 msg 的值赋值给 label1，代码如下：

```
    Label1.Text = msg
```

整个应用程序的代码部分为

```
Private Sub Button1_Click(sender As Object, e As EventArgs)Handles
Button1.Click
    Dim sign_traffic As String
    sign_traffic = TextBox1.Text
    Dim msg As String
    If sign_traffic = "red" Then
        msg = "请耐心等待"
    Else
        msg = "可安全通过"
    End If
    Label1.Text = msg
End Sub
```

本节以一个例子详细阐述了应用程序的分析和设计实现过程。应用程序通常包括数据输入、数据处理及数据输出 3 个部分。本章后面的章节，将围绕这 3 个部分，进一步详细介绍。

# 6.2　　　　　　数据的输入

一个典型的应用程序进行数据处理的第一步通常是进行数据的输入。本节主要介绍数据输入的方法。

## 6.2.1　数据输入概述

在应用程序中，首先需要获取输入的数据，通常用 3 种方式来获取输入的数据：

方式一：在应用程序界面中，使用文本框 TextBox，在应用程序执行时在文本框中输入相应的值。

方式二：先声明一个变量，然后将要输入的数据赋值给该变量。

方式三：通过 inputbox 函数输入，篇幅所限，本书不进一步阐述该方法。

当使用方式一的界面文本框输入时，输入的数据通过文本框的 text 属性获取。例如当程序执行时，在文本框 TextBox1 中输入表示考试成绩的数 560，则此时 TextBox1.text 属性的值为"560"，需要注意的是 text 属性是字符串数据类型。在程序的进一步执行中，可以将

TextBox1.text 属性的值"560"进一步赋予给其他变量或者将其作为构成表达式的一部分。例如:

```
Dim intScore%, intFinalScore%
'将在 TextBox1 中输入的字符串转换成整型数值赋值给 intScore
intScore = Val(TextBox1.Text)
'将 TextBox1 中输入的数据上浮 10%,四舍五入取整后赋给 intFianlScore
intFinalScore = Val(TextBox1.Text)* 1.1
```

使用方式二时,通常需要使用赋值语句。上面的代码中对 intScore 和 intFinalScore 两个变量进行赋值的语句就是一种典型的赋值语句,这将在本小节后续内容中详细讲述。

### 6.2.2 赋值语句

赋值语句是程序设计中最基本、最常用的语句,它不仅可以在程序初始时给变量或者对象的属性进行赋值,还能在任何时候通过它去改变变量或者对象属性的值。

#### 1. 赋值语句的格式

赋值语句的一般格式为

*变量名 = 表达式*

或

*对象名.属性名 = 表达式*

其中,等号右边的表达式的结果可以是任何类型,一般其类型应与等号左边的变量名或对象属性名的数据类型一致。

赋值语句的作用是,先计算等号右边表达式的值,然后将值赋给等号左边的变量或对象属性。

赋值语句举例如下:

```
intNum%=620              ' 给整型变量 intNum 赋值
strLastName="Smith"      ' 给字符串变量 strLastName 赋值
Button1.Text="确定"       ' 设置命令按钮 Button1 的 Text 属性值
```

赋值号左边不能是常量、常量符号或表达式。

#### 2. 赋值语句中的转换规则

当赋值语句等号右边表达式的结果类型与等号左边的变量名或对象属性名的数据类型不一致时,VB.NET 会将等号右边表达式的值强制转换成符合等号左边变量或对象属性的数据类型值,如强制转换不成功,则在程序运行时会报错。例如:

```
intScore% = TextBox1.Text
```

该语句在应用程序运行时,将 TextBox1 中输入的字符串转换成数值类型赋给整型变量 intScore。当输入的为字符串"560"时,就转换为整数 560 赋值给整型变量 intScore;当输入的为字符串"403.12"时，就转换为整数 403 赋值给 intScore。

关于赋值语句中等号右边数值的转换，有以下规则：

1）当赋值语句等号左右均为数值型，但等号右边的表达式值的数据精度与等号左边变量或对象属性的数据精度不同时，将等号右边表达式的值的数据精度强制转换成等号左边变量或对象属性要求的数据精度。

例如：

```
intScore% = 4.2    ' intScore 为整型变量，转换时四舍五入，结果为 4
```

2）当赋值语句等号右边表达式的值为字符串类型，而等号左边的变量或对象属性为数值类型时，VB.NET 会将等号右边表达式的值强制转换成等号左边要求的数值类型，再进行赋值。此时，如果等号右边的字符串含有非数字字符或空串时，则无法进行数据类型转换，出现运行错误。

例如：

```
intScore% = "456"     'intScore 的值为 456,与 intScore% = Val("456") 效果等价
intScore% = "hey5678" '出错:"从字符串"hey5678 "到类型"Integer "的转换无效"
intScore% = "87ea65"  '出错:"从字符串"87ea65 "到类型"Integer "的转换无效"
intScore% = " "       '出错:"从字符串" "到类型"Integer "的转换无效"
```

3）当赋值语句等号右边表达式值为逻辑类型，等号左边为数值类型时，将逻辑类型的 True 转化为-1，False 转化为 0，赋值给等号左边。反之，等号右边的表达式值为数值类型，等号左边为逻辑类型时，数值的 0 转换为 False，非 0 转换为 True，赋值给等号左边。

例如：

```
Dim a% = True              'a=-1
Dim b% = False             'b=0
Dim blnB1 As Boolean = 78  'blnB1=True
Dim blnB2 As Boolean = 0   'blnB2=False
```

4）任何非字符类型赋值给字符类型，自动转换为字符类型。

例如：

```
Dim strS1$ = True          'strS1="True"
Dim strS2$ = 45.67         'strS2="45.67"
```

**注意**：赋值号与关系运算符中的等于号都用 "=" 表示，但是在条件表达式中出现的 "=" 是等于号，否则是赋值号。VS 2010 集成开发环境会根据 "=" 出现的位置自动判断是何种意义的符号，不会产生混淆。

**3. 赋值语句的应用**

赋值语句不仅用于程序初始的给变量赋值，以及从控件对象中获取输入数据，在程序的逻辑处理中，赋值语句也是最常用的语句之一。

下面的赋值语句形式很常用：

（1）Sum = Sum + x

表示将等号右边的变量 Sum 和变量 x 中的值相加后，再赋值给等号左边的变量 Sum，通常和循环结构配合使用，起到累加作用。

（2）n = n + 1　　　　　　' 若 n 的值为 5，执行该语句后 n 的值为 6

表示将变量 n 中的值加 1 后再赋值给 n，通常和循环结构配合使用，起到计数器作用。

（3）T = T * X

表示将变量 T 中的值乘以 X 的值后再赋值给等号左边的变量 T，通常和循环结构配合使用，起到连乘作用。

思考：在使用上面 3 种形式之前，首先应该给变量 Sum、n 和 T 赋什么初值才能得到正确的结果呢？

（4）复合赋值运算符：+=, -=, *=, /=, &=, \=

在赋值运算符中，有一类复合赋值运算符。它们实际上是一种缩写形式。例如：

```
n = n + 1
```

该语句可以使用复合赋值运算符 += 实现，代码为

```
n += 1
```

同样，赋值语句 Sum = Sum + x　等价于　Sum += x；　赋值语句 T=T*5 等价于 T*=5。常用的复合赋值运算符有：

```
+= 加法赋值      -= 减法赋值        *= 乘法赋值
/= 除法赋值      \= 模运算赋值      &= 连接赋值
```

# 6.3　数据的输出

应用程序在最后往往都需要将处理后的数据进行输出，显示给用户看，本节主要介绍数据的输出。

## 6.3.1　数据输出概述

应用程序常用的数据输出方式有以下两种：

方式一：在应用程序界面中，使用标签 Label、文本框 TextBox、图片框 PictureBox 等控件进行输出。

方式二：使用 MsgBox 函数，以弹出消息框的形式，进行输出。

在方式一中，要让控件对数据进行输出，需要使用赋值语句将要输出的数据赋予相应的控件属性。例如：

```
Label1.Text = "卷面成绩为" & intScore
TextBox1.Text = "课程综合成绩为" & intScore * 0.6 + intPreScore * 0.4
```

方式二中，对于要输出的数据，使用 Msgbox 函数，生成弹出式消息框进行输出显示。该内容在本节后续内容中进一步介绍。

**注意**：当数据在输出之前，往往需要格式化成要求的格式，例如小数点后保留两位；对于货币金额加千分位符号等。这就需要使用 Format 函数，具体请查阅 5.5.5 节。

### 6.3.2 MsgBox 函数

MsgBox 函数不仅用于数据的输出，还用于应用程序与用户之间的交互。使用 MsgBox 函数时，会弹出一个对话框。图 6.4 就是用 MsgBox 函数弹出的一个对话框。使用 MsgBox 函数弹出的对话框称为"信息提示对话框"，简称"信息提示框"。

MsgBox 函数用于在屏幕上的信息框中显示消息，给出可选按钮，并等待用户单击按钮，然后根据用户单击的按钮，返回一个整数型的数值。应用程序通常会进一步判断返回的数值并决定后续做何种操作。

语法格式：

图 6.4　使用 MsgBox 函数弹出的信息提示框

MsgBox(**Prompt**[,**Buttons**] [,**Title**])

**功能**：在屏幕上显示一个消息对话框，并给出可选按钮，该函数有返回值，为用户单击的按钮对应的数值，应用程序可根据返回的数值编程确定其后的操作。

参数说明：

1）**Prompt**：用来显示消息框的提示信息，为必选参数，要求为字符串数据类型。若需要换行，需要用连词运算符，连接回车符 vbCr 来进行回车换行。例如：MsgBox("密码必须为" & vbCr & "6 至 10 位", 5 + 48, "警告")。

2）**Buttons**：用于指定显示哪些按钮、使用的图标样式，以及缺省按钮等，为可选参数。指定按钮、图标及默认按钮时均可以使用系统定义的对应符号常量，也可使用它们各自对应的数值。按钮、图标及默认按钮的系统定义符号常量及对应的值分别如表 6.1～表 6.3 所示。如果省略 Buttons，则其默认值为 0。

3）**Title**：用于设置消息框标题栏中显示的字符串，是可选参数。省略该参数时，VB.NET 将把项目名称放在标题栏中。

表 6.1　按钮的类型及其对应的值

| 符号常量 | 值 | 显示出来的按钮 |
| --- | --- | --- |
| vbOkOnly | 0 | 显示"确定"按钮 |
| vbOKCancel | 1 | 显示"确定"和"取消"按钮 |
| vbAbortRetryIgnore | 2 | 显示"中止（A）"、"重试（R）"、和"忽略（I）"按钮 |
| vbYesNoCancel | 3 | 显示"是（Y）"、"否（N）"和"取消"按钮 |
| vbYesNo | 4 | 显示"是（Y）"、"否（N）"按钮 |
| vbRetryCancel | 5 | 显示"重试（R）"、和"取消"按钮 |

表 6.2　图标的类型及其对应的值

| 符号常量 | 值 | 在消息框上显示出来的图标 |
| --- | --- | --- |
| vbCritical | 16 | 关键信息图标 ❌ |
| vbQuestion | 32 | 询问信息图标 ❓ |
| vbExclamation | 48 | 警告信息图标 ⚠ |
| vbInformation | 64 | 信息图标 ℹ |

表 6.3　默认按钮及其对应的值

| 符号常量 | 值 | 默认按钮 |
| --- | --- | --- |
| DefaultButton1 | 0 | 第一个按钮是默认的活动按钮 |
| DefaultButton2 | 256 | 第二个按钮是默认的活动按钮 |
| DefaultButton3 | 512 | 第三个按钮是默认的活动按钮 |

例如，要显示图 6.4 的效果，MsgBox 函数语句如下：

```
MsgBox("此处显示提示消息", vbInformation, "MsgBox 函数效果")
```

也可以使用下面的语句达到相同的效果：

```
MsgBox("此处显示提示消息", 64, "MsgBox 函数效果")
```

如果消息框需要显示"是（Y）"和"否（N）"两个按钮，并要显示警告信息图标，可以使用下面的语句：

```
MsgBox("请确认是否同意该规则", vbYesNo + vbExclamation, "消息框")
MsgBox("请确认是否同意该规则", 4+48, "消息框") '与上一条语句等价
```

当用户单击消息框上的某按钮时，MsgBox 函数将返回一个常量来确认该按钮被按动，表 6.4 是按钮和常量之间的对应关系。

表 6.4　Msgbox 函数的可能返回值

| 符号常量 | 值 | 用户单击的按钮 |
| --- | --- | --- |
| vbOK | 1 | "确定" |
| vbCancel | 2 | "取消" |
| vbAbort | 3 | "中止" |
| vbRetry | 4 | "重试" |
| vbIgnore | 5 | "忽略" |
| vbYes | 6 | "是" |
| vbNo | 7 | "否" |

通过对返回值的判断，就可以确定信息对话框中到底是哪个按钮被按动，从而确定程序下一步的运行方式。

**例 6.2**　在 Button1_Click 事件过程中使用了一个信息提示框，代码如下：

```
Private Sub Button1_Click(sender As Object, e As EventArgs) Handles
```

```
Button1.Click
        Dim s As Integer
        s = MsgBox("密码必须6至10位", 5 + 48, "警告")
        If s = vbCancel Then End      '若用户单击"取消"，则程序退出
    End Sub
```

单击命令按钮 Button1，将弹出信息框，如图 6.5 所示。

图 6.5　例 6.2 中弹出的信息提示框

MsgBox 函数常用于直接显示提示的信息，如图 6.4 所示。此时，直接使用 MsgBox 函数作为一条独立的语句。

## 6.4　数据分支处理

在日常生活中，有很多情况都需要进行选择。例如，如果天气预报有雨，则带伞出门，否则直接出门；过人行横道时，如果人行灯是红灯则等待，是绿灯则通过；在商场购物时，满 200 元打 9.5 折，满 500 元打 7.5 折，满 1000 元打 7 折，否则不打折……这种需要根据不同情况作出不同选择的模式，在计算机程序设计里称为数据分支处理，要使用选择结构实现。

VB.NET 语言实现选择结构的语句主要有 IF 语句和 Select Case 语句。

### 6.4.1　IF 语句

根据分支的情况，IF 语句分为单分支结构，双分支结构和多分支结构。下面逐一介绍。

#### 1. 单分支结构

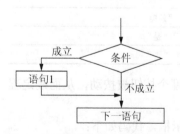

图 6.6　IF 语句单分支结构流程图

如果天气预报今天有雨，则带伞出门，否则就直接出门。这个例子中，需使用单分支结构。单分支结构具体的逻辑如图 6.6 所示。

该逻辑结构表示当条件成立执行语句 1，然后再执行下一语句，否则直接执行下一语句（流程图如图 6.6 所示）。针对上面的例子，如果用 IF 单分支语句格式来描述，条件是"今

天有雨", 语句 1 是 "带上伞", 下一语句是 "出门"。

IF 单分支语句的表示方法有多行形式和单行形式两种:

多行形式格式:

```
If  表达式  Then
        语句块
End If
```

单行形式格式:

```
If  表达式  Then  语句块
```

其中: **语句块**可以是多条 VB 可执行语句或选择结构、循环结构。

**功能**: 无论是单行形式还是多行形式,当用来表示条件的表达式的值为 True 时,执行 Then 后面的语句块,否则不做任何操作。这里的**表达式**通常为关系表达式或逻辑表达式。

单分支结构举例如下:

例子中涉及的变量声明为:

```
Dim x%, y%, k%, i%, j%, intNum1%, intNum2%, intSum%, intMark%
Dim a, b As Boolean
```

1) 关系表达式:

```
If x > y Then intNum1 = 50 : MsgBox("你好!")
If (x + 30) * 100 <= (y ^ 20) Then intNum1 = x * 2
```

2) 逻辑表达式:

```
If a And b Then intNum2 = x : k = k + 1
If (x > y) Or (intNum1 <= intNum2) Then i = i + 1
If Not a Then          '多行形式
    intSum = intSum + intMark : i = i + 1
End If
```

**注意**: 当为单行形式时,如果 Then 后面的语句块有多条语句,需要写在一行,每条语句之间需用冒号作为分隔符。

**例 6.3**  通过文本框分别输入两个实数 sglX 和 sglY,若 sglX 小于 sglY 则进行交换,最后通过 MsgBox 输出 sglX 和 sglY。

**分析**:

1) 该程序的数据输入、逻辑处理及数据输出的 3 个步骤分别如下:

① 数据输入: 实数 sglX 和 sglY 的值分别通过文本框 txtSglX 和 txtSglY 的 text 属性获取。

② 逻辑处理: 如果 sglX 小于 sglY,使用 IF 单分支语句,实现两数交换。

③ 数据输出: 最终使用弹出消息框显示 sglX 和 sglY。

2）变量及事件过程分析：

① 两个数为实数，故均为单精度数据类型。

② 两数交换，涉及中间变量，也为单精度数据类型，取名 sglTemp。

③ 单击命令按钮 Button1，实现数据输入，逻辑处理及数据显示输出，故事件过程为 Button1 的单击事件。

编制事件过程 Button1_Click 如下：

```
Private Sub Button1_Click(sender As Object, e As EventArgs)Handles
Button1.Click
        Dim sglX!, sglY!, sglTemp!
        '数据输入
        sglX = Val(txtSglX.Text): sglY = Val(txtSglY.Text)
        '逻辑处理
        If sglX < sglY Then sglTemp = sglY : sglY = sglX : sglX = sglTemp
        '数据输出
        MsgBox("sglX=" & sglX & "sglY=" & sglY, vbInformation, "输出结果")
End Sub
```

**注意**：以上过程中，表达式 "sglX=" & sglX & "sglY=" & sglY 用连词符 "&" 将字符类型与数值型数据进行连接。

2. 双分支结构

前面举的例子中：过人行横道时，如果人行灯是红灯则等待，是绿灯则通过。该例子中，人行灯只有红灯和绿灯两种状态，在人行灯的两种不同状态时人可以实施的动作是不一样的。这就是一个典型的双分支结构。双分支结构具体的逻辑如图 6.7 所示。

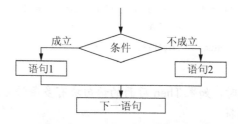

图 6.7　IF 语句双分支结构流程图

该逻辑结构表示，条件成立时执行语句块 1，然后跳出 IF 分支语句，否则执行语句块 2，然后 IF 分支语句执行结束。IF 语句执行完后，接着执行后续的语句。在上面的例子中，条件是"灯为红灯"，条件成立的语句块是"等待"，条件不成立的语句块是"通过"。

同 IF 单分支语句的表示方法一样，双分支语句也有多行形式和单行形式两种：

多行形式格式：

If *表达式*　　Then

　　*语句块 1*

Else

**语句块 2**

```
End If
```

单行形式格式：

If **表达式** Then **语句块 1** Else **语句块 2**

其中：语句块可以是多条 VB 可执行语句或选择结构、循环结构。语句块有多条语句时，如果要写在一行，每条语句之间需用分号作为分隔符。

功能：无论是单行形式还是多行形式，当表示条件的表达式的值为 True 时，执行 Then 后面的语句块 1，否则执行语句块 2。同单分支结构一样，表达式通常是关系表达式或逻辑表达式。

**例 6.4** 通过文本框 txtX 输入实数 X，求下列分段函数 f(x)值，最后通过 MsgBox 输出 f(x)，其中：

$$f(x) = \begin{cases} 1-x^2 & x \leqslant 4 \\ (x-4)^{1/4} & x > 4 \end{cases}$$

**设计与分析：** 该程序的数据输入，逻辑处理，及数据输出的 3 个步骤分别如下：

1）数据输入：实数 X 的值通过文本框 txtX 的 text 属性获取。

2）逻辑处理：获取后，使用 IF 双分支语句，通过对 X 值的判断，得到分段函数 f(x) 的值 y。

3）数据输出：最终使用弹出消息框显示分段函数的值 y。

编制事件过程 Button1_Click 如下：

```
Private Sub Button1_Click(sender As Object, e As EventArgs)Handles
Button1.Click
        Dim x!, y!
        '数据输入
        x = Val(txtX.Text)
        '逻辑处理
        If x <= 4 Then
            y = 1 - x * x
        Else
            y = (x - 4)^ 0.25
        End If
        '数据输出
        MsgBox("f(x)=" & y)
End Sub
```

**例 6.5** 编程求一元二次方程 $ax^2+bx+c=0$ 的根，文本框 txtA、txtB、txtC 输入系数，计算结果通过 MsgBox 输出。

**分析：** 获取输入的 3 个系数后，在逻辑处理阶段，先求出 $b^2-4ac$ 的值，以变量 d 记录该值，然后对该值是否大于等于 0 进行判断（大于等于 0 则为实数根，否则为复数根），并

使用 IF 双分支语句求出对应的实数根或者复数根，以字符串形式记录对应的根，最后使用
MsgBox 函数显示输出。

编制事件过程 Button1_Click 如下：

```
Private Sub Button1_Click(sender As Object, e As EventArgs)Handles
Button1.Click
        Dim a!, b!, c!, d!, s$
        Dim x1!, x2!
        a = txtA.Text : b = txtB.Text : c = txtC.Text   '获取输入数据
        d = b * b - 4 * a * c
        If d >= 0 Then  '存在实根
        x1 = (-b + Math.Sqrt(d))/ 2 / a
        x2 = (-b - Math.Sqrt(d))/ 2 / a
        s = "x1=" & Str(x1)& "   x2=" & Str(x2)
        Else            '有两个不同的复数根;x1 保存解的实部系数,x2 保存解的虚部系数
        x1 = -b / 2 / a : x2 = Math.Sqrt(-d)/ 2 / a
        s = "x1=" & x1 & "+" & Math.Abs(x2)& "i" & Chr(13)
        s = s & "x2=" & x1 & "-" & Math.Abs(x2)& "i"
        End If
        MsgBox("函数的根为:" & Chr(13)& s, , "输出结果:")  '显示输出
    End Sub
```

本例全面考虑了实根、复根的情况，即当 d>=0 时求实根，当 d<0 时求复根（复根表
示成"实部"+"±"+"虚部"+"i"的形式）。

**注意：**字符串中如需要换行，则在欲换行处加入字符串 Chr(13)或 vbCrLf。

3. IIF 函数

请看下面的 IF 双分支语句：

```
If  x% > y%  Then  tmax% = x  Else  tmax% = y
```

该语句中，表达式 x%＞y%是判断条件，它的值为 True 或者 False 时，都只做一件事
情，就是给变量 tmax 赋值。这种类型的 IF 双分支语句可以使用 IIF 函数简单快速地实现。
其格式为

```
IIf(表达式, TruePart, FalsePart)
```

**描述：**
- *表达式*：用来表示条件的表达式。
- *truepart*：用表达式来表示，表达式的值可为任意类型。
- *falsepart*：用表达式来表示，表达式的值可为任意类型。

**功能：**
如果**表达式**的值为真，则返回值为 *TruePart* 的值，否则返回 *FalsePart* 部分的值。

最常用的使用方法：

*变量*= IIf(*表达式*,*TruePart*,*FalsePart*)

例如：将 x，y 中大的数，放入 Tmax 变量中，用 IIF 函数实现如下：

```
Tmax = IIf(x > y,x,y)
```

该语句与下面的 IF 双分支结构等效：

```
If  x% > y%  Then  tmax% = x  Else  tmax% = y
```

说明：该函数也可作为表达式的组成部分使用。

### 4. 多分支结构

前面举的例子中：在商场购物时，满 200 元打 9.5 折，满 500 元打 8.5 折，满 1000 元打 7 折，否则不打折。该例子中，根据购物金额的不同，付款时存在打 9.5 折、8.5 折、7 折及不打折 4 种形式。这就是多分支结构。在 VB.NET 中，多分支结构具体的逻辑如图 6.8 所示。

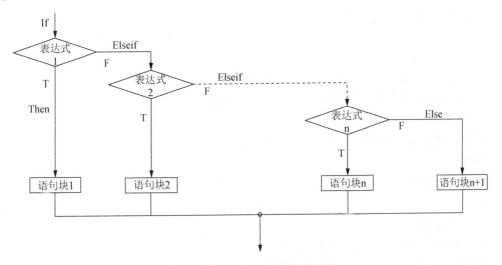

图 6.8　IF 语句多分支结构流程图

在该逻辑结构中，首先判断表达式 1 所代表的条件是否成立（表达式值为 true，表示条件成立；为 false，表示条件不成立），若成立，则执行语句块 1，然后跳出分支语句；否则，则判断表达式 2 所代表的条件是否成立，若成立，则执行语句块 2，然后跳出分支语句；否则，则判断表达式 3 所代表的条件是否成立……以此类推下去，直至判断表达式 n 所代表的条件是否成立，若成立，则执行语句块 n，然后跳出分支语句；如果前面的 n 个条件均不成立，并存在 else 子句，则执行语句块 n+1，然后跳出分支语句。

**注意：**

1）在多分支结构中，对分支的条件，是依次进行判断，当某条件满足时，则执行相应的语句，然后其余分支不再执行，直接跳出分支语句。

2）Else 子句可以有，也可以没有。若有 Else 子句，在前面的所有分支条件都不满足的情况下，才执行该语句块，然后跳出分支语句；若无 Else 子句，如果所有分支条件都不满足，则结束多分支语句的执行。

语法格式：

```
If  表达式1  Then
    语句块 1
ElseIf  表达式2  Then
    语句块 2
…
ElseIf  表达式 n  Then
    语句块 n
[Else
        语句块 n+1]
End If
```

**功能**：对分支依次判断，当某分支条件满足时，则执行相应的语句，其余分支不再执行；若条件都不满足，且有 Else 子句，则执行对应的语句块，否则什么也不执行。

**例 6.6** 某商场促销采用购物打折的优惠办法，即每位顾客一次购物金额：

① 在 1000 元以上者（含 1000 元），按 7 折优惠。

② 在 500 元以上者（含 500 元），按 8.5 折优惠。

③ 在 200 元以上者（含 200 元），按 9.5 折优惠。

④ 低于 200 元，不打折。

编程实现当输入购物金额时，并显示最终的需付金额。

**分析**：

1）在文本框 txtInput 中输入金额，在标签 lblMsg 中显示最终的折扣及应付金额。

2）由于金额精确到分，以元为单位，精确到小数点后两位。使用单精度变量 sglX 记录输入的应付金额。

3）打折后，得到的结果也为单精度型，使用单精度变量 sglY 记录打折后的金额。

4）最后要显示打几折，使用字符串变量 s 记录打几折。

5）最后显示的应付金额需要四舍五入精确到小数点后两位，使用 format 函数格式化最后的显示信息。

编制事件过程 Button1_Click 如下：

```
Private Sub Button1_Click(sender As Object, e As EventArgs)Handles
Button1.Click
    Dim sglX!, sglY!, s$
    sglX = txtInput.Text              '获取输入数据
    If sglX >= 1000 Then              '逻辑处理:多分支语句处理金额打折情况
        sglY = sglX * 0.7 : s = "打 7 折"
    ElseIf sglX >= 500 Then
```

```
        sglY = sglX * 0.85 : s = "打 8.5 折"
    ElseIf sglX >= 200 Then
        sglY = sglX * 0.95 : s = "打 9.5 折"
    Else
        sglY = sglX : s = "不打折"
    End If
    lblMsg.Text=s & ",应该支付金额为"& Format(sglY,"##,###.##")'显示输出
End Sub
```

**例 6.7** 已知变量 chX 中存放了一个字符，判断该字符是字母字符、数字字符还是其他字符。

**分析**：对于字符是否为字母字符，有两种判断方法：方法一，判断是否为大写字母 A 至 Z 之间或小写字母 a 至 z 之间；方法二，将字符转换为大写（或小写）后，判断是否为大写（或小写）字母。显然，使用方法二更简便一些。实现时使用 UCase 函数转换为大写字符或 LCase 函数转换为小写字符。

```
Private Sub Button1_Click(sender As Object, e As EventArgs)Handles
Button1.Click
    Dim chX As Char, s As String
    chX = txtInput.Text         '获取输入字符
    If UCase(chX)>= "A" And UCase(chX)<= "Z" Then '逻辑处理:多分支语句对
                                                      字符判断

        s = chX & "是字母字符"
    ElseIf chX >= "0" And chX <= "9" Then
        s = chX + "是数字字符"
    Else
        s = chX + "是其他字符"
    End If
    lblMsg.Text = s              '显示输出
End Sub
```

**例 6.8** 给出三角形的三个边长，判断是否为等腰三角形或者等边三角形。

**分析**：首先需要判断是否为等腰三角形，若是等腰三角形，再进一步判断是否为等边三角形。这里可以使用 IF 嵌套语句实现。

```
Private Sub Button1_Click(sender As Object, e As EventArgs)Handles
Button1.Click
    Dim sglA!, sglB!, sglC!, s$
    sglA = txtA.Text
    sglB = txtB.Text
    sglC = txtC.Text
    If sglA = sglB Or sglB = sglC Or sglA = sglC Then
        If sglA = sglB And sglB = sglC Then
```

```
        s = "是等边三角形"
      Else
        s = "是等腰三角形"
      End If
    Else
      s = "不是等腰三角形"
  End If
    MsgBox("三边长为" & Str(sglA) & Str(sglB) & Str(sglC) & s)
  End Sub
```

说明：If 语句的嵌套是指 If 或 Else 后面的语句块中又包含 If 语句。例如：

```
If  表达式1  Then
    If  表达式2  Then
        …
    Else
        …
    End If
Else
    …
End If
```

### 6.4.2  Select Case 语句

在生活中，有时需要根据某个条件的多种情况而作出选择，例如：

> "如果今天是晴天，我就穿 T-Shirt；
> 如果今天是多云，我就穿衬衣；
> 如果今天下雨，我就穿外套。"

这就是一个典型的根据某个条件（今天的天气）的多种情况（晴天、多云、下雨）而分别作出的多种选择（穿 T-Shirt、穿衬衣、穿外套）。这种情况通常用于多分支情况。

在 6.4.1 节，介绍了使用 IF 语句实现多分支情况的处理。在 VB.NET 中，多分支情况还可以使用 Select Case 语句实现。Select Case 语句主要用于对某个情况的值进行判断。

Select Case 语句与 IF 多分支语句的不同点在于：IF 语句每个分支判断的条件是通过表达式来表示，最常用的是关系表达式；Select Case 语句判断的通常是一个对象的值，这里的对象可以是一个变量，或由变量及常量、函数、算术运算共同构成的一个表达式，表达式的值可以是数值，字符串或者逻辑值（True 和 False）。当需要根据某个对象值的不同情况进行分支时，使用 Select Case 语句会较方便快捷。

**注意**：如果要同时判断多个对象的情况时，通常使用 IF 语句。

其结构格式如下：

```
Select Case <测试表达式>
        [Case <情况列表 1>
            [<语句块 1>]]
        [Case <情况列表 2>
            [<语句块 2>]]
        ……
        [Case Else
            [<语句块 n+1>]]
    End Select
```

其中，<测试表达式>用于表示要进行判断的对象，例如"今天的天气"。在 VB.NET 语言中，用变量或表达式来表示。变量或表达式的值可以为数值，字符串或布尔类型。例如：

① strWeather        (单个变量，值为字符串)

② intScore          (单个变量，值为数值类型)

③ intScore*1.1+5    (算术表达式，值为数值类型)

④ intX > intY+10    （关系表达式，值为布尔类型的 True 或 False）

**<情况列表>**用于表示条件的分支情况，例如"晴天"、"多云"、"下雨"。需要注意的是，该分支情况的值应该是条件可以取的值，也就是说，测试表达式的值是何种数据类型，情况列表中的"情况"的值就应该也是同一种数据类型。

在 VB.NET 中，情况列表可以用以下几种方法表示：

1）为单个值，例如：5（整数值），6.5（数值)，"red"（字符串），true（逻辑值）。

2）为用于表示一个范围内的值，写法为"表达式 1 To 表达式 2"，其中，表达式 1 的值必须小于等于表达式 2 的值。通常，这里的表达式的结果为数值或字符数据类型。它表示的区间范围是：大于等于表达式 1 的值，小于等于表达式 2 的值。例如：

① 5 to 10          （取值范围是大于等于 5 小于等于 10 之间）

② "A" To "Z"       （取值范围是大写字母 A 至 Z 之间的所有字符，包含字母 A，Z）

3）用于表示条件的结果满足某个值或某种比较关系。表示方法是符号"Is"+关系运算符+表达式。例如：

① Is > 90          （测试表达式的值大于 90）

② Is >= 90         （测试表达式的值大于等于 90）

③ Is <> "Mick"     （测试表达式的值不为字符串"Mick"）

4）情况列表也可以是多个情况的列表。具体表示方法是在不同情况之间用逗号进行分割，每个情况都可以用上述 3 种表达方式中的任何一种列出。例如：

① 20, 30 To 40, Is > 90, Is < −5

(值符合任何四种情况中的任何一种：为 20；[30,40]；大于 90；或者小于-5)

② "a","e","A" To "Z"

(值符合任何三种情况中的任何一种：为字符"a"；字符"e"；或者为字母 A 至 Z 中的任

何一个字母）

Select Case 语句的执行流程如下：针对用变量或表达式表示的条件，计算该变量或表达式的值，自上而下顺序地判断该值与情况列表中的哪一种情况相匹配，如有匹配则执行相应语句块，然后不再执行剩下的分支条件，直接跳出 Select Case 语句，执行 End Select 的下一语句；若与所有的情况列表都不匹配，在存在 Case Else 语句时，执行它所对应的语句块，如无 Case Else 语句，则跳出 Select Case 语句，执行 End Select 的下一语句。

**例 6.9** 根据在文本框 txtStrWeather 中输入的天气情况，输出对应的着装要求。着装要求为：晴天，穿蓝色 T-Shirt；多云，穿白色衬衣；下雨，穿黑色外套。

**分析：**

1）天气情况，用字符串变量 strWeather 存储；

2）要输出的内容，用字符串 strMsg 保存。最终统一用弹出对话框显示。

3）考虑到输入字符串可能不是有效的天气情况，增加一个其他输入，显示"输入不正确，请输入三种天气情况中的任何一种：晴天，多云，下雨。"

编制事件过程 Button1_Click 如下：

```
Private Sub Button1_Click(sender As Object, e As EventArgs)Handles
Button1.Click
    Dim strWeather$, strMsg$
    strWeather = txtStrWeather.Text         '获取输入的天气信息
    Select Case strWeather                  '使用 Select 语句进行程序逻辑处理
        Case "晴天"
            strMsg = "晴天,穿蓝色 T-Shirt"
        Case "多云"
            strMsg = "多云,穿白色衬衣"
        Case "下雨"
            strMsg = "下雨,穿黑色外套"
        Case Else
            strMsg="输入不正确,请输入三种天气情况中的任何一种:晴天,多云,下雨。"
    End Select
    MsgBox(strMsg)                          '显示输出
End Sub
```

**例 6.10** 将例 6.7 改为用 Select Case 语句实现。题目为：已知变量 chX 中存放了一个字符，判断该字符是字母字符、数字字符还是其他字符。

**分析：**

方法一：对于字符是否为字母字符，直接判断变量 chX 是否为大写字母 A 至 Z 之间或小写字母 a 至 z 之间。

编制事件过程 Button1_Click 实现方法：

```
Private Sub Button1_Click(sender As Object, e As EventArgs)Handles
Button1.Click
```

```
        Dim chX As Char, s As String
        chX = txtInput.Text
        Select Case chX
            Case "a" To "z", "A" To "Z"
                s = chX & "是字母字符"
            Case "0" To "9"
                s = chX + "是数字字符"
            Case Else
                s = chX + "是其他字符"
        End Select
        lblMsg.Text = s
    End Sub
```

方法二：对于字符是否为字母字符，直接将 chX 转换为大写字符，然后进行判断。也就是说，使用 UCase(chX) 作为 Select Case 语句判断的对象，其值为字符类型。

编制事件过程 Button2_Click 实现方法：

```
    Private Sub Button2_Click(sender As Object, e As EventArgs)Handles
Button1.Click
        Dim chX As Char, s As String
        chX = txtInput.Text
        Select Case UCase(chX)
            Case "A" To "Z"
                s = chX & "是字母字符"
            Case "0" To "9"
                s = chX + "是数字字符"
            Case Else
                s = chX + "是其他字符"
        End Select
        lblMsg.Text = s
    End Sub
```

**例 6.11** 通过文本框输入某学生某课程的百分制成绩（为整数），要求在弹出的消息框中按如下规则显示信息：

1）成绩大于等于 90 分，显示成绩为"优秀"；

2）成绩大于等于 80 分，小于 90 分，显示成绩为"良好"；

3）成绩大于等于 60 分，小于 80 分，显示成绩为"合格"；

4）成绩小于 60 分，显示成绩为"不及格"；

**分析**：根据成绩的值，使用 Select 语句对成绩取值情况进行分支。成绩使用整型变量 intMark 存储，结果信息使用字符串变量 strResult 存储。

编制事件过程 Button1_Click 如下：

```
    Private Sub Button1_Click(sender As Object, e As EventArgs)Handles
```

```
Button1.Click
        Dim intMark%, strResult$
        intMark = txtMark.Text
        Select Case intMark
            Case 90 To 100
                strResult = "优秀"
            Case Is >= 80
                strResult = "良好"
            Case Is >= 60
                strResult = "合格"
            Case Is >= 0
                strResult = "不及格"
        End Select
        MsgBox("输入成绩为" & intMark & ",评价为" & strResult)
    End Sub
```

# 6.5　数据的循环处理

在日常生活及工作中，会遇到这样一些事情：给出某人某年中每月收入信息，计算该人的年收入；给出某校高三 230 个同学的高考数学成绩，要先算出所有同学的数学成绩之和，再求出全班平均数学成绩。这两个例子中，都需要进行重复的加运算。这种要反复进行固定操作的事情，可以使用循环结构快速处理。

在 VB.NET 中，常见的循环语句有 For…Next 语句和 Do…Loop 语句。

## 6.5.1　For...Next 语句

**1. 引例**

**例 6.12**　求 1～100 之间的奇数之和。

该问题即是要计算 $1+3+5+7+9+\cdots+97+99$ 总共 50 个数之和。计算过程用程序设计方式分析如下：

**变量设置：**

1～100 之间的奇数，用整型变量 i 表示；初值为 1，即 i=1；所求的和，用整型变量 sum 表示；最初设置其值为 0，即 sum=0。

**计算过程：**

第一次：sum=sum+i　　sum=0+1=1

　　　　i=i+2　　　　执行后 i=3　（i 值为下一次计算做准备）

第二次：sum=sum+i　　执行后 sum=4

　　　　i=i+2　　　　执行后 i=5　（i 值为下一次计算做准备）

……（只要 i<=100，均执行上述语句）

第五十次：sum=sum+i

           i=i+2        执行后 i=101     （i>100，计算结束）

故一旦出现 i>100，则停止执行，计算结束。

**循环要素：**

从上述计算过程可以看出，从第一次开始就会循环执行如下语句：

```
sum=sum+ i
i=i+2
```

上述两条语句就构成了循环语句的"循环体"。

在该循环过程中，变量 i 是控制循环执行的变量，称之为循环控制变量。对于循环控制变量，需要设置其初始值，给出每次它变化的大小，即"步长"，以及循环终止条件。

总的来说，对于循环语句，其要素为：①循环控制变量初始值；②循环控制变量终止值；③循环控制变量每次变化的大小，即"步长"；④循环体。

该例子有一个特征，就是循环控制变量的值具有什么特征时会终止循环是已知的（本例子中是 i>100 则终止循环）。这样的话，循环次数就是可以计算出的。针对循环次数可知情况，可以使用 For … Next 语句实现循环。

**2. For…Next 语句语法**

For … Next 循环的语法如下所示：

```
For 循环控制变量 = 初值 To 终值    [Step 步长 ]
    语句块
    [Exit For]
    语句块
Next [循环控制变量]
```

其中：

**循环控制变量**：为数值型变量，控制循环的次数。

**初值、终值、步长**：均为数值型表达式。

**步长**：可为正数，也可为负数。

其执行流程如图 6.9 所示。

需要注意的是，**步长**大于等于 0 和小于 0 时，循环控制方式是不一样的。

1）**步长**≥0 时，循环变量当前值≤循环变量终值时，继续执行循环体；否则跳出 For 循环体，继续执行 For 语句后面的语句。

2）**步长**<0 时，循环变量当前值≥循环变量终值时，继续执行循环体；否则跳出 For 循环体，继续执行 For 语句后面的语句。

针对例 6.12，计算 1～100 之间奇数和的程序段用 For … Next 语句可编写为

```
For i% = 1 to 99 step 2
    sum = sum + i
Next
```

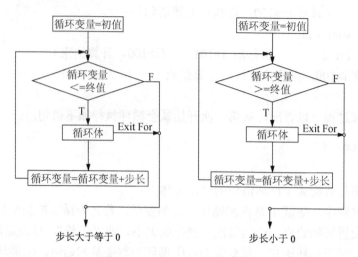

图 6.9　For…Next 结构流程图

在 For … Next 结构中：

1）步长缺省值为 1，此时，可不写 Step 1。

2）循环控制变量取值不合理，则不执行循环体。如下列循环一次也不执行。

```
For i% = 99 to 1 step 2
    sum= sum + i%
Next
```

3）步长可为正数，也可为负数。步长为负数时，要能够循环，需要设置循环控制变量的初值>=终值。例如：For i% = 99 to 1 step -2 : sum = sum + i% : Next。

4）循环体中可以出现退出循环的语句"Exit For"，用于将控制转移到 Next 之后的语句。

5）循环正常结束（未执行 Exit For 等控制语句）后，控制变量的值为最后一次取值加步长。

### 3. For…Next 语句循环次数计算

对于 For 循环语句，循环次数的计算方式如下：

$$循环次数 = int\left(\frac{终值 - 初值}{步长}\right) + 1$$

考虑下列语句执行循环体的循环次数：

1）For i=1 to 3　step 1

　　　　循环次数为：int( (3−1)/1 )+1

2）For i=1 to 5　step　2

　　　　循环次数为：int ( (5−1)/2)+1

3）For i=1 to 6　step 2

　　　　循环次数为：int( (6−1)/2)+1

4）For i=6 to 1　step −2 (注意：步长为负数)

　　　　循环次数为：int((1−6)/(−2))+1

思考下列语句执行循环体的次数：

1）For　i= 5.5　to　3.5　step　−0.5

2）For　i= 3.5　to　5.5　step　−0.5

3）For　i= −3　to　20　step　0

4. 循环控制变量的值

循环结束后循环控制变量的值为多少呢？知道了循环次数后，可以用如下公式计算。

循环结束后循环控制变量的值=循环控制变量初始值+循环次数*步长

考虑下列循环语句执行结束后循环变量的值。

1）For i=1 to 3　step 1

　　　　循环次数为：int( (3−1)/1 )+1=3

　　　　循环结束后循环控制变量 i 的值为：1+3*1=4

2）For i=1 to 5　step 2

　　　　循环次数为：int ( (5−1)/2)+1=3

　　　　循环结束后循环控制变量 i 的值为：1+3*2=7

3）For i=1 to 6　step2

　　　　循环次数为：int( (6−1)/2)+1=3

　　　　循环结束后循环控制变量 i 的值为 1+3*2=7

4）For i=6 to 1　step −2 (注意：步长为负数)

　　　　循环次数为：int( (1−6)/(−2))+1=3

　　　　循环结束后循环控制变量 i 的值为 6+3*(−2)=0

**思考**：下列代码块运行后弹出的消息框显示的内容是什么？

```
Dim i As Integer
For i = 2 To 13 Step 3
    MsgBox("i=" & i)
Next i
MsgBox("i=" & i)
```

5. For…Next 语句举例

**例 6.13**　编程输出 1+2+3+4+…+100 的和。

**分析**：序列求和的问题实际是一个逐步累加的过程。可设两个变量 intSum 和 i，intSum 的初始值为 0，让 i 从 1 变化到 100，每次变化的值都累加到 intSum 中，即做 intSum=intSum+i。具体程序如下：

```
    Private Sub Button1_Click(sender As Object, e As EventArgs)Handles
Button1.Click
```

```
    Dim intSum As Integer, i As Integer
    intSum = 0
    For i = 1 To 100
        intSum = intSum + i
    Next i
    MsgBox("1+2+...+99+100=" & intSum)
End Sub
```

**例6.14** 在本书第 3 章中，有韩信点兵的问题：今有物不知其数，三三数之余二，五五数之余三，七七数之余二，问物几何。要求找出 1000 以内所有符合该问题描述的数值。

**分析**：本题的核心是解决以下 3 个问题：

1）对于某个整数 i，判断是否符合被 3 除余 2、被 5 除余 3、被 7 除余 2。这个问题使用 if 判断语句解决（提示：i 被 3 除余 2 可以表达为 i mod 3 =2）。

2）要求从 1～1000 中找到符合条件的所有数。因此，表示数的整型变量 i 需要遍历 1～1000。此处的遍历使用循环语句实现。针对题目定义的条件，此处的遍历方法有多种。例如：从 1～1000，每次加 1，进行遍历；被 3 除余 2 的第一个数为 2，故可以从 2 至 1000，每次加 3 进行遍历；被 5 除余 3 的第一个数为 3，故可以从 3 至 1000，每次加 5 进行遍历……

3）要将所有符合条件的值都显示出来。可设置一个字符串变量 strS，用于保存所有符合条件的数值。每次出现符合条件的整数 i 时，将该整数转换成字符串，使用字符串连词操作将该字符串连接到字符串变量 strS 中。

下面给出两种不同的遍历方法的解法。

**方法一**：设置整型变量 i，使用循环语句，将 i 从数 1 遍历至数 1000，每次 i 的值加 1，检查当前的 i 值是否符合被 3 除余 2、被 5 除余 3、被 7 除余 2。

编制事件过程 **Button1_Click** 如下：

```
Private Sub Button1_Click(sender As Object, e As EventArgs)Handles
Button1.Click
    Dim i%, strS$
    For i = 1 To 1000 Step 1
        If i Mod 3 = 2 And i Mod 5 = 3 And i Mod 7 = 2 Then
            strS &= Str(i)
        End If
    Next i
    MsgBox("符合条件的数为" & strS)
End Sub
```

**方法二**：设置整型变量 i，使用循环语句，将 i 从数 2 遍历至数 1000，每次 i 的值加 3，检查当前的 i 值是否符合被 5 除余 3、被 7 除余 2。注意，这种遍历方法能保证每次遍历的 i 的数值都符合被 3 除余 2，故无需再对该条件进行判断。

编制事件过程 **Button2_Click** 如下：

```
Private Sub Button2_Click(sender As Object, e As EventArgs)Handles
```

```
Button2.Click
        Dim i%, strS$
        For i = 2 To 1000 Step 3
            If i Mod 5 = 3 And i Mod 7 = 2 Then
                strS &= Str(i)
            End If
        Next i
        MsgBox("符合条件的数为" & strS)
    End Sub
```

**注意**：这道题可以变换成：找出在 1 ~ 1000 中能被 3 除余 2、被 5 除余 3、被 7 除余 2 的所有数，并将它们显示出来。

**思考**：如果题目改为：要求找出 1000 以内符合该问题描述的最小值，该如何修改代码？

### 6.5.2　Do...Loop 语句

1. 引例

看这样一个问题：有一张厚度为 0.1 毫米的纸，假设可以一直对折，对折多少次之后，其厚度就能超过珠穆朗玛峰的高度 8848 米？

分析如下：

1）纸的厚度定义为单精度型变量 sglThick，其初始值为 0.1 毫米。

2）对折纸的次数为整型变量 intNum，每叠一次，厚度翻倍，即 sglThick=2*sglThick。

3）问题转换为：对折纸的次数 intNum 为多少时，sglThick 的值开始大于 8848*1000 毫米？

逐步计算如下：

对折 0 次：intNum=0　sglThick=0.1　（以毫米为单位）

对折 1 次：intNum=1　　sglThick=2*sglThick=0.2

对折 2 次：intNum=2　　sglThick=2*sglThick=0.4

对折 3 次：intNum=3　　sglThick=2*sglThick=0.8

……

（只要 sglThick<=8848*1000，均执行上述语句。）

一旦出现 sglThick>8848*1000，则停止执行，计算结束。当前的 intNum 即为折纸次数。

该例子中，循环控制变量为折纸次数 intNum。折纸次数每增加 1 次，则执行一次语句：sglThick=2*sglThick。故该语句应包含在循环体中，以反复执行。本例子循环次数由 sglThick 的值来决定，循环控制条件为 "sglThick 的值是否大于 8848*1000"。

**思考**：用 6.5.1 节介绍的 For...Next 循环语句是否能够实现该循环步骤。

由于该例子的循环次数是未知的，而 For...Next 循环语句要求循环次数是可以预知的，显然无法实现本例子。本例子的循环终止条件为：sglThick 的值大于 8848*1000 时，循环终止，也可以说本例子给出了明确的循环继续的条件：sglThick 的值小于等于 8848*1000

时，循环继续。这种不知道具体的循环次数，只知道循环终止条件的情况，就需要使用本节介绍的 Do...Loop 循环语句。

2. Do…Loop 语句语法

Do...Loop 循环语句既适用于循环次数未知，只给定循环结束条件的情况，也适用于循环次数已知的情况。在事先不知道循环要执行多少次的情况下，Do … Loop 循环十分有用和方便。

根据循环终止/继续的条件的放置位置以及计算方式，Do 循环有几种格式。

格式 1：Do [{While|Until}<条件>]　　　　　' 先判断条件，后执行循环体

　　　　　　循环体

　　　Loop

格式 2：Do　　　　　　　　　　　　　　　　' 先执行循环体，后判断条件

　　　　　　循环体

　　　Loop [{**While|Until**}<条件>]

1）循环继续条件使用 While 关键字，此时，条件为真时继续执行循环体。

折纸的例子中，继续循环的条件为：sglThick 的值小于等于 8848*1000 时，循环继续。故 While 关键字的使用方法为：While　sglThick<=8848*1000。

2）循环终止条件使用 Until 关键字，此时，条件为真时结束循环，跳至 Do...Loop 循环语句后续的语句执行。

折纸的例子中，终止循环的条件为：sglThick 的值大于 8848*1000 时，循环终止。故 Until 关键字的使用方法为：Until　sglThick>8848*1000。

3）如果既不使用 Until 关键字，又不使用 While 关键字，则循环体内语句会无限次循环，即为死循环。

4）如在循环体中，需要跳出循环，使用"Exit Do"语句，则会跳到 Do…Loop 循环语句后续的语句执行。

3. Do…Loop 语句详解

分析以下两个代码段，最后整型变量 s 的值一样吗？

代码段 A：

```
Dim s As Integer
s = 1
Do
    s = 100
Loop While s < 0
MsgBox("s=" & s)
```

代码段 B:

```
Dim s As Integer
s = 1
Do While s < 0
    s = 100
Loop
MsgBox("s=" & s)
```

代码段 A 和代码段 B 的区别在于 While 关键字放在 Do 语句之后还是 Loop 语句之后。

代码段 A 会先执行循环体内的语句：S=100，然后针对循环继续条件 While s < 0 进行判断，此时条件表达式 s<0 的结果为 False，则跳出 Do…Loop 循环语句，执行紧接在其后的用于显示变量 S 的值 MsgBox 语句。显示结果：s=100。

代码段 B 先针对循环继续条件 While s < 0 进行判断，由于此时 S 值为 1，因此条件表达式 s<0 的结果为 False，故立即跳出 Do…Loop 循环语句，执行紧接在其后的用于显示变量 S 的值 MsgBox 语句。显示结果：s=1。

当 While 或 Until 关键字放在 Do 语句之后时，要先判断循环继续/终止条件，再根据结果决定是否能够进一步执行循环体。

当 While 或 Until 关键字放在 Loop 语句之后时，先执行一次循环体，然后判断循环继续/终止条件，并进一步根据结果决定是否能够再次执行循环体。

进一步分析以下两个代码段，最后整型变量 s 的值和循环体执行的次数一样吗？

代码段 C:

```
Dim s%, intNum%
s = -2
Do
  intNum  += 1
  s  += 1
Loop While  s < 0
MsgBox("s=" & s & "循环次数为" & intNum)
```

代码段 D:

```
Dim s%, intNum%
s = -2
Do While s<0
  intNum  += 1
  s  += 1
Loop
MsgBox("s=" & s & "循环次数为" & intNum)
```

代码段 C 和代码段 D 执行完毕后，循环体执行的次数均为 2 次，S 的值均为 0。

**注意**：当 While 或 Until 关键字放在不同位置时：

1）当 While 或 Until 关键字放在 Loop 语句之后时，循环体至少执行一次。

2）当循环体至少执行一次时，While 或 Until 关键字放在 Loop 语句之后和放在 Do 语句之后等效。

4. Do…Loop 语句举例

**例 6.15** 用 4 种形式的 Do…Loop 循环分别输出 1～10 的平方和，请比较。

（1）Do While…Loop 格式

```
Dim s As Integer, i As Integer
s = 0 : i = 1
Do While i<= 10
    s = s + i * i
    i = i + 1
Loop
MsgBox(s)
```

（2）Do Until…Loop 格式

```
Dim s As Integer, i As Integer
s = 0 : i = 1
Do Until i > 10
    s = s + i * i
    i = i + 1
Loop
MsgBox(s)
```

（3）Do…Loop While 格式

```
Dim s As Integer, i As Integer
s = 0 : i = 1
Do
    s = s + i * i
    i = i + 1
Loop While i <= 10
MsgBox(s)
```

（4）Do…Loop Until 格式

```
Dim s As Integer, i As Integer
s = 0 : i = 1
Do
    s = s + i * i
    i = i + 1
Loop Until i > 10
MsgBox(s)
```

**例 6.16** 将厚度为 0.5 毫米的纸张对折多少次后，其总厚度可超过珠穆朗玛峰的高度 8848 米？

**分析**：设置叠纸的厚度为单精度型变量 sglThick，叠纸次数为整型变量 intNum，每叠一次，厚度翻倍，是否可以再进行折叠，就需要检测当前的厚度是否小于等于珠穆朗玛峰的高度 8848 米，因此，使用 DO 循环语句来解决。

```
Private Sub Button1_Click(sender As Object, e As EventArgs)Handles
Button1.Click
        Dim intNum%, sglThick!
        sglThick = 0.5 * 10 ^ (-3)
        intNum = 0
        Do While sglThick <= 8848
            sglThick = 2 * sglThick
            intNum = intNum + 1
        Loop
        MsgBox("折叠次数为" & intNum)
    End Sub
```

**思考**：考虑使用 Until 关键字来控制循环的方法。

**例 6.17** 利用格里高利公式计算 $\pi$ 的近似值，直到最后一项的绝对值小于 0.0000001。格里高利公式如下：

$$\frac{\pi}{4} = 1 - \frac{1}{3} + \frac{1}{5} - \frac{1}{7} + \cdots + (-1)^{n+1} \frac{1}{2n-1} + \cdots$$

**分析**：这是一个求累加和的问题，与例子 6.13 求 1～100 的所有整数之和类似。假设和用变量 dblSum 表示，则循环算式为：dblSum = dblSum +第 n 项的值。其中，第 n 项用变量 n 表示，第 n 项的值用变量 dblValueN 表示。

与例了 6.13 不同的地方在于，例 6.13 直接说明了求前 100 项的和，即指定了循环次数。而本题没有显式给出循环次数，提出的是精度要求。要求在反复计算累加的过程中，一旦某一项的绝对值小于 0.0000001，即 math.abs(dblValueN)<0.0000001 时，就达到了给定的精度，计算中止。这说明循环的结束条件是由精度要求决定的，这就可以使用 DO 循环语句来解决。

```
Private Sub Button1_Click(sender As Object, e As EventArgs)Handles
Button1.Click
        Dim n%, dblSum#, dblValueN#
        n = 0
        dblSum = 0
        Do
            n += 1
            dblValueN = (-1)^ (n + 1)/ (2 * n - 1)
            dblSum = dblSum + dblValueN
        Loop Until Math.Abs(dblValueN)< 0.0000001
        MsgBox("PI 的值为" & 4 * dblSum & "当前计算出的为第" & n & "项,其值为" &
dblValueN)
```

```
End Sub
```

**例 6.18** 通过迭代法求 $x = \sqrt[3]{a}$。求立方根的迭代公式为

$$x_{x+1} = \frac{2}{3}x_i + \frac{a}{3x_i^2}$$

迭代到 $|x_{i+1} - x_i| < \varepsilon = 10^{-5}$ 为止，$x_{i+1}$ 为方程的近似解。显示使用该迭代法求得的 a=27 的值。

**注意：** 假定 $x_0$ 的初值为 a，根据迭代公式求得 $x_1$，若 $|x_1 - x_0| < \varepsilon = 10^{-5}$，迭代结束；否则用 $x_1$ 代替 $x_0$ 继续迭代。迭代的流程图如图 6.10 所示。

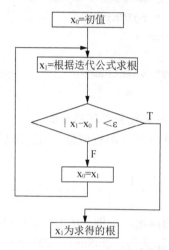

图 6.10　迭代法求立方根流程图

**分析：**

1）针对本例子，设置两个单精度变量 x0，x1。有：

```
x0=a  :  x1=2/3*x0+a/3/(x0*x0)
```

2）当|x1-x0|>=$10^{-5}$ 时，继续使用迭代公式进行迭代。方法为：将 x1 的值赋予 x0，并使用迭代公式计算新的 x1，然后再次检查条件|x1-x0|>=$10^{-5}$ 是否成立，如果成立，继续迭代。

编制事件过程 Button1_Click 如下：

```
Private Sub Button1_Click(sender As Object, e As EventArgs)Handles
Button1.Click
        Dim x0!, x1!, a!
        a = TextBox1.Text
        x0 = a
        x1 = 2 / 3 * x0 + a / 3 / (x0 * x0)
        Do While Math.Abs(x1 - x0)>= 0.00001
```

```
        x0 = x1
        x1 = 2 / 3 * x0 + a / 3 / (x0 * x0)
    Loop
    '显示迭代法求出的解,并与用乘方运算符求出的立方根进行对比
    MsgBox(a & "的立方根为" & a ^ (1 / 3)& "迭代法求出的解为:" & x1)
End Sub
```

### 6.5.3　多重循环

1. 引例

**例 6.19**　当时钟转了 1 圈时（即 12 个小时），秒针在这段时间向前走了多少下（每走一下为 1 秒）？

**分析**：秒针走满 1 圈，分针+1；秒针又从头开始走；分针走满 1 圈，时针+1；分针、秒针从头开始走；时针走满 1 圈，即 12 小时，循环结束。

2. 多重循环分析

通常，把循环体内不再包含其他循环的循环结构称为单层循环。在处理某些问题时，常常要在循环体内再进行循环操作，这种情况称为多重循环，又称为循环的嵌套，如二重循环、三重循环等。

多重循环的执行过程是，外层循环每执行一次，内层循环就要从头开始执行一轮。

```
    Dim i%, j%,k%      'i 为时针,j 为分针,k 为秒针
    Dim num%
    num=0
    For i = 1 To 12
        for j=1 to 60
            for k=1 to 60
                num=num+1
            Next k
        Next j
    Next i
    Msgbox("num=" & num)
```

**思考**：循环结束后，num 为多少？

多重循环的循环次数等于每一重循环次数的乘积。

```
    num=12×60×60=43200
```

3. 多重循环实例

**例 6.20**　编程输出如图 6.11 所示的金字塔图案。

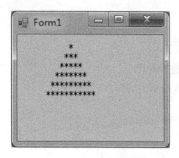

图 6.11　金字塔图案

**分析**：打印由多行组成的图案，通常采用双重循环，外层循环用于控制行数，内层循环用于输出每一行的信息。要通过分析找出图案的内在规律，如每一行星号的起始位置、个数与行号的关系，本例中不难发现第 i 行有 2*i-1 个星号，每一行星号置距窗体左边界的距离随着行号的增加依次减 1，这可以通过 Space 函数来输出相应数量的空格来实现，而每一行星号的换行可通过 vbCrLf 来控制，最后利用标签控件显示结果。

这里，使用变量 i 对输出的行进行控制。图中为 6 行，故变量 i 的值从 1～6 逐次加 1。使用变量 j 用于控制在第 i 行显示的星号的个数，故第 i 行的星号个数为 2*i-1 个星号。使用字符串变量 strS 用于记录最终形成的字符串并用于显示。每一行在星号前面都有空格，空格数这里我们假设第 1 行为 6 个空格，第 2 行为 5 个空格，第 3 行为 4 个空格，以此类推，故第 i 行的空格数为 7-i 个，使用 Space 函数输出相应数目的空格数。

编制事件过程 Button1_Click 如下：

```
Private Sub Button1_Click(sender As Object, e As EventArgs)Handles Button1.Click
    Dim i As Integer, j As Integer, strS As String
    strS = ""
    For i = 1 To 6
      strS = strS & Space(7 - i)
      For j = 1 To 2 * i - 1
          strS = strS & "*"
      Next j
      strS = strS & vbCrLf
    Next i
    Label1.Text = strS
End Sub
```

**例 6.21**　单击窗体，在标签上显示九九乘法表，如图 6.12 所示。

| 单击显示九九乘法表 |
| --- |

| 1*1=1 | 1*2=2 | 1*3=3 | 1*4=4 | 1*5=5 | 1*6=6 | 1*7=7 | 1*8=8 | 1*9=9 |
| 2*1=2 | 2*2=4 | 2*3=6 | 2*4=8 | 2*5=10 | 2*6=12 | 2*7=14 | 2*8=16 | 2*9=18 |
| 3*1=3 | 3*2=6 | 3*3=9 | 3*4=12 | 3*5=15 | 3*6=18 | 3*7=21 | 3*8=24 | 3*9=27 |
| 4*1=4 | 4*2=8 | 4*3=12 | 4*4=16 | 4*5=20 | 4*6=24 | 4*7=28 | 4*8=32 | 4*9=36 |
| 5*1=5 | 5*2=10 | 5*3=15 | 5*4=20 | 5*5=25 | 5*6=30 | 5*7=35 | 5*8=40 | 5*9=45 |
| 6*1=6 | 6*2=12 | 6*3=18 | 6*4=24 | 6*5=30 | 6*6=36 | 6*7=42 | 6*8=48 | 6*9=54 |
| 7*1=7 | 7*2=14 | 7*3=21 | 7*4=28 | 7*5=35 | 7*6=42 | 7*7=49 | 7*8=56 | 7*9=63 |
| 8*1=8 | 8*2=16 | 8*3=24 | 8*4=32 | 8*5=40 | 8*6=48 | 8*7=56 | 8*8=64 | 8*9=72 |
| 9*1=9 | 9*2=18 | 9*3=27 | 9*4=36 | 9*5=45 | 9*6=54 | 9*7=63 | 9*8=72 | 9*9=81 |

图 6.12　九九乘法表

**分析**：对于由行列组成的二维图形，通常使用双重循环来进行图形绘制。通常外循环用来控制行，内循环用来控制列。假设由整型变量 i 作为外循环控制变量，整型变量 j 作为内循环控制变量。本例题中有 9 行，每行 9 列，故外循环的循环变量 i 从 1 至 9 逐次递增，第 i 行中每列的绘制由内循环变量 j 来控制，j 也是由 1 至 9 逐次递增。

编制事件过程 Button1_Click 如下：

```
Private Sub Button1_Click(sender As Object, e As EventArgs)Handles
Button1.Click
        Dim j, i, intNumOfSpace As Integer
        Dim s As String
        For i = 1 To 9
          For j = 1 To 9
              '为了进行对齐,使用变量 intNumOfSpace 控制列之间的空格数
              intNumOfSpace = 5 - Len(Trim(Str(i * j)))
              s &= i & "*" & j & "=" & i * j & Space(intNumOfSpace)
          Next j
          s = s & vbCrLf      'vbCrLf 用来控制换行
        Next i
        Label1.Text = s
End Sub
```

在以上的双重循环中，外层循环控制变量 i 取 1 时，内层循环就要执行 9 次；接着，外层循环控制变量 i 取 2，内层循环同样要重新执行 9 次，以此类推，最终，两重循环共执行了 9×9 次，即 81 次。

**例 6.22** 我国古代数学家在《算经》中出了一道题："鸡翁一，值钱五；鸡母一，值钱三；鸡雏三，值钱一。百钱买百鸡，问鸡翁、母、雏各几何？"。意为：公鸡每只 5 元，母鸡每只 3 元，小鸡 3 只 1 元。用 100 元钱买 100 只鸡，问公鸡、母鸡、小鸡各有多少只？

**分析**：计算机中处理此类问题通常采用"穷举法"处理。所谓穷举法就是将各种可能性一一考虑到，将符合条件的输出即可。

设公鸡有 x 只、母鸡 y 只、小鸡 z 只。显然有很多种 x、y、z 的组合。

可以先使 x 为 0，y 为 0，而 z=100-x-y，看这一组的价钱加起来是否为 100 元，显然不是，所以这一组不可取；再保持 x=0，y 变为 1，z=99……直到 x=100，y 再由 0 变化到 100。这样就把全部组合测试一遍。

按照这样的思想，利用多重循环结构，程序代码如下（结果通过标签 Label1 显示）：

```
Private Sub Button1_Click(sender As Object, e As EventArgs)Handles
Button1.Click
        Dim x%, y%, z%, strS$
        For x = 0 To 100
            For y = 0 To 100
                z = 100 - x - y
                If 5 * x + 3 * y + z / 3 = 100 Then
```

```
                    strS &= "公鸡=" & x & "    母鸡=" & y & "    小鸡=" & z & vbCrLf
            End If
        Next
    Next
    Label1.Text = strS
End Sub
```

**注意**：上面的程序代码虽然正确，但其实在代码中并不需要使 x 由 0 变到 100，y 由 0 变到 100。因为公鸡每只 5 元，100 元钱最多买 20 只公鸡，母鸡也同样。请分析并对程序进行优化。

# 6.6　其他语句

## 6.6.1　注释语句

为提高程序的可读性，用户可使用注释来说明自己声明某个变量、编写某个语句或建立某个过程的目的、功能和作用。注释部分（在程序代码中显示为绿色）在程序运行时不被执行。

注释以 REM 开头，也可以用英文标点的单引号 " ' " 引导注释内容。

**例 6.23**　用 REM 和单引号 " ' " 进行注释。

```
Private Sub Form1_Click(sender As Object, e As EventArgs) Handles Me.Click
    REM  Me 代表本窗体
    Me.Text = "Hello!"    ' 单击窗体,标题栏显示"Hello!"
End Sub
```

**注意**：设计程序时添加适当的注释，是一个良好的编程习惯。一般结构化编程建议在以下情况添加一些注释：

1）声明一个重要变量，应该描述它的作用。

2）过程的定义，应该包括其功能、参数及输出值等内容的说明。

3）对整个应用程序的说明，一般在应用程序的开始位置给出综述性文字说明，描述其主要数据对象、过程、算法、输入输出等。

## 6.6.2　Exit 退出语句

在 VB.NET 中，有多种形式的 Exit 语句，用于退出某种控制结构的执行。

Exit 的形式有 Exit For、Exit Do、Exit Sub、Exit Function 等。

### 6.6.3 End 结束语句

独立的 End 语句用于结束一个程序的运行，它可以放在任何事件过程中。

## 6.7 综 合 应 用

**例 6.24** 编程将 1 至 100 之间的所有素数输出，并对素数的个数进行计数输出。

**分析：**

1）素数也称为"质数"，指在一个大于 1 的自然数中，除了 1 和该整数自身外，不能被其他自然数整除的数。素数当中，除了 2 是偶数之外，其他的素数都是奇数。素数的判别方法如下：

对于数 x 从 i=2，3，…，x-1 判别 x 能否被 i 整除，只要有一个能整除，x 就不是素数，否则 x 是素数。

再深入分析可知，如果 n 不能被 2 到 Sqrt(n) 中的任一个数整除，则 n 就是素数。

例如对 23，只要被 2、3、4 除即可，这是因为，如果 n 能被某一个整数整除，则可表示为 n=a*b。a 和 b 之中必然有一个小于或等于 Sqrt(n)。判断 n 是否为素数的过程就是拿 2 到 Sqr(n) 中的每一个数依次去整除 n 的过程，如果其中有一个数能整除 n，则 n 肯定不是素数。

2）要判断 1 至 100 之间的所有素数，考虑使用循环语句，循环变量 n 从 1 至 100 递增变化。

3）要将 1 至 100 之间的所有素数输出，需要有一个记录素数的字符串变量，可将变量命名为 strSushu，每找到一个素数，就用字符串连词运算将该素数存入该字符串变量中。

编制事件过程 Button1_Click 如下：

```
Private Sub Button1_Click(sender As Object,e As EventArgs)Handles
Button1.Click
        Dim i%, n%, strSushu$, intCount%
        'intCount 用于记录素数的个数
        'strSushu 用于存放所有的素数
        Dim Flag As Boolean
        'Flag 用于表示是否为素数,值为 True 表示是素数,为 False 表示不是素数
        strSushu = ""
        For n = 2 To 100
            '判断 n 是否为素数
            Flag = True    'intFlag 置为 True,即首先假设 n 为素数
            For i = 2 To Math.Sqrt(n)
                ' 若 n mod i=0,则 n 不为素数,置 intFlag 为 1,并且可以跳出此层循环
                If n Mod i = 0 Then
```

```
                    Flag = False
                    Exit For
                End If
            Next
            '如果 n 为素数,则将 n 存放于 strSushu 中,并计数加 1
            If Flag = True Then
                strSushu &= Str(n)
                intCount += 1      'n 为素数,则计数加 1
                If intCount Mod 5=0 Then strSushu &=vbCrLf '每 5 个素数之后换行
            End If
        Next
        Label1.Text = "1~100 之间的素数有" & intCount & "个" & vbCrLf
        Label1.Text &= "1~100 之间的素数为:" & vbCrLf & strSushu
    End Sub
```

**思考**：是否能够在程序中不用标识符 Flag 来判断素数？

**注意**：对执行完循环体后循环变量 i 的值进行判断，考虑代码该如何实现。

**例 6.25**　给出两个数，使用辗转相除法求它们的最大公约数。

辗转相除法的算法：设两数为 m、n。第一步：令 m>n；第二步：令 r 为 m 除 n 得到的余数；第三步：如果 r 不等于 0，则令 m 的值为 n，n 的值为 r，然后跳转至第二步；第四步：如果 r 为 0，则算法结束，n 为两数的最大公约数。

```
Private Sub Button1_Click(sender As Object, e As EventArgs)Handles
Button1.Click
    Dim intM%, intN%, intR%, intGys%, intTemp%
    'intGys 用于存放最后计算出来的最大公约数
    intM = TextBox1.Text
    intN = TextBox2.Text
    '令 intM>=intN
    If intN > intM Then
        intTemp = intN : intN = intM : intM = intTemp
    End If
    '下面的代码块通过循环语句实现算法描述的第二步到第四步
    intR = intM Mod intN
    Do While intR <> 0
        intM = intN
        intN = intR
        intR = intM Mod intN
    Loop
    '将求出的最大公约数记录并显示
    intGys = intN
    MsgBox("最大公约数为" & intGys)
End Sub
```

思考：本例步骤中的第一步，令 m>n，不执行，剩余的代码是否可以实现求最大公约数？

**例 6.26** 斐波那契数列又称黄金分割数列，指的是这样一个数列：1、1、2、3、5、8、13、21、…这个数列的第一项和第二项是 1，从第三项开始，每一项都等于前两项之和。请计算出斐波那契数列的前 20 项并显示。

**分析：** 对于斐波那契数列，可以设置两个变量 intX1 和 intX2，用于存储相邻的两项。用变量 intX3 存储前两项之和。之后再将 intX1 赋值为 intX2，intX2 赋值为 intX3，再重新计算 intX3 即可。故可以使用循环语句实现求斐波那契数列的前 20 项。

```
Private Sub Button1_Click(sender As Object, e As EventArgs)Handles
Button1.Click
      Dim intX1%, intX2%, intX3%, i%, strS$
      '字符串变量 strS 用于存储斐波那契数列的各项
      intX1 = 1
      intX2 = 1
      strS = intX1 & " " & intX2 & " "  'strS 首先存储前两项
      '循环计算斐波那契数列的第 3 项至第 20 项
      For i = 3 To 20
         intX3 = intX1 + intX2
         strS = strS & intX3 &" "'将当前计算出的数列项存储与字符串变量 strS 中
         If i Mod 5 = 0 Then strS &= vbCrLf '每 5 项换行
         '为计算下一项做准备
         intX1 = intX2
         intX2 = intX3
      Next
      Label1.Text = "斐波那契数列的前 20 项为" & vbCrLf & strS
End Sub
```

# 习　题

1. 当字符串变量 ch1 中第三个字符是 "C" 时，利用 MsgBox 显示 "Yes"，否则显示 "No"。请使用 IF 双分支结构和 Select Case 语句两种方式分别实现。

2. 要使 For 语句的循环体执行 20 次，循环变量为 k，步长为-2，循环变量的终止值为 -5，请计算循环变量的初始值并写出 For 循环语句。

3. 在 TextBox1 中输入一个字符，判断输入的是否是元音字母，并使用消息框显示结果。输入的字符用变量 chC 表示。

4. 在 TextBox1 中输入任意长度的字符串，用变量 str_source 存储，要求将字符串顺序倒置，并用消息框显示。例如，将输入的 "ABCDEFG" 变换成 "GFEDCBA"。

5. 找出被 3、5、7 除，余数为 1 的最小的 5 个正整数。

6. 有个长阶梯，如果每步跨 2 阶最后剩 1 阶，如果每步跨 3 阶最后剩 2 阶，如果每步跨 4 阶最后剩 3 阶，如果每步跨 5 阶最后剩 4 阶，如果每步跨 6 阶最后剩 5 阶，只有当每步跨 7 阶时恰好走完，显示这个阶梯至少要有多少阶。（提示：利用其肯定是 7 的倍数这个条件，然后根据同时满足除 n 余 m（n=2，3，4，5，6；m=1，2，3，4，5）的逻辑关系即可。）

7. 某次大奖赛，有 7 个评委打分，针对一名参赛者，在 7 个文本框中分别输入 7 个评委的打分分数，去掉一个最高分、一个最低分，求出平均分，为该参赛者的得分。

8. 有一对兔子，从出生后第 3 个月起每个月都生一对兔子，小兔子长到第三个月后每个月又生一对兔子，假如兔子都不死，请编程计算并显示 3 年内每个月的兔子数为多少？

9. 假设你从今年开始，1 月为"希望工程"存入 1 元钱，2 月存入 2 元钱，3 月存入 3 元钱……以此类推，请编程计算两年时间里你将为"希望工程"存入多少钱？

10. 猴子第一天摘下若干个桃子，当即吃了一半，还不过瘾，又多吃了一个。第二天早上又将剩下的桃子吃掉一半，又多吃了一个。以后每天早上都吃了前一天剩下的一半零一个。到第 10 天早上想再吃时，见只剩下一个桃子了。求第一天共摘了多少个桃子？

 **拓展阅读**

2007 年 2 月 21 日，75 岁的 IBM 终生院士(IBM Fellow Emerita) Frances E. Allen 获得了 2006 年的图灵奖。她因为在编译器优化的理论和实践方面作出的开创性贡献而获奖。她的工作奠定了现代优化编译器和自动并行化执行的基础。图灵奖评委会主席 Ruzena Bajcsy 说："她的研究几乎影响了计算机科学发展的整个历程，使我们今天在商业和科技领域内使用的许多计算技术成为可能。她此次获奖进一步证明成就与性别无关。"

Frances 是该奖项创立 40 年来的第一位女性得主。Allen 在科学的道路上探索奇妙之旅，获得荣誉无数。1989 年 Allen 当选为 IBM 院士，这是 IBM 历史上第一个女性获得此殊荣。1995 年，她被任命为 IBM 技术研究院院长。1997 年被选入 WITI 名人堂，2000 年 IBM 设立了以她的名字命名的"Frances E. Allen 科技女性导师奖"。作为美国国家工程学院院士、美国计算机学会会士，获得过 AWC 颁发的 Augusta Ada Lovelace 奖，2006 年度图灵奖等诸多荣誉。

# 7 数　组

前述章节讨论的是用简单变量处理数据，其特点是一个变量只能保存一个数据，当其接收一个新数据时，老数据就会丢失。因此，如果需要一次同时处理多个数据，或者这些数据需要多次重复处理，或者这些数据的一次处理要同时得到多个处理结果的情况下，则简单变量就无法胜任了。为此，在 VB.NET 中，提供了数组、集合和结构等复合数据类型，能够对大批量数据进行复杂处理。

本章将主要介绍数组的基本概念及有效使用数组的常用方法。

## 7.1 数 组 概 述

在现实生活中，有许多需要对数据进行排序的例子，例如，2013 年当当网在营销技术上进行了创新，主要体现在以下几个方面。

1）UGC 导购的应用与实践：通过排序用户产生的评论，让用户关心的有效评论靠前，减少用户决策时间的同时增加购买影响力。

2）"买了又买"的本质探索：挖掘图书的主题特征，利用用户的点击和购买数据，实现了基于联合特征的 CTR 排序，突出了购买的本质相关性。

3）"打包购买"的"包"分解与降权。

4）相似品牌的挖掘与应用。

其中，前两点创新就涉及了数据排序。

数据的排序分为内部排序和外部排序两种，而数据的内部排序（一般情况下，简称为数据排序）需要使用数组实现。

### 1. 使用变量对数据进行排序

以下为使用简单变量对数据进行内部排序的引例。

引例一：已知在两个变量 intA、intB 中，存放了任意的两个整数，要求按升序排列这两个整数。

```
If intA > intB Then intTemp = intA :intA = intB : intB = intTemp
```

引例二：已知在 3 个变量 intA、intB、intC 中，存放了任意 3 个数据，要求按升序排列这 3 个整数。

```
If intA > intB Then intTemp = intA :intA = intB : intB = intTemp
```

```
If intA > intC Then intTemp = intA :intA = intC : intC = intTemp
If intB > intC Then intTemp = intB :intB = intC : intC = intTemp
```

**引例三**：已知在 4 个变量 intA、intB、intC、intD 中，存放了任意 4 个数据，要求按升序排列这 4 个数据。

```
If intA > intB Then intTemp = intA : intA = intB : intB = intTemp
If intA > intC Then intTemp = intA : intA = intC : intC = intTemp
If intA > intD Then intTemp = intA : intA = intD : intD = intTemp
If intB > intC Then intTemp = intB : intB = intC : intC = intTemp
If intB > intD Then intTemp = intB : intB = intD : intD = intTemp
If intC > intD Then intTemp = intC : intC = intD : intD = intTemp
```

**引例四**：已知在 5 个变量 intA、intB、intC、intD、intE 中，存放了任意 5 个数据，要求按升序排列这 5 个数据。

```
If intA > intB Then intTemp = intA : intA = intB : intB = intTemp
If intA > intC Then intTemp = intA : intA = intC : intC = intTemp
If intA > intD Then intTemp = intA : intA = intD : intD = intTemp
If intA > intE Then intTemp = intA : intA = intE : intE = intTemp
If intB > intC Then intTemp = intB : intB = intC : intC = intTemp
If intB > intD Then intTemp = intB : intB = intD : intD = intTemp
If intB > intE Then intTemp = intB : intB = intE : intE = intTemp
If intC > intD Then intTemp = intC : intC = intD : intD = intTemp
If intC > intE Then intTemp = intC : intC = intE : intE = intTemp
If intD > intE Then intTemp = intD : intD = intE : intE = intTemp
```

对比 4 个引例，可发现随着数据的增加，不但简单变量的个数需要随之增加，且排序所用的代码的长度也在急剧增加，而无法忍受的是，当数据的个数无法事先确定的情形下，这样的代码竟然无法写出来。显然，这不是解决数据排序问题的好方法。

2. 使用数组对数据进行排序

如果使用数组，则能很轻松地解决数据排序问题，优点非常明显，具体如下：①大大缩短了代码的长度（代码的长度不随数据的个数而变化）；②提高了数据排序效率（可选择更高效的排序算法）。

数组是同类型元素的有序（这里的有序不是指数据大小的有序，而是指元素在数组中的位置）集合，每一个数组元素可保存一个值类型的数据（如一个整型数据），也可保存一个引用型的数据（如一个结构型数据），其三要素如下：

1）数组的名字：决定数组中所有数据的公共名字。

2）数组元素的数据类型：决定数组中每一个数据的类型。

3）数组的维数："维"代表数组元素排列的方向，维数就是"维"的数目，也称为秩。不同维数的数组决定了数组在内存中不同的存储方式及数组元素的引用方法。

① 维数为 1 的数组称为一维数组。在逻辑结构上，数组元素呈线性排列，只要给出一个代表线性位置的序号就可确定一个数组元素。实际上，在为一维数组分配内存空间时，每个数组元素是按其序号的升序在内存中连续安排内存单元。

② 维数为 2 的数组称为二维数组。在逻辑结构上，数组元素按矩阵形式排列，只要给出两个分别代表行和列的序号就可确定一个数组元素。在为二维数组分配内存空间时，首先给数组的第 0 行（在 VB.NET 代表行顺序的行号与代表每行中列顺序的列号均从 0 开始计算）的所有数组元素按照其列号的升序顺序连续安排内存单元，再为第 1 行的所有数组元素连续安排内存单元……直到所有行均安排内存单元为止。

在 VB.NET 中，数组的维数最多可达 32 维。但一维数组最常用，其次是二维数组，三维数组及更高的高维数组很少用到。

### 3. 数组中的维度

数组中一个维的度量称为维度，它是有大小的，它们决定了整个数组的大小，也就是数组这个集合中有多少个数组元素，或者说数组的大小就是数组中数组元素个数，每一个数组元素能保存一个数据。

数组大小的计算方法是连乘每一个维的大小。

每一个数组都具有数据类型，但它与数组元素的数据类型是不同的概念，数组的数据类型是由数组元素的类型和数组的维数共同决定的，并没有一种固定的称呼，例如，Integer( )、Double( )、String( )等都是一维数组的数据类型；integer(,)、Double(,)、String(,)等都是二维数组的数据类型。

将下面的代码放在窗体的 Click 事件中：

```
Dim thisOneDimArray As Integer( )
MsgBox("数组 thisOneDimArray 的类型是 " & TypeName(thisOneDimArray))
MsgBox("数组元素 thisOneDimArray(0)的类型是 " & TypeName(thisOneDimArray
(0)))
```

运行窗体后，再单击窗体，从结果中可明白数组的类型和数组元素的类型是不同的。

只有当两个数组的维数相等，数组元素的类型一致时，才可断定这两个数组的类型是相同的。

**注意**：两个数据类型相同的数组，其每一个维度的大小可以相同，也可以不同。

## 7.2　一 维 数 组

在 VB.NET 中，必须先创建一维数组对象和指向该数组对象的变量，才能通过数组变量使用保存在数组对象中的数据。

数组变量与简单变量一样，使用 Dim 语句声明（且必须先声明后使用）。数组对象中保存数组的所有元素、数组的维数（包括每一维的大小）、数组元素的数据类型，在数组变量中仅保存指向数组对象的指针（即数组对象在内存中的地址）。

## 7.2.1 一维数组的声明及数组元素的使用

语法格式 1：

```
Dim 数组名[数据类型说明符]（界限）[As 数据类型 ]
```

语法格式 2：

```
Dim 数组名[数据类型说明符]（ ）[As 数据类型 ]
```

语法格式 3：

```
Dim 数组名 As 数据类型（ ）
```

语法格式 4：

```
Dim 数组名 As Array
```

语法说明：

1）数组名：数组名是 VB 标识符之一，其名字必须符合 VB 标识符的命名规则，不可与同一作用域内的其他任何变量同名。

2）界限：其个数就是数组的维数（秩），其格式为

```
[下限 To]上限
```

其中：下限：一般默认常数 0；上限：可以是常量、表达式或变量，但它们最终的值都必须转换为大于等于 –1 的整数。

3）数据类型说明符：说明数组元素的数据类型，主要有%、&、!、#、$、@。

**注意**：数组名与数据类型说明符之间不能有空格。

4）数据类型：说明数组元素的数据类型，例如 Integer、Double、String、Object 等。

5）数据类型说明符与 As 数据类型只能选择其一，如果都省略，则数组元素的类型为 Object。

6）数组的大小（数组元素的个数）：

```
上限 –下限 +1
```

或者

```
上限 +1
```

7）格式 2 和格式 3 均可声明一个数组变量，并限定了数组的数据类型（由数组元素的类型和数组的维数决定）。

8）格式 4 声明了一个基于 System.Array 类的变量,不限定数组的数据类型。在 VB.NET 中，任何数组均由 System.Array 类继承而来，故该 Array 类型的变量可被赋予任意元素类型和任意维数的数组对象。实际上该数组变量只是存储了指向数组对象的指针。

**注意**：

1）采用后 3 种格式声明的数组，数组变量的值为 Nothing，可简单理解为变量中没有

保存任何数组对象，因此在使用前，必须确定数组的大小。

2）使用格式 1 声明数组时，上限可为-1，这样声明的一维数组的长度为 0，可简单理解为该变量中已保存了一个空数组（没有任何元素的数组称为空数组或者零长度数组）。

**例 7.1**　声明一个表示某班级 33 个同学体重的一维数组 Weight。

```
Dim sglWeight(32) As Single
Dim sglWeight!(32)
Dim sglWeight(0 To 32) As Single
Dim sglWeight!(0 To 32)
```

上述 4 条语句均声明了一个单精度类型的一维数组 sglWeight，该数组共有 32+1=33 个元素，下标范围为 0 到 32；sglWeight 数组的各元素是 sglWeight(0)，sglWeight(1)，…，sglWeight(32)。

可以这样理解，上述 4 条 Dim 语句中任何一条，都是声明了 33 个连续排列的盒子，每一个盒子中可以存放一个 Single 数据，如图 7.1 所示。

| sglWeight(0) | sglWeight(1) | sglWeight(2) | ... | sglWeight(31) | sglWeight(32) |
|---|---|---|---|---|---|

图 7.1　一维数组的逻辑意义

在使用一维数组时，通过下标来引用数组中的元素，且数组元素的使用规则与同类型的简单变量相同。

使用格式：

数组名　（下标）

其中，"下标"可以是整型的变量、常量或表达式，其意义是元素在数组中的位置（从 0 开始）。

例如，sglWeight(0)代表数组 sglWeight 的第 0 个元素；sglWeight(1)代表数组 sglWeight 的第 1 个元素；sglWeight(k)代表数组 sglWeight 的第 k 个元素。这种表示法经常出现在循环中，通过不断更改变量 k 的值，达到引用不同数组元素的目的。但 k 的值不能超出数组声明时的上、下限范围，否则会产生"索引超出了数组界限"的错误。

**例 7.2**　设有下面的数组 A、数组 B、整形变量 i 和 x 均有合法定义，则下面的语句都是正确的。

```
A(1)= 10 : A(2)= 20 : A(3)= 30
B(1)= 100 : B(2)= 200            '下标使用整型常量
i = 1 : x=1000
A(1)= A(2)+ B(1)+ 5             '取数组 A 元素运算,A(1)值为 125
A(i)= B(i)                      '下标使用变量,A(1)值为 100
B(i + 1)= A(i + 2)             '下标使用表达式,B(2)值为 30
A(i)= A(i)+ 1                  '数组元素作为计数器,A(1)值为 101
B(i)= B(i)+ x                  '数组元素作为累加器,B(1)值为 1100
```

### 7.2.2 一维数组的初值设定

在 VB.NET 中，根据数组元素的类型，系统为数组元素提供了隐式的初值，具体如下：

1）数值型：0。

2）字符串型：空串（" "）。

3）日期型：01/01/0001　12:00:00（凌晨）。

4）布尔型：False。

5）字符型：初值是 ASCII 码等于 0 的字符（'\0'字符）。

6）对象型：Nothing。

在声明数组的同时也可为数组元素显式地赋初值。下面分别是声明一维数组的同时，为数组元素显式赋初值的语法：

语法格式 1：

```
Dim 数组名[数据类型说明符] ( )[As 数据类型]=一维初值列表
```

语法格式 2：

```
Dim 数组名 As 数据类型( )=一维初值列表
```

语法格式 3：

```
Dim 数组名 As Array=一维初值列表
```

语法说明：

1）一维初值列表：{初值 1，初值 2，…}。

初值可以是常量、变量、表达式（变量或者表达式必须能得到一个确切的值）。如果初值列表为空{}，则得到的是零长度数组。

2）初值的类型必须与数组元素的类型兼容。

3）不可在显式赋初值时，定义数组每个维的大小。

4）数组的大小由初值的个数决定。

**例 7.3**　各种不同类型的一维数组的初始化举例。

一维字符串型数组 strCar 的初始化，其逻辑结构如图 7.2 所示。

```
Dim strCar( )As String = {"法拉利", "福特", "大众", "宝马","莲花", _
    "宾利", "凯迪拉克", "菲亚特","奥迪", "劳斯莱斯"_
        }
```

| 法拉利 | 福特 | 大众 | 宝马 | 莲花 | 宾利 | 凯迪拉克 | 菲亚特 | 奥迪 | 劳斯莱斯 |
|---|---|---|---|---|---|---|---|---|---|
| 0 | 1 | 2 | 3 | 4 | 5 | 6 | 7 | 8 | 9 |

图 7.2　数组 strCar 的存储结构逻辑示意图

一维日期型数组 dateBirthday 的初始化，其逻辑结构如图 7.3 所示。

```
Dim dateBirthday( ) As Date = {#2/25/1983#, #3/14/1986#, #7/10/1992#,
#10/1/1998#}
```

| 2/25/1983 | 3/14/1986 | 3/14/1986 | 10/1/1998 |
|---|---|---|---|
| 0 | 1 | 2 | 3 |

图 7.3 数组 dateBirthday 的存储结构逻辑示意图

一维字符型数组 charSex 的初始化，其逻辑结构如图 7.4 所示。

Dim charSex( )As Char = {"man", "women", "雌", "雄" , "公", "母"}

| m | w | 雌 | 雄 | 公 | 母 |
|---|---|---|---|---|---|
| 0 | 1 | 2 | 3 | 4 | 5 |

图 7.4 数组 charSex 的存储结构逻辑示意图

一维字符串型数组 strCity 的初始化：

Dim strCity(4) As String = {"武汉", "黄石", "十堰", "宜昌", "襄阳", "鄂州", "孝感", "黄冈", "咸宁", "随州"} '错误 对于用显式界限声明的数组不允许进行显式初始化，即在对数组进行显式初始化时，不能指定数组的大小。

一维整型数组 intScore 的初始化，其逻辑结构如图 7.5 所示。

Dim intScore%( )= {84, 70, 81, 95, 75, 77, 97, 61, 100, 38, 19, 66}

| 84 | 70 | 81 | 95 | 75 | 77 | 97 | 61 | 100 | 38 | 19 | 66 |
|---|---|---|---|---|---|---|---|---|---|---|---|
| 0 | 1 | 2 | 3 | 4 | 5 | 6 | 7 | 8 | 9 | 10 | 11 |

图 7.5 数组 intScore 的存储结构逻辑示意图

### 7.2.3 一维数组的属性与方法

在 VB.NET 中，声明一个数组实际上是创建了一个数组对象，与标签、文本框等控件一样具有属性和方法，只是没有外观。

所有的数组都是由 System 命名空间中的 Array 类继承而来，可以在任何数组上访问 System.Array 的属性和方法。

1. 数组对象的常用属性

1）Length As Integer：数组总大小。
2）Rank As Integer：数组的维数（秩）。

2. 数组对象的常用方法

1）Public GetLength(ByVal dimension As Integer) As Integer：获取数组指定维的大小。当 dimension = 0 时，代表第 1 维，当 dimension = 1 时，代表第 2 维，依次类推。

2）Public GetLowerBound(ByVal dimension As Integer) As Integer：获取数组指定维的下界。

3）Public GetUpperBound(ByVal dimension As Integer) As Integer：获取数组指定维的上界。

4）Public Function Sum( ) As T：获取数组所有元素的和（T 为数组元素的数据类型）。

5）Public Function Average( ) As Double：获取数组所有元素的平均值。

6）Public Function Max( ) As T：获取数组中所有元素的最大值（T 为数组元素的数据类型）。

7）Public Function Min( ) As T：获取数组中所有元素的最小值（T 为数组元素的数据类型）。

**注意**：采用数组前 3 种声明格式声明的数组才可使用 Sum、Average、Max、Min 方法。

**例 7.4** 有记载说我国 19 座名山（分别是泰山、华山、衡山、恒山、嵩山、五台山、云台山、普陀山、雁荡山、黄山、九华山、庐山、井冈山、三清山、龙虎山、崂山、武当山、青城山、峨眉山）的高度分别为 1532.7 米、2154.9 米、1300.2 米、2016.1 米、1491.7 米、3061.1 米、624.4 米、286.3 米、1108.0 米、1864.8 米、1344.4 米、1473.4 米、1597.6 米、1819.9 米、247.4 米、1132.7 米、1612.1 米、1260.0 米、3079.3 米。要求为以 19 座名山的高度组成一个一维数组，演示数组的两个属性和 7 个方法的意义，代码放在窗体的 Click 事件中。

窗体如图 7.6 所示。

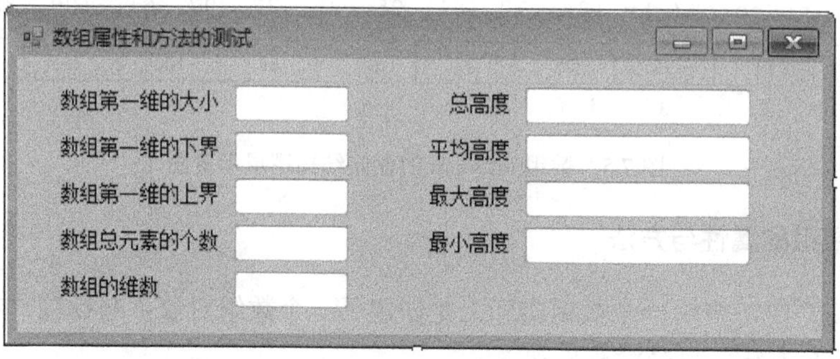

图 7.6 例 7.4 的执行结果

```
Private Sub frmEample7_4_Click(ByVal sender As Object, ByVal e As
System.EventArgs)Handles Me.Click
    Dim intHeight( )As Integer = {1532.7, 2154.9, 1300.2, 2016.1, 1491.7,
                                  3061.1, 624.4, 286.3, 1108.0, 1864.8,
                                  1344.4, 1473.4, 1597.6, 1819.9,
                                  247.4, 1132.7, 1612.1, 1260.0,
                                  3079.3
                                  }
    txtLength.Text = intHeight.GetLength(0)
    txtLowerBound.Text = intHeight.GetLowerBound(0)
    txtUpperBound.Text = intHeight.GetUpperBound(0)
    txtSize.Text = intHeight.Length
    txtRank.Text = intHeight.Rank
    txtTotal.Text = intHeight.Sum( )
    txtAverage.Text = intHeight.Average( )
```

```
        txtMax.Text = intHeight.Max( )
        txtMin.Text = intHeight.Min( )
    End Sub
```

上述代码的执行结果如图 7.7 所示。

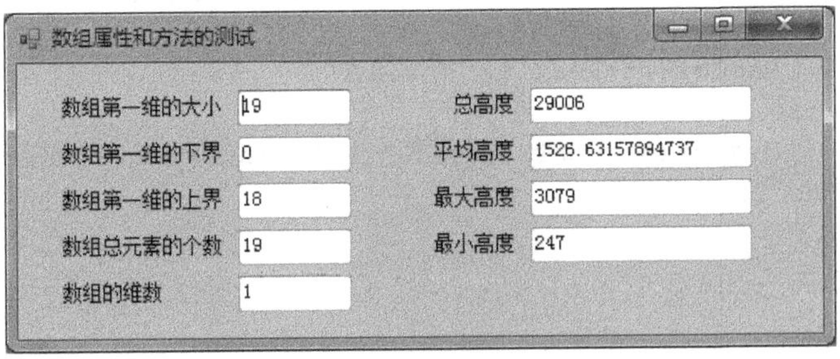

图 7.7 例 7.4 的执行结果

**注意**：请对照数组的声明，注意输出结果的意义。

3. Array 类的常用方法

Array 类是支持数组的语言实现的基类，提供了用于查找、排序、倒置、动态更改数组大小、复制、清除等一系列充当公共语言运行库中所有数组的基类方法。充分利用这些方法可精简代码，提高编程效率。

（1）查找数据

格式：

```
Public Shared Function IndexOf (
    ByRef array As Array,
    ByVal value As Object,
    ByVal startIndex As Integer
)As Integer
```

功能：在一维数组 *array* 中，从 *startIndex* 指定的位置开始搜索指定的对象 *value*，并返回第一个匹配项的索引值或下标值(如失败，则返回-1)。

**注意**：startIndex 必须位于 0 和数组最大下标之间。

**例 7.5** 在数组 strFourPests 中查找"壁虎"是否是四害。

窗体如图 7.8 所示。

图 7.8 例 7.5 的窗体设计图

```
Private  Sub  btnFind(ByVal  sender  As  System.Object,  ByVal  e  As
System.EventArgs)_Handles btnFind.Click
        Dim strFourPests( )As String = {"蚊子", "苍蝇", "蟑螂", "老鼠"}
        Dim strPest$ = txtPest.Text, intIndex%
        If Not String.IsNullOrWhiteSpace(strPest)Then
            intIndex = Array.IndexOf(strFourPests, strPest)
            If intIndex = -1 Then
                MsgBox(strPest & "不是四害")
            Else
                MsgBox(strPest & "是第" & intIndex  & "个四害")
            End If
        End If
End Sub
```

（2）排序

格式 1：

```
Public Shared Sub Sort (ByRef **array** As Array)
```

格式 2：

```
Public Shared Sub Sort (
    ByRef **array** As Array,
    ByVal **index** As Integer,
    ByVal **length** As Integer
)
```

功能：在默认情况下，格式 1 对一维数组 **array** 中所有的元素按升序排序；格式 2 对一维数组 **array** 中，从 **index** 指定的位置开始的长度为 **length** 的这一部分元素按升序排列。

注意：

1）index 必须位于 0 和数组最大下标之间。

2）length 必须位于 0 和数组的大小之间。

3）index 与 length 的和必须位于 0 与数组的大小之间。

4）注意数组 strFourPests 对象的属性与方法的引用方法。

例 7.6  利用 Array 类的 Sort 方法，对图 7.9 所示的无序数组 intScore 中的数据按升序排列。

```
Dim intScore%( )= {84, 70, 81, 95, 75, 77, 97, 61, 100, 38, 19, 66}
```

| 84 | 70 | 81 | 95 | 75 | 77 | 97 | 61 | 100 | 38 | 19 | 66 |
|----|----|----|----|----|----|----|----|-----|----|----|----|
| 0 | 1 | 2 | 3 | 4 | 5 | 6 | 7 | 8 | 9 | 10 | 11 |

图 7.9  数组 intScore 初始数据的存储结构示意图

对 intScore 数组的一部分进行排序（图 7.10）。

```
Array.Sort(intScore, 2, 5)'对从下标 2 到下标 6 的数据按升序排列
```

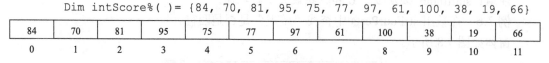

| 84 | 70 | 75 | 77 | 81 | 95 | 97 | 61 | 100 | 38 | 19 | 66 |
|----|----|----|----|----|----|----|----|-----|----|----|----|
| 0 | 1 | 2 | 3 | 4 | 5 | 6 | 7 | 8 | 9 | 10 | 11 |

图 7.10  对数组 intScore[2]到 intScore [6]的数据按升序排列后的存储结构示意图

对 intScore 数组的全部进行排序（图 7.11）。

```
Array.Sort(intScore)'对所有数据按升序排列
```

| 19 | 38 | 61 | 66 | 70 | 75 | 77 | 81 | 84 | 95 | 97 | 100 |
|----|----|----|----|----|----|----|----|----|----|----|-----|
| 0 | 1 | 2 | 3 | 4 | 5 | 6 | 7 | 8 | 9 | 10 | 11 |

图 7.11　对数组 intScore 所有数据按升序排列后的存储结构示意图

（3）数组元素的倒置

格式 1：

```
Public Shared Sub Reverse (ByRef array As Array)
```

格式 2：

```
Public Shared Sub Reverse (
    ByRef array As Array,
    ByVal index As Integer,
    ByVal length As Integer
)
```

功能：格式 1 反转一维数组 *array* 中的所有元素；格式 2 反转一维数组 *array* 中，从 *index* 指定的位置开始的长度为 *length* 的这一部分元素的顺序。

注意：

1）index 必须位于 0 和数组最大下标之间。

2）length 必须位于 0 和数组的大小之间。

3）index 与 length 的和必须位于 0 和数组的大小之间。

**例 7.7**　利用 Array 类的 Sort 方法和 Reverse 方法，对图 7.12 所示的无序数组 intScore 中的数据按降序排列。

```
Dim intScore%( )= {84, 70, 81, 95, 75, 77, 97, 61, 100, 38, 19, 66}
```

| 84 | 70 | 81 | 95 | 75 | 77 | 97 | 61 | 100 | 38 | 19 | 66 |
|----|----|----|----|----|----|----|----|-----|----|----|----|
| 0 | 1 | 2 | 3 | 4 | 5 | 6 | 7 | 8 | 9 | 10 | 11 |

图 7.12　数组 intScore 初始数据的存储结构示意图

**第一种情形**：对数组的一部分数据按降序排列。

步骤一：对数组 intScore 的部分数据使用 Sort 方法按升序排列（图 7.13）。

```
Array.Sort(intScore, 2, 5) '对从下标 2 到下标 6 的数据按升序排列
```

| 84 | 70 | 75 | 77 | 81 | 95 | 97 | 61 | 100 | 38 | 19 | 66 |
|----|----|----|----|----|----|----|----|-----|----|----|----|
| 0 | 1 | 2 | 3 | 4 | 5 | 6 | 7 | 8 | 9 | 10 | 11 |

图 7.13　对数组 intScore[2]到 intScore [6]的数据按升序排列后的存储结构示意图

步骤二：将数组 intScore 这一部分已按升序排列好的数据使用 Reverse 方法反序（图 7.14）。

```
Array.Reverse(intScore, 2, 5) '对从下标2到下标6的数据按反序排列
```

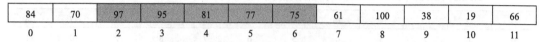

图 7.14　对数组 intScore[2]到 intScore[6]的数据按降序排列后的存储结构示意图

**第二种情形**：对数组的所有数据按降序排列。

步骤一：对数组 intScore 中的全部数据，使用 Sort 方法按升序排列（图 7.15）。

```
Array.Sort(intScore) '对所有数据按升序排列
```

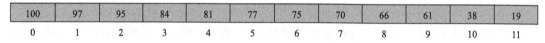

图 7.15　对数组 intScore 所有数据按升序排列后的存储结构示意图

步骤二：将数组 intScore 中按升序排列好的数据使用 Reverse 方法反序（图 7.16）。

```
Array.Reverse(intScore) '对所有数据按反序排列
```

| 100 | 97 | 95 | 84 | 81 | 77 | 75 | 70 | 66 | 61 | 38 | 19 |
| --- | --- | --- | --- | --- | --- | --- | --- | --- | --- | --- | --- |
| 0 | 1 | 2 | 3 | 4 | 5 | 6 | 7 | 8 | 9 | 10 | 11 |

图 7.16　对数组 intScore 所有数据按降序排列后的存储结构示意图

（4）重设数组的大小

格式：

```
Public Shared Sub Resize(ByRef array As Array, ByVal newSize As Integer)
```

功能：将数组 **array** 的元素数更改为由 **newSize** 指定的新大小。

**例 7.8**　利用 Array 类的 Resize 方法更改图 7.17 所示的一维数组的大小。

```
Dim intScore%( )= {84, 70, 81, 95, 75, 77, 97, 61, 100, 38, 19, 66}
```

| 84 | 70 | 81 | 95 | 75 | 77 | 97 | 61 | 100 | 38 | 19 | 66 |
| --- | --- | --- | --- | --- | --- | --- | --- | --- | --- | --- | --- |
| 0 | 1 | 2 | 3 | 4 | 5 | 6 | 7 | 8 | 9 | 10 | 11 |

图 7.17　数组 intScore 初始数据的存储结构示意图

将数组 intScore 的大小改为 7（图 7.18）。

```
Array.Resize(intScore, 7)
```

| 84 | 70 | 81 | 95 | 75 | 77 | 97 |
| --- | --- | --- | --- | --- | --- | --- |
| 0 | 1 | 2 | 3 | 4 | 5 | 6 |

图 7.18　数组 intScore 大小改为 7 后的存储结构示意图

将数组 intScore 的大小再改为 9（图 7.19）。

```
Array.Resize(intScore, 9)
```

| 84 | 70 | 81 | 95 | 75 | 77 | 97 | 0 | 0 |
|----|----|----|----|----|----|----|----|----|
| 0 | 1 | 2 | 3 | 4 | 5 | 6 | 7 | 8 |

图 7.19　数组 intScore 大小再改为 9 后的存储结构示意图

将数组 intScore 的大小再增 1（图 7.20）。

```
Array.Resize(intScore, intScore.Length + 1)
```

| 84 | 70 | 81 | 95 | 75 | 77 | 97 | 0 | 0 | 0 |
|----|----|----|----|----|----|----|----|----|----|
| 0 | 1 | 2 | 3 | 4 | 5 | 6 | 7 | 8 | 9 |

图 7.20　数组 intScore 大小再增 1 后的存储结构示意图

**注意**：Array.Resize 方法不能对用第 4 种格式声明的数组更改大小。

（5）数组元素的复制

格式 1：

```
Public Shared Sub Copy (
    ByRef sourceArray As Array,
    ByRef destinationyArray As Array,
    ByVal length As Integer
)
```

功能：将源数组 *sourceArray* 从下标 0 开始的由 *length* 指定个数的元素复制到目的数组 *destinationArray* 中。

格式 2：

```
Public Shared Sub Copy (
    sourceArray As Array,
    sourceIndex As Integer,
    destinationArray As Array,
    destinationIndex As Integer,
    length As Integer
)
```

功能：将源数组 *sourceArray* 从下标 *sourceIndex* 开始的由 *length* 指定个数的源数组元素，从目的数组下标 *destinationIndex* 指定的位置开始，复制到目的数组 *destinationArray* 中。

**注意：**

1）*sourceIndex* 必须位于 0 和数组 *sourceArray* 最大下标之间。

2）*destinationIndex* 必须位于 0 和数组 *destinationArray* 最大下标之间。

3）*sourceIndex* 与 *length* 的和必须位于 0 和数组 *sourceArray* 的大小之间。

4）*destinationIndex* 与 *length* 的和必须位于 0 和数组 *destinationArray* 的大小之间。

**例 7.9**　利用 Array 类的 Copy 方法，将图 7.21 所示的源数组 strCity1 的一部分元素复制到图 7.22 所示的目的数组 strCity2 中，其结果如图 7.23 所示。

```
Dim strCity1( )As String = {"武汉", "黄石", "十堰", "宜昌", "襄阳", "鄂
```

州", "孝感", "黄冈", "咸宁", "随州"}

| 武汉 | 黄石 | 十堰 | 宜昌 | 襄阳 | 鄂州 | 孝感 | 黄冈 | 咸宁 | 随州 |
| --- | --- | --- | --- | --- | --- | --- | --- | --- | --- |
| 0 | 1 | 2 | 3 | 4 | 5 | 6 | 7 | 8 | 9 |

图 7.21　数组 strCity 初始数据的存储结构示意图

```
Dim strCity2$(6)
```

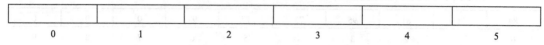

| | | | | | |
| --- | --- | --- | --- | --- | --- |
| 0 | 1 | 2 | 3 | 4 | 5 |

图 7.22　数组 strCity1 初始数据的存储结构示意图

```
Array.Copy(strCity1, strCity2, 4)
```

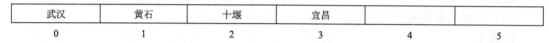

| 武汉 | 黄石 | 十堰 | 宜昌 | | |
| --- | --- | --- | --- | --- | --- |
| 0 | 1 | 2 | 3 | 4 | 5 |

图 7.23　复制后，数组 strCity2 的存储结构示意图

（6）数组元素的清理

格式：

```
Public Shared Sub Clear (
    array As Array,
    index As Integer,
    length As Integer
)
```

功能：将数组 *array* 中，从 *index* 指定的位置开始，长度为 *length* 的这一部分元素清空。

**注意：**

1）*index* 必须位于 0 和数组最大下标之间。

2）*length* 必须位于 0 和数组的大小之间。

3）*index* 与 *length* 的和必须位于 0 和数组的大小之间。

　　**例 7.10**　利用 Array 类的 Clear 方法，将图 7.24 所示数组 intScore 的前 4 个元素和后 4 个元素清空。

```
Dim intScore%( )= {84, 70, 81, 95, 75, 77, 97, 61, 100, 38, 19, 66}
```

| 84 | 70 | 81 | 95 | 75 | 77 | 97 | 61 | 100 | 38 | 19 | 66 |
| --- | --- | --- | --- | --- | --- | --- | --- | --- | --- | --- | --- |
| 0 | 1 | 2 | 3 | 4 | 5 | 6 | 7 | 8 | 9 | 10 | 11 |

图 7.24　数组 intScore 初始数据的存储结构示意图

先清空数组 intScore 的前 4 个元素（图 7.25）。

```
Array.Clear(intScore, 0, 4)
```

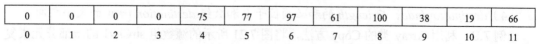

| 0 | 0 | 0 | 0 | 75 | 77 | 97 | 61 | 100 | 38 | 19 | 66 |
| --- | --- | --- | --- | --- | --- | --- | --- | --- | --- | --- | --- |
| 0 | 1 | 2 | 3 | 4 | 5 | 6 | 7 | 8 | 9 | 10 | 11 |

图 7.25　清空数组 intScore 前 4 个元素后的存储结构示意图

然后，再清空数组 intScore 的后 4 个元素（图 7.26）。

```
Array.Clear(intScore, intScore.GetUpperBound(0) - 4 + 1, 4)
```

| 0 | 0 | 0 | 0 | 75 | 77 | 97 | 61 | 0 | 0 | 0 | 0 |
|---|---|---|---|----|----|----|----|---|---|---|---|
| 0 | 1 | 2 | 3 | 4 | 5 | 6 | 7 | 8 | 9 | 10 | 11 |

图 7.26　再清空数组 intScore 后 4 个元素后的存储结构示意图

### 7.2.4　一维数组的专用处理函数

在 VB.NET 中,提供了 Split 和 Jion 两个专门对一维字符串型数组进行处理的函数。

**1. Split 函数**

语法格式：

```
Public Shared Function Split (
    Expression As String,
    Delimiter As String,
    Limit As Integer,
    Compare As CompareMethod
)As String( )
```

功能：按照 ***Delimiter*** 指定的分隔符和 ***Compare*** 指定的拆分原则，将 ***Expression*** 指定的字符串拆分成一系列子字符串，它们的个数由 ***Limit*** 指定，并把这些子字符串组成一个下标从 0 开始的一维 String 数组返回。 如果 ***Expression*** 为零长度字符串 ("")，则 Split 返回一个包含零长度字符串的单元素数组。 如果 ***Delimiter*** 为零长度字符串，或者它没有在 ***Expression*** 中出现，则 Split 返回一个包含整个 ***Expression*** 字符串的单元素数组（表7.1）。

表 7.1　Split 函数的返回结果

| Split 调用 | Split 的返回结果 |
|-----------|----------------|
| Split("90,　34,　87,　56") | {"90,", "34,", "87,", "56"} |
| Split("90,　34,　87,　56", " ") | {"90,", "34,", "87,", "56"} |
| Split("90, 34, 87, 56", ",") | {"90", "34", "87", "56"} |
| Split("90, 34, 87, 56", ",", 1) | {"90, 34, 87, 56"} |
| Split("90, 34, 87, 56", ",", 2) | {"90", " 34, 87, 56"} |
| Split("someone@163.com", "@") | {"someone", "163.com "} |
| Split("027-87543141", "-") | {"027", "87543141"} |
| Split("192.168.0.1", ".") | {"192", "168", "0", "1"} |
| Split("Alice and Bob", "and") | {"Alice", " Bob"} |
| Split("alice and Bob", "And") | {"alice and Bob"} |
| Split("alice and Bob", "And", , CompareMethod.Binary) | {"alice and Bob"} |
| Split("alice and Bob", "And", , CompareMethod.Text) | {"alice", "baby"} |

参数说明：

1）*Expression*：必需。包含子字符串和分隔符的 *String* 表达式。

2）*Delimiter*：可选。用于标识子字符串界限的任何单个字符。如果省略 *Delimiter*，则采用空格字符（" "）为分隔符。

3）*Limit*：可选。输入字符串应拆分为的子字符串的最大数量。默认值为–1，指示应在 *Delimiter* 字符串的每个匹配项处拆分输入字符串。

4）*Compare*：可选。数值，指示在计算子字符串时要使用的比较方法。当 *Compare* 取值 *CompareMethod.Text* 或者 1 时，表示拆分时执行文本比较，当取值 *CompareMethod.Binary* 或者 0 时，表示拆分时执行二进制比较。

如果分隔符连续多个的情况下，则在拆分后的字符串数组中，将包含空串元素，下面的代码演示了去掉空串元素的方法：

```
Dim TestString As String = "apple□□□pear□banana□□"'□代表空格
Dim TestArray( )As String = Split(TestString)
'单词切割后，数组 TestArray 的内容 {"apple","","","pear", "banana","",""}
Dim LastNonEmpty As Integer = -1'循环结束后，指明数组 TestArray 中，最后一个非空元素的下标
For i As Integer = 0 To TestArray.Length - 1'这样声明的变量 i 不可在循环的外部使用
If TestArray(i) <>""Then
    LastNonEmpty += 1
TestArray(LastNonEmpty) = TestArray(i)
End If
Next
'循环结束后，数组 TestArray 的内容{"apple", "pear", "banana", "", "", "", ""}
ReDim Preserve TestArray(LastNonEmpty)
'更改大小后，数组 TestArray 的内容 {"apple", "pear", "banana"}
```

## 2. Join 函数

语法格式：

```
Public Shared Function Join (
    SourceArray As String( ),
    Delimiter As String
)As String
```

功能：以 *Delimiter* 指定的分隔符，将 *SourceArray* 数组中的每一个元素串成一个字符串返回。

参数说明：

1）*SourceArray*：必需。包含要联接的子字符串的一维数组。

2）*Delimiter*：可选。用于在返回的字符串中分隔子字符串的任意字符串。如果省略该参数，则使用空白字符（" "）。如果 *Delimiter* 是零长度字符串（""）或 *Nothing*，则列表中的所有项都串联在一起，中间没有分隔符。

Join 函数的返回结果如表 7.2 所示。

表 7.2 Join 函数的返回结果

| Join 调用 | Join 的返回结果 |
| --- | --- |
| Dim b As String( ), a$<br>b = {"90", "34", "87", "56"}<br>a = Join(b, ",") | "90,34,87,56" |
| Dim b As String( ), a$<br>b = {"someone", "163.com "}<br>a = Join(b, "@") | "someone@163.com" |
| Dim b As String( ), a$<br>b = {"027", "87543141"}<br>a = Join(b, "-") | "027-87543141" |
| Dim b As String( ), a$<br>b = {"192", "168", "0", "1"}<br>a = Join(b, ".") | "192.168.0.1" |
| Dim b As String( ), a$<br>b = {"alice", "baby"}<br>a = Join(b, "and") | "aliceandbaby" |
| Dim b As String( ), a$<br>b = {"alice", "baby"}<br>a = Join(b, " and ") | "alice and baby" |

## 7.2.5 一维数组的基本操作

一维数组的基本操作包括赋值（输入）、输出、求和、求平均值、计数、求最大值、最小值，以及位置、倒置、查找、排序等。

### 1. 一维数组的赋值

在 VB.NET 中，既可以给数组元素赋值，也可以对数组做整体赋值。

（1）通过单循环给一维数组赋值

这种赋值方式也称为数组的自动赋值，其特点是用户无法干预，这是因为赋给数组元素的值是通过表达式自动计算得到的。

例 7.11　随机产生 12 个大写字母。

```
Dim charLetter(12) As String
For i = 1 To 12
    charLetter(i)= Chr(Int(Rnd( )* (90 - 65 + 1)+ 65))
Next
```

（2）通过文本框给一维数组赋值

通过文本框给数组赋值不能使用循环语句，而是，通过连续不断地触发 Keypress 事件（在事件的代码中，通过捕获回车符后，从文本框中可得到完整的数据）来取代循环，实现给数组的多个元素赋值。

在事件的代码中，必须使用某个静态变量、模块级变量或全局变量（如例 7.12 的模块级变量 intNum），它必须起以下两个作用：①指明来自文本框的成绩将送到数组的那一个元素中；②指明已录入的成绩的个数。

例 7.12    本例可实现大批量数据的输入。通过文本框接受 100 个成绩，在文本框的 KeyPress 事件中，捕获回车键作为一个数据输入的结束，在代码中，注意输入数据个数的控制；并且按每行 5 个成绩的方式，在消息框中，显示所有已录入的成绩。其窗体设计如图 7.27 所示。

图 7.27    例 7.12 的窗体设计图

【代码 7-1】    例 7.12 的代码

```
1    Dim intScore%(99)
2    Dim intNum%
3    Private Sub txtScore_KeyPress(ByVal sender As Object, ByVal e As
     System.Windows.Forms.KeyPressEventArgs)Handles txtScore.KeyPress
4        If e.KeyChar = vbCr Then'系统常量vbCr可用Chr(13)取代
5            If intNum >99 Then
6                MsgBox("数据个数已满!(" & intNum & "个)")
7                txtScore.Text = ""
8                Exit Sub
9            End If
10           intScore(intNum)= Val(txtScore.Text)
11           intNum = intNum + 1
12           txtScore.SelectionStart = 0
13           txtScore.SelectionLength = Len(txtScore.Text)
14       End If
15   End Sub
16   Private Sub BtnDisplay_Click(ByVal sender As System.Object, ByVal e As
     System.EventArgs) Handles BtnDisplay.Click
17       Dim strData$, i%
18       For i = 0 To intNum - 1
19          strData &= intScore(i) & " "
20          If (i + 1)Mod 5 = 0 Then
21              strData &= vbCrLf
22          End If
23       Next
24       MsgBox(strData)
25   End Sub
```

在【代码 7-1】所示的 txtScore.KeyPress 事件的代码中：

1）语句 4～语句 14：其作用是捕捉回车键后要执行的代码。

2）语句 5～语句 9：可不要。其作用是判断 100 个成绩是否输入完毕，但超量输入成绩会导致数组下标越界的错误。

3）语句 10～语句 11：是本例的基本语句，其作用是将文本框中的成绩送到由 intNum 指定的数组元素中，并且 intNum 增 1，指明下一个成绩在数组中的存储位置，同时，intNum 的值指明已录入了多少个成绩。

4）语句 12～语句 13：可不要。其作用是将已保存到数组的老成绩，在文本框中自动选择（文本框的视觉表现是文本框中的所有字符被蓝色光带所覆盖），用户可直接输入下一个成绩，而不必自己动手清除老成绩。

5）语句 17～语句 24：其作用是在消息框中，以每行 5 个成绩的方式显示成绩。

**例 7.13** 本例可实现小批量数据的输入。在左边的文本框中，一次性地录入多个欲转专业学生的学号（学号之间用逗号隔开），并在右边的文本框中，以每个学号一行的方式，显示所有已录入的转专业学生的学号。

本例的窗体设计如图 7.28 所示。

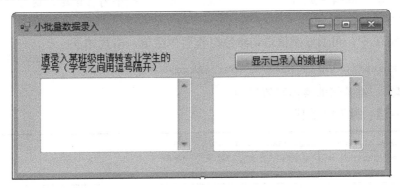

图 7.28 例 7.13 的窗体设计图

【代码 7-2】 例 7.13 的代码

```
1   Private  Sub  btnDisplay_Click(ByVal  sender  As  System.Object,  ByVal  e  As
    System.EventArgs)Handles btnDisplay.Click
2      Dim strNum As Object
3      strNum = Split(txtNum.Text, ",")
4      For i = 0 To strNum.GetUpperBound(0)
5         txtArea.Text &= strNum(i) & vbCrLf
6      Next
7   End Sub
```

在【代码 7-2】所示的 btnDisplay.Click 事件的代码中：

1）语句 2：声明一个对象型变量，还可用下列语句替换：

```
Dim strNum( )As String'数组的大小由语句 3 决定
```

**注意：** 如果 strNum 还要在其他的过程中使用，则可将本语句放到模块的声明段。

2）语句 3：通过 Split 函数，将 txtNum 文本框中以逗号为分隔符的字符串转换成一系列子字符串，并存储在一个下标从 0 开始的一维数组中（数组的大小由子字符串的个数决定），再通过赋值语句，将指向这个数组的指针赋给对象型变量 strNum，换句话说，变量 strNum 中保存了一个数组。

3）语句 4～语句 6：以每个学号一行的方式，显示所有已录入的转专业学生的学号。也可用以下一条语句替换：

```
txtArea.Text = Join(strNum, vbCrLf)
```

**注意：** Join 函数的作用是将数组中每一个元素，以 vbCrlf 为分隔符串连成一个字符串。

（3）数组的整体赋值

由于数组是对象，因此它和其他对象类型一样，可以用在赋值语句中。数组变量持有一个指针，它指向构成数组元素的数据及秩和长度信息，赋值语句仅复制此指针。

在将一个数组赋给另一个数组时，必须确保两个数组具有相同的数据类型（即相同的维数和相同的元素数据类型），使用赋值语句将源数组赋给目标数组时数组名后不要跟括号。

**注意：** 在数组赋值完成后，这两个数组变量共享同一个内存区域，这意味着对对方的改变就是对自己的改变。

在 VB.NET 中，可通过赋值语句给数组作整体赋值，格式如下：

```
destinationyArrayName = sourceArrayName
```

**例 7.14** 一维数组的整体赋值举例。

**【代码 7-3】** 例 7.14 的代码

```
1    Dim strName, strQuarter As Array
2    strQuarter = {"春季", "夏季", "秋季", "冬季"}
3    strName = strQuarter
```

在【代码 7-3】所示的代码中：

1）语句 1：其作用是声明了两个数组类型的变量。

2）语句 2：将数组文本{"春季","夏季","秋季","冬季"}创建为一个下标从 0 开始的，具有 4 个元素的无名一维数组，然后将指向它的指针（就是地址）送到数组变量 strName 中。换句话说，就是得到了一个名为 strName，下标从 0 开始，具有 4 个元素的一维数组。

3）语句 3：将 strQuarter 所持有的指向数组元素的指针送到 strName 中。

**注意：** 语句 1 可用下列语句替换：

```
Dim strName( ), strQuarter( )As String
```

或者

```
Dim strName, strQuarter As Object
```

2. 一维数组元素的输出

对于窗体应用程序，可在即时窗口、输出窗口输出数组，但绝大部分的作法是通过控件输出数组的内容。

**例 7.15**　利用 Label 控件，输出数组 intScore 的所有成绩（84, 70, 81, 95, 75, 77, 97, 61, 100, 38, 19, 66），要求：

1）在标签 lblLine(Label1) 上将所有成绩显示在一行，成绩之间用一个空格隔开。

2）在标签 lblMultiline(Label2) 上，以 3 行 4 列的方式显示所有成绩，每列的宽度为 5。

本例的窗体设计如图 7.29 所示。

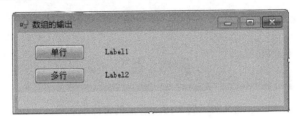

图 7.29　例 7.15 的窗体设计图

**【代码 7-4】**　例 7.15 的代码

```
1    Dim intScore( )As Integer = {84, 70, 81, 95, 75, 77, 97, 61, 100, 38, 19, 66}
2    Private Sub btnLine_Click(ByVal sender As System.Object, ByVal e As
     System.EventArgs)Handles btnLine.Click
3        Dim i%
4        lblLine.Text = ""
5        For i = 0 To intScore.GetUpperBound(0)
6            lblLine.Text &= intScore(i) & " "
7        Next
8    End Sub
9    Private Sub btnMultiline_Click(ByVal sender As System.Object, ByVal e As
     System.EventArgs)Handles btnMultiline.Click
10       Dim i%, strTemp$, strSpaces$
11       lblMultiline.Text = ""
12       For i = 0 To intScore.GetUpperBound(0)
13           strTemp = Trim(Str(intScore(i)))
14           strSpaces =Space(5 - Len(strTemp))
15           lblMultiline.Text &= strSpaces & strTemp
16           If (i + 1)Mod 4 = 0 Then
17               lblMultiline.Text &= vbCrLf
18           End If
19       Next
20   End Sub
```

在【代码 7-4】所示的代码中：

1）语句 1：声明了数组 intScore，因为在两个事件过程中，均要使用它，所以，本语句必须位于模块的声明段。

2）语句 13：Trim 函数的作用是将参数两端的空格去掉。

3）语句 14：在语句 14 中，使用了 space 函数产生需要在字符串 strTemp 左端补足（每列的宽度为 5）的空格串 strSpace。

4）语句 16～语句 18：注意一维数组多行输出的关键，即什么时候添加换行符。

① 如果变量 i 从 0 开始：$(i+1) \bmod 4 = 0$　或者　$i \bmod 4 = 3$。

② 如果变量 i 从 1 开始：$i \bmod 4 = 0$。

本程序运行后的窗体如图 7.30 所示。

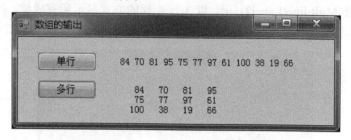

图 7.30　例 7.15 运行后的窗体示意图

**例 7.16**　在窗体上，直接将一维数组各元素输出成一个 4×3 的矩阵（每列的宽度为 5）。由于在窗体上无法采用正常方法直接显示文本，本例是把文字当作图像画在窗体上，并设置了一个标签作为对比。

本例的窗体设计如图 7.31 所示。

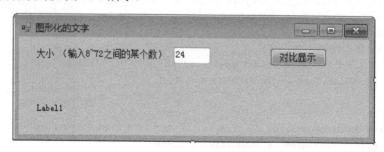

图 7.31　例 7.16 的窗体设计图

【代码 7-5】　例 7.16 的代码

```
1    Const XSTART% = 50
2    Private Sub btnContrast_Click(ByVal sender As System.Object, ByVal e As
     System.EventArgs)Handles btnContrast.Click
3        Dim MyGraphics As Graphics                      '声明图形变量
4        MyGraphics = Me.CreateGraphics()                '为当前窗体创建绘图对象,采用窗体的坐标
5    系,可在窗体上绘图
6        Dim intSize As Integer = Val(txtSize.Text)  '字的大小(单位为磅)
         Dim MyFont As New Font("宋体", intSize, FontStyle.Regular, GraphicsUnit.Point)'
7    声明字体对象
8        Dim MyBrush As New SolidBrush(Color.Black)  '声明黑色的刷子对象
9        Dim MyPos As New PointF(0, 0)                   '声明一个点对象
10       Dim strQuarter As Object
```

续表

| 11 | strQuarter = {"春季", "夏季", "秋季", "冬季"} |
| 12 | Dim strChars$ |
| 13 | MyPos.X = XSTART　　　　　　　　　　　　　　　　'定义图形文字水平起始位置 |
| 14 | MyPos.Y = btnContrast.Location.Y + btnContrast.Size.Height + 10　'图形文字刷在按钮的下方 |
| 15 | For i = 0 To strQuarter.GetUpperBound(0) |
| 16 | 　　strChars = strQuarter(i) |
| 17 | 　　MyGraphics.DrawString(strChars, MyFont, MyBrush, MyPos) |
| 18 | 　　MyPos.X += Len(strChars) * Math.Round(MyFont.Size * 1.333)'Math.Round(MyFont.Size * 1.333)为图形文字的字间距 |
| 19 | Next |
| 20 | lblContrast.Location = New Point(XSTART, MyPos.Y + MyFont.GetHeight()) '标签文字显示在图形文字的正下方 |
| 21 | lblContrast.Font = MyFont　　　　　　　　　　　'采用与图形文字一样的字体、字号、字形 |
| 21 | lblContrast.ForeColor=Color.FromArgb(0, 0, 255)　'设置标签lblContrast上文字的颜色 |
| 22 | lblContrast.Text = "" |
| 23 | For i = 0 To 3 |
| 24 | 　　lblContrast.Text &= strQuarter(i) |
| 25 | Next |
| 26 | End Sub |

本程序运行后的窗体如图 7.32 所示。

图 7.32　例 7.16 运行后的窗体示意图

### 3. 最大值、最小值及位置

在若干数中求最大值的算法有以下两种：

1）极值法：如果这若干数均位于某个区间内，则极值法就是把一个小于该区间的任意值作为最大值的初值，并保存在一个变量中，然后把这些数中的每一个数跟这个变量做大于比较，若成立，则将该数替换变量中的值。

2）首值法：就是将这若干数中的第一个数作为最大值的初值，并保存在一个变量中，然后把这些数中的每一个数跟这个变量做大于比较，若成立，则用该数替换变量中的值。

如果无法确定这若干数的边界，则不能采用极值法，而只能采用首值法（推荐使用首值法求最大值或最小值）。

首值法求最大值的算法思想如图 7.33 所示（假设一维数组 arrArray 和变量 intMax 已经有合法的声明，且数组 arrArray 的每一个元素均具有合法的值）。

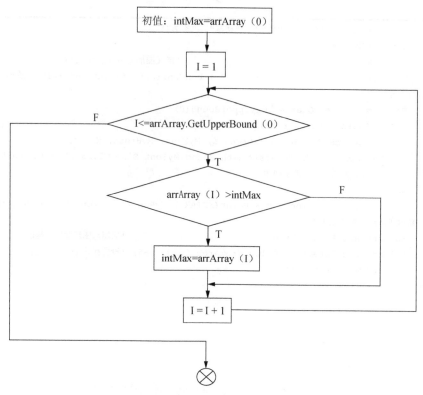

图 7.33　求最大值算法的流程图

**思考：**

1）怎样求最小值？

2）求最小值时，是否需要将 intMax 换成 intMin？

**例 7.17**　某中学有 1273 人参加了 2014 年的高考（名字与总分随机产生），现在家长们想知道本校高考状元总分是多少，应如何处理？

本例的窗体设计如图 7.34 所示。

图 7.34　例 7.17 的窗体设计图

**【代码 7-6】** 例 7.17 的代码

```
1    Const NUMBER% = 1273
2    Private Sub btnWho_Click(ByVal sender As System.Object, ByVal e As System.EventArgs)
     Handles btnwho.Click
3        Dim i, intMax, intScore(NUMBER - 1)As Integer
4        'Dim strName(NUMBER - 1)As String
```

续表

| | |
|---|---|
| 5 | `'Dim intPos%` |
| 6 | `For i = 0 To intScore.GetUpperBound(0)` |
| 7 | `    Randomize( )` |
| 8 | `    intScore(i)= Int(Rnd( )* 700)` |
| 9 | `    'strName(i)= Chr(Int(Rnd( )* (-10308 - (-20319)+ 1)+ (-20319))))    '随机获取一` |
| 10 | `个汉字` |
| 11 | `   Next` |
| 12 | `   intMax = intScore(0)` |
| 13 | `   'intPos = 0` |
| 14 | `   For i = 1 To intScore.GetUpperBound(0)` |
| 15 | `      If intScore(i)> intMax Then` |
| 16 | `         intMax = intScore(i)` |
| 17 | `         'intPos = i` |
| 18 | `      End If` |
| 19 | `   Next` |
| 20 | `   txtScore.Text = intMax` |
| 21 | `   'txtName.Text = strName(intPos)` |
| 22 | `End Sub` |

在【代码 7-6】所示的代码中：

1）语句 1：的作用是定义了一个符号常量。

2）在语句 6 中，可用 NUMBER－1 或者 1272(1273－1) 或者 intScore.Length－1 取代 intScore.GetUpperBound(0)。

3）语句 7 的作用是初始化随机数序列，使得随机数函数 Rnd 每次都得到不同的随机数。

在例 7.17 中，只求出了最大值，但不知道这个最大值在数组中的位置，在很多情况下，需要确切地知道最大值在数组中的位置，可作进一步的有关处理。

例如，对例 7.17 作一点功能性扩充：要能显示状元郎的名字。为此，可将窗体改为图 7.35 所示样式，并将例 7.17 的代码恢复所有的注释语句（把注释语句前的单引号去掉）即可。

图 7.35　例 7.17 的功能扩充

思考：

1）本例是用首值法求最大值，如果采用极值法，应怎样修改代码？

2）如果知道了最大值的位置 intPos，还需要变量 intMax 吗？

4. 数据序列的倒置

假设数据序列为

$(a_1, a_2, a_3, \ldots, a_{n-2}, a_{n-1}, a_n)$

则序列倒置后，变为

$(a_n, a_{n-1}, a_{n-2}, \cdots, a_3, a_2, a_1)$

通过对比，序列倒置的方法是将第一个数据与倒数第一个数据交换，将第二个数据与倒数第二个交换，这样的交换直到交换到中间一个数据为止。

通过以上分析，如果用一个循环控制交换的次数，并且用循环变量指明在每一次互换中的第一个交换数，我们可得出一个序列倒置的程序模板：

```
For i = 0 To m              ' m 为序列的中间位置
    第 i 个数 与 倒数第 i 个数 交换
Next
```

那么，现在的关键问题如下：

（1）如何确定序列的中间位置

设序列第一个数 $a_1$ 的位置为 $P_{begin}$，最末一个数 $a_n$ 的位置为 $P_{end}$，中间数的位置为 $P_{mid}$，则：

$$P_{mid} = int\left(\frac{P_{end} - P_{begin} + 1}{2}\right) + P_{begin}$$

（2）如何确定倒数第 i 个数据

对应第 i 个数，倒数第 i 个数的位置设为 $P_{Di}$，则：

$$P_{Di} = P_{begin} + (P_{end} - i)$$

**例 7.18**　在大学生军训科目打靶训练中，某班第一组 10 个学生：江辉、邹曼玲、谢历超、周仲、孙晓阳、朱亚男、刘念、张瀚宇、孙敬磊、张强，整队后按顺序进入靶场。待打靶结束后，要求按照进入靶场的顺序的逆序有序地退出靶场。本题要求：

1）在窗体运行后，能在窗体上立即看到打靶前的队列。

2）把打靶开始前和打靶结束后的队列同时显示在窗体上。

本例的窗体设计如图 7.36 所示。

图 7.36　例 7.18 的窗体设计图

**【代码 7-7】**　例 7.18 的代码

| 1 | `Private Sub btnAfter_Click(ByVal sender As System.Object, ByVal e As System.EventArgs) Handles btnAfter.Click` |
|---|---|

| | |
|---|---|
| 2 | Dim strChildren( )As String '本数组的大小将由 Split 指定 |
| 3 | Dim i%, pb%, pe% |
| 4 | strChildren = Split(txtBefore.Text, ",")    'Split 函数的功能是:切割以逗号为分隔符的 字符串,并将切割后得到的一系列子字符串形成一个字符串数组返回 |
| 5 | pb = 0                                    '设置第一个数的位置 |
| 6 | pe = strChildren.GetUpperBound(0)         '获得最末数的位置 |
| 7 | For i = pb To pe |
| 8 | strChildren(i)= Trim(strChildren(i)) |
| 9 | Next |
| 10 | For i = pb To Int((pe - pb - 1)/ 2)+ pb   '序列倒置 |
| 11 | Dim strTemp$                              '声明一个只能在循环中使用的块变量 |
| 12 | strTemp = strChildren(i) |
| 13 | strChildren(i)= strChildren(pb + (pe - i)) |
| 14 | strChildren(pb + (pe - i))= strTemp |
| 15 | Next |
| 16 | txtAfter.Text = strChildren(0) |
| 17 | For i = 1 To pe |
| 18 | txtAfter.Text &= ", "& strChildren(i) |
| 19 | Next |
| 20 | End Sub |

在【代码 7-7】所示的代码中:

1)语句 2:用语句 Dim strChildren( )As String 声明数组,数组的大小由分离后子字符串的个数决定。

2)语句 7~语句 9:其作用是删除字符串分离后,各个子字符串中两端的空格。

3)语句 10~语句 15:将数组元素倒置。

4)语句 16~语句 19:其作用是将数组中所有子字符串串在一起,并用逗号隔开(注意:逗号不会出现在两端)。如果采用以下代码:

```
For i = 0 To pe
    txtAfter.Text &= "," & strChildren(i)
Next
```

或者

```
For i = 0 To pe
    txtAfter.Text &= strChildren(i) & ","
Next
```

则一个多余的逗号要么出现在前端或者出现在后端。

**注意:**

1)合理地利用函数能精简代码,请试一试将语句 16~语句 19 用以下语句替换:

```
txtAfter.Text = Join(strChildren, ",")
```

Join 函数的功能是将字符串数组 strChildren 中的所有元素串联成一个字符串,并插入分隔符","。

2）合理地利用 Array 类的方法，能站在更宏观的位置去思考问题，有利于减少问题的难度和缩短代码的长度。请再试一试，将语句 10～语句 15 用以下语句替换：

```
Array.Reverse(strChildren)
```

### 5. 数据序列的排序

排序是将数据序列按递增或递减的次序排列，如按学生的成绩、球赛的积分等。排序的算法有许多，下面介绍选择法、冒泡法两个最基本的排序方法。

这两个排序方法的基本思想是一样的：首先是将所有数据均作为无序区中的数据，有序区中无数据，然后在排序过程中，不断地扩大有序区，缩小无序区，直到无序区中只剩一个数为止。这两个方法的区别在于使用不同的方法来扩大有序区，并缩小无序区。

（1）选择法排序

对于 n 个数的序列，用选择法按递增次序排序的步骤如下：

第一步：从无序区中，找出最小数在数组中的下标，并把相对应的最小数与无序区的第 1 个数交换，完成一次无序区的缩小和有序区的扩大。

第二步：重复第一步，直到无序区中只剩一个数。

假设，有 6 个数据的无序序列存放在数组 a 中，用单线标识排序过程中的有序区，双线标识无序区，根据选择法排序的步骤，选择法排序过程如图 7.37 所示。

| | | a(1) a(2) a(3) a(4) a(5) a(6) |
|---|---|---|
| 原始数据 | 8 6 9 3 2 7 | a(1) a(2) a(3) a(4) a(5) a(6) |
| 第1趟排序的结果 | 2 6 9 3 8 7 | a(1) a(2) a(3) a(4) a(5) a(6) |
| 第2趟排序的结果 | 2 3 9 6 8 7 | a(1) a(2) a(3) a(4) a(5) a(6) |
| 第3趟排序的结果 | 2 3 6 9 8 7 | a(1) a(2) a(3) a(4) a(5) a(6) |
| 第4趟排序的结果 | 2 3 6 7 8 9 | a(1) a(2) a(3) a(4) a(5) a(6) |
| 第5趟排序的结果 | 2 3 6 7 8 9 | a(1) a(2) a(3) a(4) a(5) a(6) |

图 7.37　选择法排序过程示意图

在第 5 趟排序结束后，无序区中的数只剩下了一个，所以排序结束。也就是说，对于 6 个数据的排序只需要 5 趟，那么，对于 n 个数据的排序只需要 n-1 趟。

通过以上分析可知，如果用一个循环控制比较的趟数，用一个变量 intNo 指明无序数据区的第一个数，我们可得出选择法排序的代码模板：

```
intNo = 0                '指明无序区第一个数的位置
For i = 1 To (n - 1)     '变量 i 控制排序的趟数
        在无序区[a_intNo, a_n-1]中求出最小值 intMin 及位置 intPos
        将最小值 a(intPos)与无序区的第一个数 a(intNo)互换
    intNo += 1           '扩大有序区[a_0, a_intNo-1],缩小无序区[a_intNo, a_n-1]
Next
```

在上述模板中，变量 i 的作用是控制循环的次数（n-1 次），每一次循环相当于一趟排序，所以变量 i 也控制排序的趟数（n 个数据的排序只需要 n-1 趟）；而变量 intNo 的意义是指明每一趟排序时，无序区第一个数的位置，从模板中可看到 intNo 的值始终比循环变量 i 的值大 1，如果让变量 i 从 0 开始，则可以让变量 i 也起到与变量 intNo 一样的作用，因此，可以取消变量 intNo，模板可优化成如下形式：

```
For i = 0 To(n - 1)- 1
    在无序区[a_i，a_{n-1}]中求出最小值 intMin 及位置 intPos
    将最小值 a(intPos)与无序区的第一个数 a(i)互换
Next
```

从上述模板中可知，选择法排序算法实际上就是求最小值的算法和两个变量互换算法的有机综合体。

**例 7.19** 某班战士出早操，首先要求战士们按身高的升序排列。在本题中，战士们的身高通过文本框输入，最后将排序后的身高用标签输出。

本例的窗体设计如图 7.38 所示。

图 7.38 例 7.19 的窗体设计图

【代码 7-8】 例 7.19 的代码

```
1   Private Sub btnLineUp_Click(ByVal sender As System.Object, ByVal e As
    System.EventArgs)Handles btnLineUp.Click
2       Dim strHeight( )As String
3       Dim i%, j%, intPos$
4       strHeight = Split(txtHeight.Text, ",")
5       For i = 0 To (strHeight.Length - 1)- 1
6           Dim strTemp$
7           intPos = i
8           For j = i + 1 To strHeight.GetUpperBound(0)
9               If Val(strHeight(j))< Val(strHeight(intPos))Then
10                  intPos = j
11              End If
12          Next
13          strTemp = strHeight(i)
14          strHeight(i)= strHeight(intPos)
15          strHeight(intPos)= strTemp
16      Next
17      lblHeight.Text = Join(strHeight, ",")
18  End Sub
```

在【代码 7-8】所示的代码中：

1）语句 4：作用是接受字符串类型的身高。

2）语句 5～语句 16：是选择法排序代码。

3）语句 6：声明一个只能在循环中使用的块变量。

4）语句 7～语句 12：作用是在无序区中求最小值。

5）语句 3～语句 15：完成最小值与无序区第一个数的互换。

**注意：**

1）因为语句 4 中的 Split 函数的返回值是字符串数组，语句 17 中的 Join 函数的参数也要求是字符串数组，所以，在语句 2 中，声明了一个字符串数组 strHeight，以字符串型保存身高。

2）在求最小值时，需要对身高作数值型的比较，所以在语句 9 中使用了 Val 函数；请注意以下比较是不一样的：

```
字符串比较："173"<"89"        '结果为 True
数值比较： 173 < 89          '结果为 False
```

3）Array 类的 Sort 方法能大幅度缩短代码，请将语句 5～语句 16 用以下语句替换：

```
Array.Sort(strHeight, myComparer)
```

由于 strHeight 为字符串型数组，所以，这条语句只能按字符串比较方法排序。如果要采用 Array.Sort 方法实现按数值比较方法排序，请将本题的整个代码用以下代码替换：

```
Private Sub btnLineUp_Click(ByVal sender As System.Object, ByVal e As
System.EventArgs)Handles btnLineUp.Click
    Dim strHeight( )As String
    Dim intHeight(0)As Integer
    Dim i%
    strHeight = Split(txtHeight.Text, ",")
    Array.Resize(intHeight, strHeight.Length)
    For i = 0 To strHeight.GetUpperBound(0)
        intHeight(i)= Val(strHeight(i))
    Next
    Array.Sort(intHeight)       '注意:数值数据和字符串数据在排序中的差别
        For i = 0 To intHeight.GetUpperBound(0)
            strHeight(i)= Str(intHeight(i))
        Next
        lblHeight.Text = Join(strHeight, ",")
End Sub
```

（2）冒泡法排序

从无序区的第一个元素开始，对数组中两两相邻的元素比较，将值较小的元素放在前面，值较大的元素放在后面，一轮比较完毕，一个最大的数沉底，成为数组中的最后一个元素，一些较小的数如同气泡一样上浮一个位置。经过 n-1 轮这样的比较后完成排序。

假设，有 6 个数据的无序序列存放在数组 a 中，用单线标识排序过程中的有序区，双线标识无序区，根据冒泡法排序的基本思想，排序过程如图 7.39 所示。

与选择法排序一样，6 个数据的排序，在第 5 轮排序结束后，无序区中的数只剩下了一个，所以排序结束。

| 原始数据 | 8 6 9 3 2 7 | | a(1) | a(2) | a(3) | a(4) | a(5) | a(6) |
|---|---|---|---|---|---|---|---|---|
| 第1轮比较 | 8 6 9 3 2 7 → 6 8 9 3 2 7 | | | | | | | |
| | 6 8 9 3 2 7 → 6 8 9 3 2 7 | | | | | | | |
| | 6 8 9 3 2 7 → 6 8 3 9 2 7 | | | | | | | |
| | 6 8 3 9 2 7 → 6 8 3 2 9 7 | | | | | | | |
| | 6 8 3 2 9 7 → 6 8 3 2 7 9 | | a(1) | a(2) | a(3) | a(4) | a(5) | a(6) |
| 第2轮比较 | 6 8 3 2 7 9 → 6 8 3 2 7 9 | | | | | | | |
| | 6 8 3 2 7 9 → 6 3 8 2 7 9 | | | | | | | |
| | 6 3 8 2 7 9 → 6 3 2 8 7 9 | | | | | | | |
| | 6 3 2 8 7 9 → 6 3 2 7 8 9 | | a(1) | a(2) | a(3) | a(4) | a(5) | a(6) |
| 第3轮比较 | 6 3 2 7 8 9 → 3 6 2 7 8 9 | | | | | | | |
| | 3 6 2 7 8 9 → 3 2 6 7 8 9 | | | | | | | |
| | 3 2 6 7 8 9 → 3 2 6 7 8 9 | | a(1) | a(2) | a(3) | a(4) | a(5) | a(6) |
| 第4轮比较 | 3 2 6 7 8 9 → 2 3 6 7 8 9 | | | | | | | |
| | 2 3 6 7 8 9 → 2 3 6 7 8 9 | | a(1) | a(2) | a(3) | a(4) | a(5) | a(6) |
| 第5轮比较 | 2 3 6 7 8 9 → 2 3 6 7 8 9 | | a(1) | a(2) | a(3) | a(4) | a(5) | a(6) |

图 7.39　冒泡法排序过程

通过以上分析可知，如果用外循环控制比较的轮数，用内循环控制每轮的比较过程，我们可得出 n 个数据（按升序排列）的冒泡法排序的代码模板：

```
For i = 0 To n -2              '控制排序的轮数
    For j=0 To n-2- i          '控制本轮排序中,无序区中数据的比较
        If a(j)> a(j+1) Then
            A(j)与 a(j+1)互换
        End if
    Next
Next
```

在模板中，变量 i 的意义是控制比较的轮数，同时指明有序区中，排好序的数据的个数，所以在内循环中，用 n-2 减去 i 实现让有序区中的数据不参与排序。

例 7.20　将例 7.19 中的语句 5～语句 16 用以下语句替换，即可实现冒泡排序法实现排序。

```
For i = 0 To (strHeight.Length - 1)- 1
    For j = 0 To ((strHeight.Length - 1)- 1)- i
        If Val(strHeight(j))< Val(strHeight(j + 1))Then
            Dim strTemp As String
            strTemp = strHeight(j)
            strHeight(j)= strHeight(j + 1)
            strHeight(j + 1)= strTemp
        End If
    Next
Next
```

**思考：**

1）如果待排数据为 9、2、3、6、7、8，大家会发现，第一趟比较后，数据已经有序了，后 4 趟的比较是多余的，如何尽可能地减少多余的比较趟数，提高排序效率？

2）如何实现按降序排列？

3）如果将((strHeight.Length –1) –1) –i 改为((strHeight.Length - 1)– 1)，还能正确实现数据的排序吗？

# 7.3 　二　维　数　组

在 VB.NET 中，必须先创建二维数组对象和指向该数组对象的变量,才能通过数组变量使用保存在数组对象中的数据。

数组变量与简单变量一样，使用 Dim 语句声明（且必须先声明后使用）。数组对象中保存数组的所有元素、数组的维数（包括每一维的大小）、数组元素的数据类型，在数组变量中仅保存指向数组对象的指针（即数组对象在内存中的地址）。

## 7.3.1　二维数组的声明及数组元素的使用

语法格式 1：

  Dim 数组名 [数据类型说明符 ] (界限 1，界限 2 ) [As 数据类型 ]

语法格式 2：

  Dim 数组名 [数据类型说明符 ] (, ) [As 数据类型 ]

语法格式 3：

  Dim 数组名 [数据类型说明符 ] [As 数据类型(, )]

语法说明：

1）数组名：必须符合 VB 标识符的命名规则，不可与同一作用域内的其他任何变量同名。

2）界限：其个数就是数组的维数（秩），其格式为

  [下限 To] 上限

其中：

下限：一般默认常数为 0。

上限：可以是常量、表达式或变量，但它们的值必须为大于等于 0 的整数。

3）数据类型说明符：%、&、!、#、$、@。

4）数据类型说明符与 As 数据类型只能选择其一，如果都省略，则数组元素的类型为 Object。

5）数组的大小（数组元素的个数）是每个维大小的乘积：

  (上限 1 –下限 1 +1 )*(上限 2–下限 2+1 )

或者

```
(上限 1 +1)*(上限 2 +1)
```

**例 7.21**  某工厂有 4 个车间，分别有员工 16 人、31 人、19 人、12 人，需要记录 4 个车间星期一到星期五的出勤人数。

```
Dim intRoster(3, 4)As Integer
Dim intRoster%(3, 4)
Dim intRoster(0 To 3, 0 To 4)As Integer
```

上述 4 条语句均声明了一个二维整型数组 intRoster，在逻辑上，该数组相当于数学上一个 4×5 的矩阵。该数组行下标范围为 0～3；列下标范围为 0～4，总共有 20 个元素 (20=(3+1)*(4+1))，intRoster 数组的各元素是 intRoster(0, 0)，intRoster (0, 1)，intRoster (0, 2)，…，intRoster(3, 4)。

可以这样从逻辑上理解，上述 4 条 Dim 语句中任何一条，都是声明了 4 行 5 列连续排列的盒子，每一个盒子中可以存放一个 Integer 数据，如图 7.40 所示。

| intRoster (0, 0) | intRoster (0, 1) | intRoster (0, 2) | intRoster (0, 3) | intRoster (0, 4) |
| --- | --- | --- | --- | --- |
| intRoster (1, 0) | intRoster (1, 1) | intRoster (1, 2) | intRoster (1, 3) | intRoster (1, 4) |
| intRoster (2, 0) | intRoster (2, 1) | intRoster (2, 2) | intRoster (2, 3) | intRoster (2, 4) |
| intRoster (3, 0) | intRoster (3, 1) | intRoster (3, 2) | intRoster (3, 3) | intRoster (3, 4) |

图 7.40　二维数组的逻辑意义

在使用二维数组时，通过行下标与列下标来引用数组中的元素。且数组元素的使用规则与同类型的简单变量相同。

使用格式：

数组名 （行下标 ，列下标）

其中：

下标：可以是整型的变量、常量或表达式，其意义是元素在数组中的位置（从 0 开始）。

例如，intRoster(0, 0) 代表数组 intRoster 的第 0 行、第 0 列的元素；intRoster(0, 1) 代表数组 intRoster 的第 0 行、第 1 列的元素；intRoster(1, 0) 代表数组 intRoster 的第 1 行、第 0 列的元素；intRoster(i, j) 代表数组 intRoster 的第 i 行、第 j 列的元素。这种表示法经常出现在循环中，通过不断更改变量 i、j 的值，达到引用不同数组元素的目的。但 i、j 的值不能超出数组声明时各自维度的上、下限范围，否则会产生"索引超出了数组界限"的错误。

### 7.3.2  二维数组的初值设定

在 VB.NET 中，根据数组元素的类型，系统为数组元素提供了隐式的初值：①数值型：0；②字符串型：空串（""）；③日期型：01/01/0001　00:00:00；④布尔型：False；⑤字符型：初值是 ASCII 码为 0 的字符；⑥对象型：Nothing。

在声明数组的同时也可为数组元素显式地赋初值。下面分别是声明二维数组的同时，为数组元素赋初值的语法。

语法格式 1：

```
Dim 数组名 ( , )As 数据类型 = 二维初值列表
```

语法格式 2：

```
Dim 数组名 As 数据类型 ( , )= 二维初值列表
```

语法格式 3：

```
Dim 数组名 As Array = 二维初值列表
```

语法说明：

1）二维初值列表：

```
{
    {初值₀₀, 初值₀₁, 初值₀₂, …},
    {初值₁₀, 初值₁₁, 初值₁₂, …},
    {初值₂₀, 初值₂₁, 初值₂₂, …},
    …
    {初值ₙ₀, 初值ₙ₁, 初值ₙ₂, …}
}
```

初值：可以是常量、变量、表达式（变量或者表达式必须能得到一个确切的值）。

2）不可在显式赋初值时，定义数组每个维度的大小，但圆括号内的逗号不能省略（定义数组的维数）。

3）每行初值个数必须一致。

4）数组的行数由初值的行数决定，数组的列数由每行初值的个数决定。

**例 7.22** 某工厂有 4 个车间，分别有员工 16 人、31 人、19 人、12 人，需要记录 4 个车间星期一到星期五的出勤人数，如表 7.3 所示。

表 7.3  出勤汇总表

| 车间 | 总人数 | 星期一 | 星期二 | 星期三 | 星期四 | 星期五 |
|---|---|---|---|---|---|---|
| 一车间 | 16 | 16 | 16 | 15 | 14 | 16 |
| 二车间 | 31 | 31 | 25 | 27 | 30 | 31 |
| 三车间 | 19 | 19 | 18 | 19 | 19 | 18 |
| 四车间 | 12 | 12 | 10 | 11 | 9 | 10 |

如果将各车间分别用阿拉伯数字 1、2、3、4 代替，则可用以下语句声明并初始化数组 intRoster。

```
Dim intRoster(,)As Integer = {
    {1, 16, 16, 16, 15, 14, 16},
    {2, 31, 31, 25, 27, 30, 31},
    {3, 19, 19, 18, 19, 19, 18},
    {4, 12, 12, 10, 11, 9, 10}
}
```

### 7.3.3 二维数组的基本操作

在对二维数组操作时，和一维数组一样，可以使用数组对象的 Length、Rank 属性和 GetLength、GetLowerBound、GetUpperBound 方法，但对于 Array 类的方法只能使用 Array.Copy、Array.Clear 两个，其余 Array 类的方法不能使用。

**1. 二维数组元素的赋值**

在二维数组中，必须要两个下标才能确定一个元素（第一维下标也称为行下标，第二维下标也称为列下标）。

**例 7.23** 以行为单位赋值（没有使用数组的 0 行和 0 列）。

```
Dim intArray(4, 5)As Integer
For i = 1 To 4
    For j = 1 To 5
        intArray(i, j)= (i - 1)* 5 + j
    Next
Next
```

**例 7.24** 以列为单位赋值（没有使用数组的 0 行和 0 列）。

```
Dim intArray(4, 5)As Integer
For i = 1 To 5
    For j = 1 To 4
        intArray(j, i)= (j - 1)* 4 + i
    Next
Next
```

**2. 二维数组元素的输出**

二维数组一般是以矩阵形式输出（每列的宽度要一样），对于 n 行 m 列的数组 arrA，用双重循环实现，输出代码模板是固定的：

```
Dim strTemp$ = "", i%, j%
For i = 0 To intA.GetUpperBound(0)
    For j = 0 To intA.GetUpperBound(1)
        strTemp &= String.Format("{0,8}", intA(i, j))
    Next
    strTemp &= vbCrLf
Next
objName.Text = strTemp
```

其中：在 "{0,8}" 中的 8 为每列的宽度；objName 为某个控件的名字，例如，标签或文本框的名字。

**例 7.25**　将例 7.21 中的 intRoster 数组输出在标签上，每列的宽度为 5。

本例的窗体设计如图 7.41 所示。

图 7.41　例 7.41 的窗体设计图

【代码 7-9】　例 7.25 的代码

```
1   PrivateSub  btnDisplay_Click(ByVal   sender   As  System.Object,  ByVal   e   As
    System.EventArgs) Handles btnDisplay.Click
2       Dim intRoster(,)As Integer = {
            {1, 16, 16, 16, 15, 14, 16},
            {2, 31, 31, 25, 27, 30, 31},
            {3, 19, 19, 18, 19, 19, 18},
            {4, 12, 12, 10, 11, 9, 10}
        }
3       Dim strTemp$ = "", i%, j%
4       For i = 0 To intRoster.GetUpperBound(0)
5           For j = 0 To intRoster.GetUpperBound(1)
6               strTemp &= String.Format("{0,5}", intRoster(i, j))
7           Next
8           strTemp &= vbCrLf
9       Next
10      lblArea.Text = strTemp
11  End Sub
```

在【代码 7-9】所示的代码中：

1）语句 3：注意语句 3 中各变量的摆放次序：需要赋初值的变量在前。

2）语句 4：语句 4 中的 intRoster.GetUpperBound(0) 是获得数组第一维的上限。

3）语句 5：语句 5 中的 intRoster.GetUpperBound(1) 是获得数组第二维的上限。

4）语句 8：其作用是添加换行符，注意其位置是在内循环结束后。

**3. 矩阵的转置**

所谓数组的转置就是将数组的行列互换（图 7.42），即将 A 数组的第一行变为 B 数组的第一列，将 A 数组的第二行变为 B 数组的第二列，以此类推。

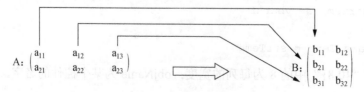

图 7.42　矩阵的转置

如果用 i 代表矩阵 B 中行号，j 代表矩阵 B 中列号，则矩阵转置的计算方法如下：

$$b_{i,j} = a_{j,i}$$

矩阵转置在许多项目决策中均有应用，例如项目投资、技术方案的选择，如果选择正确，则能带来收益，否则将蒙受损失

**例 7.26**　某求数组 A 的转置数组 B，代码如下：

```
Dim intA%(1, 2), intB%(2, 1)
Dim i%, j%
intA = {
    {11, 12, 13},
    {21, 22, 23}
}
For i = 0 To 2
    For j = 0 To 1
        intB(i, j) = intA(j, i)
    Next
Next
```

**4. 杨辉三角形**

杨辉，字谦光，南宋时期杭州人。在他 1261 年所著的《详解九章算法》一书中，辑录了如图 7.43 所示的三角形数表，称为"开方作法本源"图，并说明此表引自 11 世纪中叶（约公元 1050 年）贾宪（北宋人贾宪约 1050 年首先使用"贾宪三角"进行高次开方运算）的《释锁算术》，并绘画了"古法七乘方图"。故此，杨辉三角又被称为"贾宪三角"。

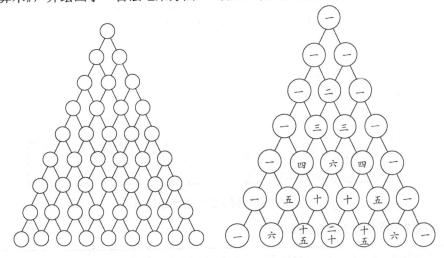

图 7.43　杨辉三角

图 7.44 为阿拉伯数字形式的杨辉三角。

```
                    1
                  1   1
                1   2   1
              1   3   3   1
            1   4   6   4   1
          1   5   10  10  5   1
        1   6   15  20  15  6   1
      1   7   21  35  35  21  7   1
    1   8   28  56  70  56  28  8   1
  1   9   36  84  126 126 84  36  9   1
```

图 7.44　杨辉三角形（10 层）

**分析**：见图 7.44 所示的 10 层的杨辉三角形，其规律如下：

1）三角形两腰上的数据全为 1。

2）其他的数据为其头上两只角上的数据之和。

为适合数组的存储，可将图 7.44 改造成如图 7.45 所示的形式。

```
1
1   1
1   2   1
1   3   3   1
1   4   6   4   1
1   5   10  10  5   1
1   6   15  20  15  6   1
1   7   21  35  35  21  7   1
1   8   28  56  70  56  28  8   1
1   9   36  84  126 126 84  36  9   1
```

图 7.45　变形后的杨辉三角形（10 层）

**例 7.27**　生成并输出如图 7.45 所示的 10 层杨辉三角形。

本例的窗体设计如图 7.46 所示。

图 7.46　例 7.27 的窗体设计图

【代码 7-10】　例 7.27 的代码

| | |
|---|---|
| 1 | `Private Sub btnYH_Click(ByVal sender As System.Object, ByVal e As System.EventArgs)Handles btnYH.Click` |
| 2 | `Dim intYH%(10, 10)` |
| 3 | `Dim strTemp$, i%, j%` |
| 4 | `For i = 1 To 10` |
| 5 | `intYH(i, 1)= 1` |

| | |
|---|---|
| 6 |       intYH(i, i)= 1 |
| 7 |   Next |
| 8 |   For i = 2 To 10 |
| 9 |     For j = 2 To i - 1 |
| 10 |       intYH(i, j)= intYH(i - 1, j - 1)+ intYH(i - 1, j) |
| 11 |     Next |
| 12 |   Next |
| 13 |   For i = 1 To intYH.GetUpperBound(0) |
| 14 |     For j = 1 To i |
| 15 |       strTemp &= String.Format("{0,6}", intYH(i, j)) |
| 16 |     Next |
| 17 |     strTemp &= vbCrLf |
| 18 |   Next |
| 19 |   lblYH.Text = strTemp |
| 20 | End Sub |

在【代码 7-10】所示的代码中，语句 4～语句 12 的作用是生成杨辉三角形，如果利用数值型数组声明后，每一个元素的隐形初值均为 0 的特点，代码可简化如下：

```
intYH (1, 1)= 1
For i = 2 To 10
  For j = 1 To i
      intYH (i, j)= intYH(i - 1, j - 1)+ intYH (i - 1, j)
  Next
Next
```

**5. 马鞍点**

在一个矩阵中，如果某一行有一个最小值，它同时也是该值所在列中的最大值，那么，这一点就是该矩阵的一个马鞍点。例如，图 7.47 所示的矩阵中的第 3 行第 3 列的数据 63，第 5 行第 3 列的数据 63，均为马鞍点。

$$\begin{bmatrix} 73 & 58 & 62 & 36 & 37 & 79 \\ 11 & 8 & 13 & 73 & 14 & 47 \\ 87 & 81 & 63 & 96 & 88 & 69 \\ 52 & 36 & 60 & 68 & 33 & 35 \\ 84 & 84 & 63 & 98 & 91 & 83 \end{bmatrix}$$

图 7.47 矩阵

根据马鞍点的概念，求马鞍点的方法如下：对矩阵的每一行，①求出本行最小值的列号；②验证本行最小值在其所在列是否最大。

经过以上分析，求数组 intSaddle 中可得出以下程序模板：

```
For i=0 to intSaddle.GetUpperBound(0)    '变量 i 的意义是指行
    求数组第 i 行的最小值的列号 intMinCol
    验证 intSaddle(i, intMinCol)是否是数组第 intMinCol 列的最大值
    如果是,则显示该点
Next
```

**例 7.28** 求出如图 7.47 所示矩阵的所有马鞍点。要求：

1）窗体一出现就能看到矩阵。

2）求出的马鞍点以"第几行，第几列"的坐标对成纵对显示，即每个马鞍点占一行。

本例的窗体设计如图 7.48 所示。

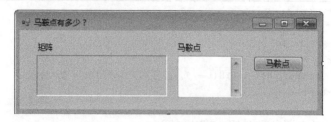

图 7.48　例 7.28 的窗体设计图

【代码 7-11】 例 7.28 的代码

```
1    Dim intSaddle(4, 5)As Integer
2    Private Sub frmExample7_27_Load(ByVal sender As System.Object, ByVal e As
     System.EventArgs)Handles MyBase.Load
3        Dim i, j As Integer
4        intSaddle = {
             {73, 58, 62, 36, 37, 79},
             {11, 78, 13, 73, 14, 47},
             {87, 81, 63, 96, 88, 69},
             {52, 36, 60, 68, 33, 35},
             {84, 84, 63, 98, 91, 83}
         }
5        For i = 0 To 4
6            For j = 0 To 5
7                lblSaddle.Text &= String.Format("{0,5}", intSaddle(i, j))
8            Next
9            lblSaddle.Text &= vbCrLf
10       Next
11   End Sub
12   Private Sub btnSaddle_Click(ByVal sender As System.Object, ByVal e As
     System.EventArgs)Handles btnSaddle.Click
13       Dim i, j, intMinCol As Integer
14       Dim blnSaddle As Boolean
15       For i = 0 To 4
16           intMinCol = 0
17           For j = 1 To 5
18               If intSaddle(i, j)< intSaddle(i, intMinCol) Then intMinCol = j
19           Next
20           blnSaddle = True
21           For j = 0 To 4
22               If intSaddle(j, intMinCol)> intSaddle(i, intMinCol) Then
23                   blnSaddle = False
24                   Exit For
25               End If
26           Next
27           If blnSaddle = True Then
28               txtSaddle.Text &= "第" & i + 1 & "行,"
```

| 29 | txtSaddle.Text &= "第" & intMinCol + 1 & "列" & vbCrLf |
|----|------------------------------------------------------------|
| 30 | End If |
| 31 | Next |
| 32 | End Sub |

在【代码 7-11】所示的代码中：

1）语句 16～语句 19：其作用是求第 i 行的最小值的所在列 intMinCol。

2）语句 20～语句 26：其作用是验证 intSaddle(i, intMinCol)在数组的第 intMinCol 列中是否最大。

3）语句 27～语句 30：其作用是将求出的马鞍点显示在 txtSaddle 文本框中。

**注意：**

1）因为要在窗体一显示就能看到矩阵，所以将矩阵的赋值和显示代码放在窗体的 Load 事件（清注意 Load 事件的触发时机）中。

2）马鞍点的代码在命令按钮的 Click 事件中，所以数组 intSaddle 在两个事件过程中均要用到，故其声明放在模块声明段。

## 7.4　数组的动态可调性

数组的动态可调是指在程序的运行过程中，可更改数组的大小（数组元素的多少），从而适应数据的多少无法确定的情况。

**引例：** 输入 n 个学生的成绩，要求：

1）求这 n 个学生的平均成绩。

2）统计有多少人高于平均成绩。

在本例中，应该输入这些学生的成绩，求他们的平均成绩，然后，再次把这些成绩与平均成绩比较，统计高于平均成绩的人数，也就是要两次使用这些成绩，因此，应使用数组保存这些成绩，从而可多次使用。但是，n 的值到底是多少呢？换句话来说，就是数组需要声明多大呢？

**解决办法：**

1）根据实际情况，声明一个尽可能大的数组，例如，一个班级、一个年级、一个学校等。显然，这不是一个好的方法。

2）根据实际需要，来声明数组的大小。对本例来讲，当知道学生的人数时，再声明一个数组来保存这些成绩。

在 VB.NET 中，所有数组都是动态可调的。有多种方法实现数组的可调，即动态更改数组的大小。

### 7.4.1　Dim 语句

由于在 Dim 语句中，可使用变量来定义数组维度的大小，因此，当我们在 txtNumber

（学生人数）文本框中输入学生的人数后，数组的大小就可确定了。

```
n = Val(txtNumber.Text)
Dim intScore(n)
```

这种方法简单，而且有效。但其有两个缺陷：

1）缺陷之一是对同一个数组，只能使用一次本方法，也就是说，当我们需要再一次更改 intScore 数组的大小时，本方法就无能为力了。

2）缺陷之二是上述两条语句只能位于过程内部，也就是只能声明局部数组。当我们需要在其他过程中使用该数组，或者需要在其他模块中使用该数组时，本方法无效，因为局部数组只能在本过程中使用，不能在其他过程中使用。

### 7.4.2　ReDim 语句

ReDim 语句可更改具有明确界限和无明确界限数组维度的大小。

语法格式：

```
ReDim [Preserve] 数组名 (上限1[, 上限2]…)
```

语法说明：

1）当缺省 Preserve 时，可更改数组所有维度的大小，但数组中所有数据元素的原有数据将全部丢失，还原为数组声明时的系统隐式初值（数值型为 0，逻辑型为 False，字符型为空串等）。

2）当包含 Preserve 时，只能更改数组最后一个维的大小，但保留数组原有数据。

3）不能更改数组的维数和类型。

4）ReDim 语句是可执行语句，只能出现在过程内部。

使用 ReDim 更改数组大小的使用方法如下：第一步，先 Dim 声明一个数组（有明确界限或者无明确界限均可）；第二步，再用 ReDim 重新声明其大小。

**注意**：如果数组为局部使用，则这两步可在一个代码段内实现，如果数组是在模块内使用，则第一步应该在模块声明段实现，第二步在过程内实现。

**例 7.29**　更改有明确界限的一维数组大小。

```
Dim arrB(8) As Integer
ReDim arrB(7)
ReDim Preserve arrB(10)
```

**例 7.30**　更改无明确界限的一维数组的大小。

```
Dim arrA( )As Single    '声明无大小的一维数组时,括号不能省略
ReDim arrA(10)
ReDim arrA(30)
```

**注意**：语句 Dim arrB ( , ) As Single 中的逗号不能省略，表示两个维，为二维数组。

### 7.4.3　Array.Resize 方法

Array.Resize 提供了动态改变数组大小最方便的一种方法，但有以下限制：

1）只能更改一维数组的大小。

2）只能更改具有明确数据类型的数组（通过数组的前 3 种声明格式声明的一维数组）。

语法：

```
Public Shared Sub Resize(ByRef 数组名 As Array, ByVal 新大小 As Integer)
```

说明：

1）改变数组大小后，数组的旧数据自动保留。

2）如果是扩大数组，则新增元素的初值依据数据类型而赋予相应的隐式初值。

例如，语句 Array.Resize(intYH, intYH.Length + 1) 将一维数组的大小增 1，新增元素的初值为 0。

使用 Array.Resize 更改数组大小的使用方法如下：第一步，先用 Dim 语句声明有明确数据类型的一个数组；第二步，需要时，再用 Array.Resize 方法更改数组的大小。

注意：如果数组为局部使用，则这两步可在一个过程内实现，如果数组需要在整个模块内使用，则第一步应该在模块声明段内实现，而第二步在过程内实现。

例 7.31　输出杨辉三角形的第 n 层（杨晖三角形每层的层号从上往下，是从 0 开始计数，最上一层的层号是第 0 层）。

在例 7.26 中，是用二维数组来存储 10 层杨辉三角形的所有层面，但本例只需要输出杨辉三角形的某一个层面，故没必要使用二维数组来存储该层前的所有层面，而是使用一维数组来保存一个层面的数据。

杨辉三角形中的某一层是对前一层进行计算得到的，该层的后一层数据个数是本层的数据数+1，所以，本题的计算方法是在第 0 层的基础上，逐层往后计算，直到第 n 层为止。

假设 intYH 数组中已有第 6 层的数据，如图 7.49 所示。

| 1 | 6 | 15 | 20 | 15 | 6 | 1 |
|---|---|----|----|----|---|---|

图 7.49　表示杨辉三角形第 6 层的 intYH 数组

首先使用 Array.Resize(intYH, intYH.Length + 1)对数组扩容一个元素（扩容后的新元素的初值为 0），如图 7.50 所示。

| 1 | 6 | 15 | 20 | 15 | 6 | 1 | 0 |
|---|---|----|----|----|---|---|---|

图 7.50　扩容后的 intYH 数组

那么经过计算后得到第 7 层的数据，如图 7.51 所示。

| 1 | 7 | 21 | 35 | 35 | 21 | 7 | 1 |
|---|---|----|----|----|----|---|---|

图 7.51　表示杨辉三角形第 7 层的 intYH 数组

对比 intYH 数组的前后变化，可发现如何在前一层的基础上计算下一层的规律，如图 7.52 所示。

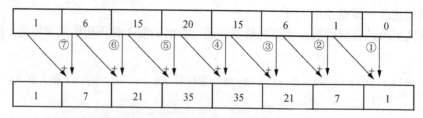

图 7.52　intYH 数组在计算前后的对比图

第 7 层的计算规律可用图 7.53 所示的流程图表示。

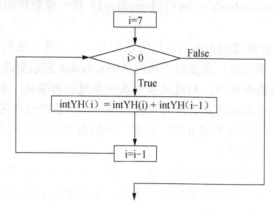

图 7.53　杨辉三角形第 7 层计算流程图

界面设计：

界面设计的内容相当多，在本例中涉及的只是简单的界面设计，其内容如下：

1）根据题目中数据的输入、输出要求及功能性需求来选择相应的控件。

2）为解释控件在窗体中的作用或者需要对控件做功能性划分，可考虑再增加一些说明控件，如标签、框架、图象等控件，设置某些必要的属性。

3）窗体的简单布局，如控件的位置、大小、背景、边框样式，显示在控件中文字的字体、大小、颜色和对齐方式等。

4）控件的某些功能性属性的设置，如控件名称、控件状态、数据源等。

实际上，界面设计最基本的目标是界面整洁、美观、易于功能上的理解与发现。那么，在本例中，根据以上所述，窗体应包括以下控件：

1）数据的输入要求：

杨辉三角形的选择层的层号：

一个文本框：接收所选择层的层号

```
Name: txtWitchStorey
Text: 0
```

一个标签：位于 txtWitchStorey 的左边，并解释其的作用

```
Name: 可采用默认名
Text: 哪一层（层数是从第 0 层开始计数的）
```

2）数据的输出要求：

所选择杨辉三角形的层面上的所有数据：

一个文本框：所有数据显示在一行上（要添加水平滚动条）

```
Name:txtStorey
Text:1
ScrollBars:Horizontal
WordWrap:False
```

3）功能性需求：

① 所选择层面上所有数据的计算：

一个命令按钮：对 Click 事件编程

```
Name:btnYH
Text:第 0 层有哪些数？
```

② 命令按钮上层号的同步更新：不需要新增控件，只要对 txtWitchStorey 文本框的 LostFocus 事件编程即可。

综上所述，设计如图 7.54 所示的界面。

图 7.54　例 7.31 的窗体设计图

【代码 7-12】　例 7.31 的代码

```
1   Private Sub btnYH_Click(ByVal sender As System.Object, ByVal e As System.EventArgs)
    Handles btnYH.Click
2       Dim i, intStorey As Integer
3       Dim intYH(0) As Integer
4       Dim strLeft, strRight As String
5       Dim intWItch% = Val(txtWitchStorey.Text)
6       intYH(0)= 1
7       For i = 1 To intWItch
8           Array.Resize(intYH, intYH.Length + 1)
9           For j = i To 1 Step -1
10              intYH(j)= intYH(j)+ intYH(j - 1)
11          Next
12      Next
13      txtStorey.Clear( )
14      For i = 0 To intWItch
```

| 15 | txtStorey.Text &= intYH(i)&" " |
|----|--------------------------------|
| 16 | Next |
| 17 | End Sub |
| 18 | Private Sub txtWitchStorey_LostFocus(ByVal sender As Object, ByVal e As System.EventArgs) Handles txtWitchStorey.LostFocus |
| 19 | If IsNumeric(txtWitchStorey.Text)Then |
| 20 | intStorey = Val(txtWitchStorey.Text) |
| 21 | strLeft = Microsoft.VisualBasic.Left(btnYH.Text, 1) |
| 22 | strRight = Microsoft.VisualBasic.Right(btnYH.Text, btnYH.Text.Length - InStr(btnYH.Text, "层")+ 1) |
| 23 | btnYH.Text = strLeft & Trim(txtWitchStorey.Text)& strRight |
| 24 | End If |
| 25 | End Sub |

在【代码 7-12】所示的代码中：

1）语句 3：本题需要默认第 0 层（以方便其他层的计算）所以语句 3 声明了有界限 0 的一维数组 intYH，并在语句 6 给 intYH(0)赋值 1。

2）语句 5：实现接收用户所选择的层号。

3）语句 6：赋予第 0 层的数据。

4）语句 7~语句 12：从第 1 层开始逐层计算，直到用户所选择的层号为止。在每计算一层时：语句 8 实现将数组 intYH 的大小增 1，以便容纳本层新增的一个数；语句 9~语句 11 实现本层数据的计算。

5）语句 13~语句 16：实现将用户所选择层的数据输出。

6）语句 19~语句 24：实现将用户所选择层的层号更新到命令按钮的相关文本上。

7）语句 19：中的内部函数 IsNumeric 的功能是判断其字符串型的参数是否是合法的数字。

8）语句 21 和语句 22：注意语句 21 和语句 22 中的内部函数 Left 和 Right 的写法。

**注意**：例 7.31 中，更改数组的大小的两步是在一个过程内实现的，由语句 3 完成第一步，语句 8 完成第二步。

**例 7.32** 输入学生的成绩,要求统计并显示这些学生的平均成绩和高于平均分的人数，在录入一个成绩后，自动显示已录入成绩的学生人数和已录入的成绩。

界面设计：

1）数据的输入要求：

成绩的输入：

一个文本框：用于接收成绩

　　Name：txtScore

一个标签：解释 txtScore 文本框的用途

　　Name：可采用系统默认名
　　Text：成绩

2）数据的输出要求：

① 已录入成绩的学生人数：

一个文本框：用于显示已录入成绩的学生人数（不可编辑）

```
Name：txtNumber
ReadOnly：True
```

一个标签：解释 txtNumber 文本框的用途

```
Name：可采用系统默认名
Text：总人数
```

② 已录入的成绩：

一个文本框：用于显示已录入的成绩（不可编辑）

```
Name：txtInputedScore
MultiLine
ReadOnly：True
ScrollBars：Horizontal
WordWrap：False
```

③ 平均成绩：

一个文本框：用于显示平均分（不可编辑）

```
Name：txtAverage
ReadOnly：True
```

一个标签：解释 txtAverage 文本框的用途

```
Name：可采用系统默认名
Text：平均分
```

④ 高于平均成绩的人数：

一个文本框：用于显示高于平均分的人数（不可编辑）

```
Name：txtAVGNumber
ReadOnly：True
```

一个标签：解释 txtAVGNumber 文本框的用途

```
Name：可采用系统默认名
Text：高于平均分的人数
AutoSize：False
```

3）功能性需求：

① 统计学生的平均成绩：

一个命令按钮：对 Click 事件编程

```
Name：btnAverage
```

Text：平均分统计

② 统计高于平均成绩的人数

一个命令按钮：对 Click 事件编程

Name：btnAVGNumber

Text：高于平均分的人数统计

③ 接收成绩、自动显示已录入成绩的学生人数和已录入的成绩：不需要新增控件，只需对 txtNumber 文本框的 KeyPress 事件编程。

综上所述，设计如图 7.55 所示的界面。

图 7.55　例 7.32 的窗体设计图

【代码 7-13】　例 7.32 的代码

```
1    Dim intScore(0)As Integer
2    Private Sub txtScore_KeyPress(ByVal sender AsObject, ByVal e As
     System.Windows.Forms.KeyPressEventArgs)Handles txtScore.KeyPress
3        If e.KeyChar = vbCr Then
4            intScore(intScore.GetUpperBound(0))= Val(txtScore.Text)
5            txtNumber.Text = intScore.Length
6            txtInputedScore.Text &= Trim(txtScore.Text)&"  "
7            Array.Resize(intScore, intScore.Length + 1)
8        End If
9    End Sub
10   Private Sub btnAverage_Click(ByVal sender As System.Object, ByVal e As
     System.EventArgs)Handles btnAverage.Click
11       Dim intSum, i AsInteger
12       For i = 0 To intScore.GetUpperBound(0)
13           intSum += intScore(i)
14       Next
15       txtAvearge.Text = String.Format("{0:F2}", intSum / (intScore.Length - 1))
16       End Sub
17   Private Sub btnAVGNumber_Click(ByVal sender As System.Object, ByVal e As
     System.EventArgs) Handles btnAVGNumber.Click
18       Dim intNumber, i As Integer
19       For i = 0 To intScore.GetUpperBound(0)
20           If intScore(i)> Val(txtAvearge.Text)Then intNumber += 1
```

| 21 | Next |
| 22 | txtAVGNumber.Text = intNumber |
| 23 | End Sub |

在【代码 7-13】所示的代码中：

1）语句 1：位于模块的声明段中的语句 1 声明了一个具有一个元素的模块级数组，原因：①Array.Resize 方法只能动态更改具有明确界限的数组；②这一个元素正好为接收第一个成绩作准备；③数组在多个过程中被使用。

2）语句 4：作用是将刚录入的成绩放在数组的最末。

3）语句 5：作用是自动显示已录入的人数。

4）语句 6：作用是将刚录入的成绩放在 txtScore.Text 标签的末尾。

5）语句 7：作用是为 intScore 数组扩容一个元素，为下一个成绩做好准备。

6）语句 12～语句 15：作用是计算并显示平均成绩（数组中的实际已录入成绩的个数比数组的大小少 1）。

7）语句 9～语句 22：作用是计算并显示高于平均分的人数。

**注意**：例 7.31 中，更改数组的大小的两步不是在一个过程内实现的，由模块声明段中的语句 1 完成第一步，txtScore.KeyPress 事件过程中的语句 7 完成第二步。

# 习 题

## 一、编程题

1. 利用筛选法求 100 以内的所有素数。

2. 在 n 个自然数组成的无序序列中，消除重复数。

3. 给出一个按降序排列的有 m 个自然数的序列和一个按升序排列的有 n 个自然数的序列，将它们合并成一个按升序排列的有 m+n 个自然数的序列，并按每行 5 个的形式输出。

4. 对于任意一个包含 m 个整数（可能有正整数，也可能有负整数）的序列，将其分割成一个有序的正整数序列和一个有序的负整数序列。

5. 给出一个代表人身材比例的序列：$\frac{1}{1}, \frac{1}{3}, \frac{3}{5}, \frac{5}{8}, \frac{8}{13}, \frac{13}{21}, \cdots$，序列中的每一项的分子与分母的意义是人上下身的高度，利用数组求序列中最接近黄金分割比例（0.618）的前 10 项（精度为 $10^{-5}$），并要求输出前 10 项的身材。

## 二、简答题

1. 什么是数组的秩？

2. 简述数组变量与数组对象的关系。

3. 如需要给数组 A 赋值{1，2，3，4，5，6，7，8，9}，请写出各种可能的方法。

4. 简述数组的整体赋值与 Array.Copy 方法的区别。

5. 简述获取一维数组总大小的各种方法。

### 拓展阅读

互联网之父，指互联网的创始人、发明人，这一美称被先后授予多人，包括蒂姆·伯纳斯·李（Tim Berners-Lee）、温顿·瑟夫(Vint Cerf 原名：Vinton Gray "Vint" Cerf)、罗伯特·卡恩（Robert Elliot Kahn）等，所以"互联网之父"不是一个人，而是一个群体（网址：http://baike.baidu.com/link?url=BnnuRCjWB5f3W865iW7 Vy5isX0gpDH4AcAA3vZPqDRuxRlZEUJbN0AWcoY9bW 9jUxNr-krwFnoCFTooH4wKhEq）。

蒂莫西·约翰·"蒂姆"·伯纳斯-李爵士（Tim Berners-Lee），OM，KBE，FRS，FREng，FRSA，（Sir Timothy John "Tim" Berners-Lee，1955 年 6 月 8 日～    ），英国计算机科学家。他是万维网的发明者，麻省理工学院教授。1990 年 12 月 25 日，罗伯特·卡里奥在 CERN 和他一起成功通过 Internet 实现了 HTTP 代理与服务器的第一次通信。

伯纳斯-李为关注万维网发展而创办的组织，万维网联盟的主席。他也是万维网基金会的创办人。伯纳斯-李还是麻省理工学院计算机科学及人工智能实验室创办主席及高级研究员。同时，伯纳斯-李是网页科学研究倡议会的总监。最后，他是麻省理工学院集体智能中心咨询委员会成员。

2004 年，英女皇伊丽莎白二世向伯纳斯-李颁发大英帝国爵级司令勋章。2009 年 4 月，他获选为美国国家科学院外籍院士。在 2012 年夏季奥林匹克运动会开幕典礼上，他获得了"万维网发明者"的美誉。伯纳斯-李本人也参与了开幕典礼，在一台 NeXT 计算机前工作。他在 Twitter 上发表消息说："这是给所有人的"，体育馆内的 LCD 光管随即显示出文字来。

# 8 过　程

当开发一个大而复杂的程序时，若所有代码都在一个过程中，例如，前面已经用过的事件过程，则程序的编写、查错、维护等都非常困难。所以开发大型程序时，可按照功能，将其划分为若干个子问题来解决，若子问题还很大很复杂，则继续细分，划分到子问题相对整个系统来说比较独立且容易实现时，可将每个子问题用一个模块来实现，也就是说一个大的问题可由若干个子问题所组成。

例如，计算机的设计与制造就是将复杂的计算机硬件系统按照功能划分为五大部分：运算器、控制器、存储器、输入部分和输出部分。这就是模块化设计，即分而治之。程序设计也是如此。

本章介绍 VB.NET 的 Function 过程和 Sub 过程以及模块化程序设计的编写方法。

## 8.1　　VB.NET 过程概述

在 VB.NET 中，常见的模块有标准模块、窗体模块和类模块等。每一个模块可以由一个或多个过程所组成。过程是由多个语句构成的语句集合，这个语句集相对于程序的其他内容来说在功能上具有一定的独立性，且完成一个特定功能。

**引例**：求 $C_m^n$，即求从 m 个元素中选取 n 个元素的组合数。计算公式为

$$C_m^n = \frac{m!}{n!*(m-n!)}$$

此计算可按下面的方法来编写程序。

```
'下面程序段求 m!
P1 = 1
Fori = 1 To m
    P1 = p1 * i
Next
'下面程序段求 n!
P2 = 1
Fori = 1 To n
    P2 = p2 * i
Next
'下面程序段求(m-n)!
```

```
P3 = 1
Fori = 1 To m - n
    P3 = p3 * i
Next
'求组合数 c
c = p1 / (p2*p3)
```

从上面的代码中可以看出，有 3 段求阶乘的代码是相似的，只是要求的阶乘数不同而已。公共代码如下：

```
p = 1
Fori = 1 To n
    p = p * i
Next
```

这段代码是求 n!，结果放在 p 中，引例中分别是求 m!、n! 和(m-n)!。如果按上面的方法编写就会出现重复的代码，而求阶乘的工作相对于整个问题来说比较独立，故可以把求阶乘的代码单独分离出来，用一个独立的且能够求任意数阶乘的过程来实现，在需要时调用一下即可。求 n! 的 Function 过程如下：

```
Function fact(ByVal n As Integer) As Long '求 n! 的过程
    Dim I As Integer
    Dim p As Long
    p = 1
    Fori = 1 To n
        p = p * i
    Next
    Return p
End Function
```

在主调过程中可用下面方式调用。

```
c = fact(m) / (fact(n) * fact(m - n))   '三次调用过程 fact
```

可见用过程实现的程序要比没用过程实现的程序代码段小，可读性强。

在 VB.NET 中，有如下几种类型的过程：Sub 过程、Function 过程、Event 过程、Property 过程、Operator 过程和 Generic 过程等。

使用过程进行程序设计有如下优点：①程序的结构更清晰；②提高了程序的可读性；③增加了代码的可重用性；④便于程序的调试修改；⑤有利于大规模的团队开发；⑥有利于系统的维护和功能扩展。

鉴于以上优点，建议编写程序时，可尽量使用过程来实现。

## 8.2　Function 过程

Function 过程也称函数过程或自定义函数，它是一组代码的集合。Function 过程可返回一个值给调用过程。

在数学中有大量的函数，格式为 $Y=F(X_1, X_2, \cdots)$，其中 $X_1$、$X_2$、$\cdots$，为自变量也叫参数，为输入量；Y 称为因变量，为输出量，即函数值。Y 随着 $X_i$ 的变化而变化。

内部函数是系统已经定义好了的函数，不需要去定义，只要学会使用即可。然而，在数学中还有大量的函数、公式或在解决其他问题时有一些子问题其相对于整个系统来说具有一定的独立性，如果想从其中获得一个值，都可以用 Function 过程来实现。由于这些函数、公式、或独立的问题，VB.NET 系统没有实现，为了编程的方便，需要自己去实现，因此也可称之为自定义函数，如图 8.1 所示。

图 8.1　Function 过程示意图

方框内的"…"就是怎么样由 $X_1$，$X_2$，…求得 Y 的程序代码。在程序设计中，过程必须先定义后使用。

### 8.2.1　Function 过程的声明

Function 过程的声明格式如下：

> [*访问方式*] Function *过程名*[*数据类型符*]([*形式参数表*]) [As *返回值类型*]
>> [*语句序列*]
>> [ Exit Function ]
>> [*语句序列*]
>> Return *表达式*
>
> End Function

各部分说明如下：

1）*访问方式*可以是 Public|Private 之一。

Public：表示本项目中任何地方的代码均能访问，默认选项。

Private：表示仅能在本模块被访问。

2）*过程名*是标识符的一种，其命名规则参见标识符的命名规则。

3）*形式参数表*可由零个或多个形式参数组成，形式参数简称形参，形式参数和形式参数之间以","间隔，单个形式参数的格式如下：

> [ByVal|ByRef]形式参数[*数据类型符*] [([,]…)][As *数据类型*]

**ByVal**：表示此参数为传值参数，即调用此过程时将实参的值赋给对应的形参，实参的值不会被改变。默认方式。

**ByRef**：表示此参数为传地址参数，即调用此过程时将实参的地址传给对应的形参，实参的值可能会被改变。

形式参数后面的"([,]…)"表示此参数为数组。

形式参数后的[*数据类型符*] 和 [As *返回值类型*] 两者取其一。

4）无形式参数表时，过程名后的"()"不能省。

5）[数据类型符] 和 [As 返回值类型] 两者取其一。

6）"Return *表达式*"中表达式的值即为函数值，在代码中可以有一条也可有多条 Return 语句，当程序执行到某个 Return 语句时就返回到调用过程，其他的语句也就不会执行。表达式的数据类型要和 Function 过程的返回值类型一致。

**例 8.1** 编写一个求正整数 n 的阶乘 n! 的 Function 过程。

**分析**：这里 n 是输入量，作为形参；n!的结果作为返回值。

```
Private Function Fact(ByVal intN As Integer) As Long
    '求 intN 的阶乘的 Function 过程
    Dim i As Integer
    Dim longFactor As Long
    longFactor = 1
    For i = 1 To intN
        longFactor *= i
    Next
    Return longFactor '返回 intN 的阶乘
End Function
```

**例 8.2** 编写一个求任意两个不全为零的正整数的最大公约数的 Function 过程。

**分析**：求两个数的最大公约数的方法为辗转相除法，算法参见例 6.25。这里两个数作为输入参数，最大公约数作为返回值。

```
Private Function Gcd(ByVal intA As Integer, ByVal intB As Integer)As
Integer
        '求 intA 和 intB 的最大公约数的 Function 过程
        Dim intRemainder As Integer
        Do While intB<>0
        intRemainder = intA Mod intB
        intA = intB
        intB = intRemainder
        Loop
        Return intA '返回最大公约数
        End Function
```

**例 8.3** 编写一个判断给定的一个正整数 n 是否为素数的 Function 过程。

**分析**：这里输入的是要判断的数 n，输出的是判断的结果，因为结果为"是"或"否"，即 True 或 Flase，因此函数返回值的类型为 Boolean 类型。

```
Private Function isPrime(ByVal intN As Integer) As Boolean
  '判断参数 intN 否是素数的 Function 过程
  Dim blnTag As Boolean
  Dim i As Integer
  blnTag = True      '假设 intN 素数
  Fori = 2 To intN-1
    If intN Mod i = 0 Then
       blnTag = False
       Exit For
    End If
  Next
  Return blnTag      '返回结果
End Function
```

### 8.2.2  Function 过程的调用

Function 过程的调用和内部函数相同，格式如下：

　　*过程名*([*实际参数表*])

实际参数表：

　　*实际参数*[，*实际参数*]······

实际参数简称实参。

当某个形参为 ByVal 类型时，所对应的实际参数可以是常量、变量、函数、数组和表达式；当为 ByRef 类型时，所对应的实际参数可以是变量和数组名。

**注意**：当形参为数组时，所对应的实参亦为数组名。不论形参前是 ByVal 还是 ByRef 均按 ByRef 处理。

从 Function 过程返回时，返回到调用处。

**例 8.4**　编写求 S=1!+2!+3!+···+n!，n 运行时给定。

**分析**：本例题可将问题分解如下：用一个 Function 过程 Fact 求任意数 n 的阶乘，再编一个 Function 过程 Sum 求和 S，在 Sum 过程中多次调用求阶乘的过程 Fact，最后在"计算"按钮的 Click 过程中调用求 S 的过程 Sum。程序界面如图 8.2 所示，窗体有关控件的属性和属性值如表 8.1 所示。

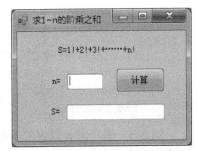

图 8.2　例 8.4 程序界面

表 8.1　例 8.4 的窗体有关控件的属性及属性值

| 序号 | 控件 | 属性 | 值 | 备注 |
|---|---|---|---|---|
| 1 | Form | Name | frmExample8_4 | — |
|  |  | Text | 求 1~n 的阶乘之和 | — |

续表

| 序号 | 控件 | 属性 | 值 | 备注 |
|------|------|------|------|------|
| 2 | Label | Name | Label1 | 系统默认名 |
| | | Text | S=1！+2！+3！+…+n！ | — |
| 3 | Label | Name | Label2 | 系统默认名 |
| | | Text | n= | — |
| 4 | Label | Name | Label3 | 系统默认名 |
| | | Text | S= | — |
| 5 | TextBox | Name | txtN | 用于输入 n 的值 |
| 6 | TextBox | Name | txtSum | 用于显示结果 |
| 7 | Button | Name | Button1 | 系统默认名 |
| | | Text | 计算 | |

完整的程序如下：

```
Private Sub Button1_Click(ByVal sender As System.Object, ByVale As
System.EventArgs) Handles Button1.Click
    Dim n As Integer
    n = Val(txtN.Text)
    txtSum.Text = Str(Sum(n)) '调用 Function 过程 Sum
End Sub
Private Function Fact(ByVal intN As Integer) As Long
    '此处代码参见例 8.1
End Function
Private Function Sum(ByVal intN As Integer) As Long
    '求 S 的 Function 过程
    Dim k As Integer
    Dim longSum As Long
    longSum = 0
    For k = 1 To intN
        longSum += Fact(k)    '调用 Function 过程 Fact
    Next
    Return longSum
End Function
```

**例 8.5** 编写求 n 以内的所有素数的程序，n 运行时给定，素数用 Label 控件输出，每行输出 5 个。

**分析**：本例题可将问题分解如下：用一个 Function 过程 isPrime 判断给定的数是否为素数，在"求素数"按钮的 Click 过程中调用 Function 过程 isPrime，反复给数让它判断是否是素数即可。

程序设计界面如图 8.3 所示，窗体有关控件的属性及属性值如表 8.2 所示。运行界面如图 8.4 所示。

图 8.3　例 8.5 设计界面

表 8.2　例 8.5 的窗体有关控件的属性及属性值

| 序号 | 控件 | 属性 | 值 | 备注 |
|---|---|---|---|---|
| 1 | Form | Name | frmExample8_5 | — |
| | | Text | 求 n 以内的素数 | — |
| 2 | Button | Name | Button1 | 系统默认名 |
| | | Text | 求素数 | — |
| 3 | TextBox | Name | txtN | 用于输入 |
| 4 | Label | Name | Label1 | 系统默认名 |
| | | Text | n= | — |
| 5 | Label | Name | Label2 | 系统默认名，用于显示结果 |

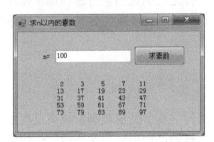

图 8.4　例 8.5 运行界面

完整的程序如下：

```
Private Sub Button1_Click(ByVal sender As System.Object, ByVale As
System.EventArgs) Handles Button1.Click
    Dim k, n, intCount As Integer
    Dim strResult As String
    strResult = ""
    intCount = 0
    n = Val(txtN.Text)
    Fork = 2 To n
        If isPrime(k) Then    '调用 Function 过程 isPrime
            strResult = strResult & Space(6 - Len(Trim(Str(k))))
&Trim(Str(k))
```

```
         'Space(6 - Len(Trim(Str(k)))) & Trim(Str(k))是将数字 k 在 6 位宽
度内右对齐
            intCount += 1
            If intCount Mod 5 = 0 Then
                strResult = strResult & vbCrLf
            End If
         End If
      Next
      Label2.Text = strResult
   End Sub
   Private Function isPrime(ByVal intN As Integer) As Boolean
      '此处代码参见例 8.3
   End Function
```

## 8.3　参数的传递

参数传递是指在调用过程时实际参数和形式参数的结合方式，通常包括两个方面的含义，即传递机制和传递顺序。传递机制包括值传递和地址传递；传递顺序包括按形式参数的顺序传递（简称按序传递）和按形式参数的名字传递（简称按名传递）。

### 8.3.1　参数传递的机制

1. 值传递

所谓值传递就是把主调过程中实参的值复制给被调过程中所对应的形参，在这种方式下，实参和形参已没有联系，被调过程中对形参所做的任何改变，均不会对主调过程中的实参有任何的影响，因此可称为单向传递。

在形参前冠以 ByVal 关键字的形参即为按值传递的形参。

调用过程时，在此种传递方式下，此形参所对应的实参可以是常量、变量或表达式。

例如，有如下过程的定义：

```
Private Function fun1(ByVal x As Integer,……) As Integer
   ……
EndFunction
```

则调用方式可以是 y=fun1(100,…)等。

**例 8.6**　下面是一个非完整程序，说明 ByVal 参数的使用。

```
Private Sub pp( )
'主调过程
   Dim x As Integer
```

```
    x = 10
    p1(x)                        '调用过程
    TextBox2.Text = x            '此时输出 x 的值仍然为 10,也就是说过程 p1 将 x 加 10
后的结果没反映到主调过程中来。
    EndSub
    Private Function p1(ByVal x As Integer) As Integer
    '被调过程
    x = x + 10
    TextBox1.Text = x            '此时输出 x 的值为原 x 的值加 10
    Return x
End Function
```

**2. 地址传递**

所谓地址传递就是把主调过程中实参的地址传递给被调过程中所对应的形参,在这种方式下,主调过程中的实参和被调过程中做对应的形参共享内存中的单元,在被调过程中对形参所做的任何改变,均会影响到主调过程中的实参,因此可称为双向传递。

在形参前冠以 **ByRef** 关键字的形参即为按地址传递的形参。

调用过程时,在此种传递方式下,此形参所对应的实参只能是变量,否则形参和实参的内存共享无法实现。

例如,有如下过程的定义:

```
    Private Function fun2(…, ByRef y As Integer)As Integer
        ……
    End Function
```

则调用方式可以是 z=fun2(…,y)。

**例 8.7**　下面是一个非完整程序,说明 **ByRef** 参数的使用。

```
    Private Sub pp( )
    '主调过程
    Dim x As Integer
    x = 10
    p1(x)                    '调用过程
    TextBox2.Text = x    '此时输出 x 的值为 20, 也即是过程 p1 将 x 加 10 后的值
End Sub
    Private Function p1(ByRef x As Integer) As Integer
    '被调过程
    x = x + 10
    TextBox1.Text = x    '此时输出 x 的值为原 x 的值加 10
    Return x
End Function
```

### 3. 数组参数的传递

**VB.NET** 允许将数组作为参数在过程间传递。在定义过程时，数组可以作为形式参数出现在过程定义的形式参数列表中，将数组作形式参数的声明格式如下：

ByRef *形式参数*[*数据类型符*] （[[，]······]）[As *数据类型*]

其中，形式参数是数组名，"（[[，]······]）"中无"，"表示一维数组，如"（ ）"；有一个"，"表示二维数组，如"（，）"；有两个"，"表示三维数组，如："（，，）"，等等。

在调用过程时，无论是几维数组，所对应的实参只能是数组名。

传递方式无论是用 ByVal 还是 ByRef，均是传地址。

**例 8.8**　下面是一个非完整程序，旨在说明数组参数的使用。

```
Private Function Average(ByRe fintScore( ) As Integer) As Double
    '被调过程
    ......
End Function
Private Sub pp( )
    '主调过程
        Dim grade( ) As Integer = {80, 60, 70, 86, 78, 90, 68}
        Dim a As Double
        a = average(grade)          '调用过程,数组 grade 作实参,无论形参是几维数
组,调用时所对应的实参只给相应维数数组的数组名即可。
    ......
    End Sub
```

## 8.3.2　参数传递的顺序

参数的传递顺序是指实参和形参结合的顺序，一般有两种，即按形式参数的顺序传递（简称按序传递）和按形式参数的名字传递（简称按名传递）。

例如，有子过程的定义如下：

```
Private Function fun(ByVal x As Integer, ByVal y As Integer, ByValz As
Integer)As Integer
    ......
    End Function
```

其中，x，y，z 为形参。

### 1. 按序传递

所谓按序传递就是按照形参的声明顺序，在调用子过程时，将实参按从左至右顺序一一对应地传递给相对应的形参。

在主调过程中调用过程 fun：

```
Result=fun(a,b,c)
```

其中，a，b，c 为实参，则此时 a→x，b→y，c→z 相结合。

### 2．按名传递

所谓按名传递是指与形参的声明顺序无关，在调用子过程时，用特指的顺序将某个实参与某个形参相关联。

例如，前面定义了过程 fun，如果想使 a→y，b→z，c→x 相结合，则调用方法如下：

```
Result=fun (x:=c,y:=a,z:=b)
```

这里符号 ":=" 不是赋值，只表示对应关系。

**注意**：形参在 ":=" 左边，实参在 ":=" 右边。

按名传递时对形参表的顺序没有限制。例如，也可以这样调用：

```
Result=fun (y:=a,z:=b,x:=c)
```

## 8.4　Sub 过程

Sub 过程类似于 Function 过程，也是一组代码的集合，具有一定的独立性且完成一个特定功能。与 Function 过程不一样的是，Sub 过程可以不需要得到什么结果，只需要它完成一个特定功能，也可能需要获得一个或多个结果。Function 过程需要返回一个值，是通过 Return 语句返回的，只能返回一个值。Sub 过程需要得到结果时，这些结果是通过参数带回主调过程的，也即是 Sub 过程的输入输出都是通过参数来完成的。一般来说 Sub 过程可以代替 Function 过程。当不需要从过程中得到什么结果时或需要得到 2 个及以上的结果时，用 Sub 过程来实现，当只需要得到一个结果时，两种过程均可，但 Function 过程更符合人们的数学习惯和使用方法。

### 8.4.1　Sub 过程的声明

Sub 过程的定义格式如下：

```
[访问方式] Sub 过程名 ([形式参数表])
    [语句序列]
    [ Exit Sub ]
    [语句序列]
End Sub
```

各部分说明：

1）*访问方式*可以是 Public|Private 之一。

Public：表示本项目中任何地方的代码均能访问，默认选项。

Private：表示仅能在本模块被访问。

2）*过程名*是标识符的一种，其命名规则参见标识符的命名规则。

3）*形式参数表*可由零个或多个形式参数组成，形式参数简称形参，形式参数和形式参数之间以"，"间隔，单个形式参数的格式如下：

[ByVal|ByRef]*形式参数*[*数据类型符*] [([,]……)][As *数据类型*]

**ByVal**：表示此参数为传值参数，即调用此过程时将实参的值赋给对应的形参，实参的值不会被改变。默认方式。

**ByRef**：表示此参数为传地址参数，即调用此过程时将实参的地址传给对应的形参，实参的值可能会被改变。

*形式参数*后面的"([,]……)"表示此参数为数组。

*形式参数*后的[*数据类型符*] 和 [As *返回值类型*] 两者取其一。

4）无形式参数表时，过程名后的"()"不能省。

5）如果要得到处理结果，则在语句序列中向相应的参数赋值，这种参数必须是通过ByRef说明的参数。

**例8.9** 编写一个通用的Sub过程，此过程可以显示任意给定行数的，形如图8.5所示的字符三角形。行数通过形参给定，字符三角形通过Label1控件显示。

```
        *
       ***
      *****
     *******
    *********
   ***********
  *************
```
图 8.5　字符三角形

**分析**：此图案是平面二维的，故可使用两重循环实现，从上到下一行一行显示，每一行由星号前面的空格、星号字符和回车换行三部分构成，空格的个数、星号的个数均与行号有关，整个图案构成一个线性字符串，通过 Label1 控件显示输出。具体算法参见例 6.20，这里用 Sub 过程来实现，Sub 过程如下：

```
Private Sub ShowTriangle(ByVal intRowNum As Integer)
    Dim intRow, intCol As Integer
    Label1.Text = ""'清空
    For intRow = 1 To intRowNum
        '下面循环构造某行前面的空格字符串
        For intCol = 1 To intRowNum - intRow
            Label1.Text&= " "
        Next
        '下面的循环构造某行的星号字符串
        For intCol = 1To2 * intRow - 1
            Label1.Text&= "*"
        Next
        Label1.Text&= vbCrLf'链上一个回车换行符
    Next
End Sub
```

**例 8.10** 编写一个求正整数 n 的阶乘 n！的 Sub 过程。

**分析**：这里要用 Sub 过程来编写，可以对比前面的例 8.1 的 Function 过程。输入为 n，输出 n！，输入输出均用参数来实现。

```
Private Sub Fact2(ByVal intN As Integer, ByRef long Result As Long)
    '求 intN 的阶乘, 通过参数 longResult 带回
    Dim i As Integer
    longResult = 1                  '初始化, 向 ByRef 参数赋值
    For i = 1 To intN
        longResult *= i             '向 ByRef 参数赋值
    Next
End Sub
```

**例 8.11**　编写求两个不全为零的正整数的最大公约数和最小公倍数的 Sub 过程。

**分析:** 本例需要获得两个结果, 故不用 Function 过程。这里输入两个数, 输出两个结果。可用 4 个参数来实现, 具体算法参见例 6.25 和 3.2.2 节。

```
Private Sub GcdGld(ByVal intX As Integer, ByVal intY As Integer, ByRef
intResultGcd As Integer, ByRef intResultGld As Integer)
        '求参数 intX 和 intY 的最大公约数和最小公倍数
        '参数 intResultGcd 带回最大公约数, 参数 intResultGld 带回最小公倍数
        Dim intRemainder, intTemp As Integer
        intTemp = intX * intY
        Do While intY<>0
            intRemainder = intX Mod intY
            intX = intY
            intY = intRemainder
        Loop
        intResultGcd = intX
        intResultGld = intTemp \ intResultGcd
    End Sub
```

也可这样实现, 只用两个参数, 这两个参数既用于输入也用于输出 (凡是要通过此参数带回结果的一定是 **ByRef** 型参数)。

```
Private Sub GcdGld2(ByRef intX As Integer, ByRef intY As Integer)
        '求参数 intX 和 intY 的最大公约数和最小公倍数
        '参数 intX 带回最大公约数, 参数 intY 带回最小公倍数
        Dim intRemainder, intTemp As Integer
        intTemp = intX * intY
        Do While intY<>0
            intRemainder = intX Mod intY
            intX = intY
            intY = intRemainder
        Loop
        intY = intTemp \ intX
    End Sub
```

### 8.4.2 Sub 过程的调用

Sub 过程的调用是单独作为一个语句来进行的，其格式如下：

[Call] *过程名*([*实际参数表*])

说明：

Call 关键字可以缺省

实际参数表如下：

*实际参数*[，*实际参数*] ……

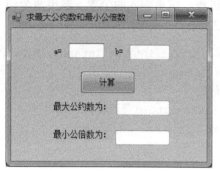

图 8.6 例 8.12 设计界面

实际参数简称实参。

参数的说明同 8.2.2 节 Function 过程的调用。

从被调的 Sub 过程返回到调用过程时，返回到调用语句的下一条语句。

**例 8.12** 编写求两个不全为零的正整数的最大公约数和最小公倍数的程序。

界面如图 8.6 所示，在文本框 txtA 和 txtB 中输入 a 和 b 的值，点击"计算"按钮，则在文本框 txtGcd 和 txtGld 中显示最大公约数和最小公倍数。窗体有关控件的属性及属性值如表 8.3 所示。

表 8.3 例 8.12 的窗体有关控件的属性及属性值

| 序号 | 控件 | 属性 | 值 | 备注 |
|---|---|---|---|---|
| 1 | Form | Name | frmExample8_12 | — |
| | | Text | 求最大公约数和最小公倍数 | — |
| 2 | Button | Name | Button1 | 系统默认名 |
| | | Text | 计算 | — |
| 3 | Label | Name | Label1 | 系统默认名 |
| | | Text | a= | — |
| 4 | Label | Name | Label2 | 系统默认名 |
| | | Text | b= | — |
| 5 | Label | Name | Label3 | 系统默认名 |
| | | Text | 最大公约数为： | — |
| 6 | Label | Name | Label4 | 系统默认名 |
| | | Text | 最小公倍数为： | — |
| 7 | TextBox | Name | txtA | 用于输入 |
| 8 | TextBox | Name | txtB | 用于输入 |
| 9 | TextBox | Name | txtGcd | 用于显示最大公约数 |
| 10 | TextBox | Name | txtGld | 用于显示最小公倍数 |

程序如下：

```
Private Sub Button1_Click(ByVal sender As System.Object, ByVal e As
System.EventArgs) Handles Button1.Click
        Dim intA, intB, intGcd, intGld As Integer
        intA = Val(txtA.Text)
        intB = Val(txtB.Text)
        Call GcdGld(intA, intB, intGcd, intGld)
        txtGcd.Text = Str(intGcd)
        txtGld.Text = Str(intGld)
    End Sub
    Private Sub GcdGld(ByVal intX As Integer, ByVal intY As Integer, ByRef
intResultGcd As Integer, ByRef intResultGld As Integer)
        '此处代码参见例 8.11
    End Sub
```

**例 8.13**　显示图形示例。设计一个显示如图 8.7 所示的图形，在文本框 txtN 中输入 n（行数的一半），点击"显示"按钮，通过 Label1 控件显示图形。设计界面如图 8.8 所示。窗体有关控件的属性及属性值如表 8.4 所示。

图 8.7　例 8.13 运行界面

图 8.8　例 8.13 设计界面

表 8.4　例 8.13 的窗体有关控件的属性及属性值

| 序号 | 控件 | 属性 | 值 | 备注 |
|---|---|---|---|---|
| 1 | Form | Name | frmExample8_13 | — |
|  |  | Text | 打印图案示例 | — |
| 2 | Button | Name | Button1 | 系统默认名 |
|  |  | Text | 显示 | — |
| 3 | TextBox | Name | txtN | 用于输入 |
| 4 | Label | Name | Label1 | 系统默认名 |
| 5 | Label | Name | Label2 | 系统默认名，用于显示图形 |
|  |  | Text | n= | — |

**分析**：从图中可知，它是一个平面图形，故使用两重循环，外循环控制行，内循环控

制列。打印或显示是逐行进行的，每一行由三个部分构成：文本串前面的空格、文本串和回车换行符，故外循环每循环一次都要做这三件事。每行空格的个数和文本个数都和行号有一定关联。

方法一：可按上下两部分显示，将所有行前面的空格、字符和回车换行符连成一个字符串，通过 strResult 参数带回到主调过程，在主调过程中用 Label 控件显示。方法 1 见 ShowGraph 过程，完整程序如下。

```
Private Sub Button1_Click(ByVal sender As System.Object, ByVal e As System.EventArgs) Handles Button1.Click
    Dimn As Integer
    Dims As String
    n = Val(txtN.Text)
    Call ShowGraph(n, s) '调用 Sub 过程 ShowGraph
    Label1.Text = s
End Sub
Private Sub ShowGraph(ByVa lintN As Integer, ByRef strResult As String)
    Dim intRow, intColAsInteger
    strResult = ""
    '构造上半部分
    For intRow = 0 To intN
    '下面的循环连接某行前面的空格
        For intCol = 1 To intN - intRow
            strResult = strResult &" "
        Next
        '下面的循环连接某行的字符，字符和字符数均和行号有关联
        For intCol = 1 To 2 * intRow + 1
            strResult = strResult&Chr(Asc("A") + intRow)
        Next
        strResult = strResult & vbCrLf
    Next
    '构造下半部分
    For intRow = intN - 1 To 0 Step -1
        '下面的循环连接某行前面的空格
        For intCol = 1 To intN - intRow
            strResult = strResult &" "
        Next
        '下面的循环连接某行的字符，字符和字符数均和行号有关联
        For intCol = 1 To 2 * intRow + 1
            strResult = strResult & Chr(Asc("A") + intRow)
        Next
        strResult = strResult & vbCrLf
    Next
End Sub
```

　　方法二：因为此图案上下对称，故编程可按对称方式进行。控制行的外循环可从-n 到 +n 执行，因为行号有正负，故在程序中要对行号取绝对值，方法 2 见下面的 ShowGraph2 过程。

```
Private Sub ShowGraph2(ByVal intN As Integer, ByRef strResult As String)
    Dim intRow, intCol As Integer
    strResult = ""
    For intRow = -intN To intN
        '下面的循环连接某行前面的空格
        For intCol = 1 To Math.Abs(intRow)
            strResult = strResult&" "
        Next
        '下面的循环连接某行的字符，字符和字符数均和行号有关联
        For intCol = 1 To 2 * intN - 2 * Math.Abs(intRow) + 1
            strResult = strResult & Chr(Asc("A") + (intN -
Math.Abs(intRow)))
        Next
        strResult = strResult & vbCrLf
    Next
End Sub
```

　　**例 8.14**　用随机函数产生 n 个 100 以内的整数，n 是运行时给定的，然后对这 n 个数进行排序。点击按钮"产生原始数据并显示"，通过 Label2 控件显示原始数据，每行 5 个，点击按钮"排序并显示结果"，通过 Label3 控件显示排序后的结果，每行 5 个。排序用 Sub 过程实现，算法为选择排序。程序界面如图 8.9 所示，窗体有关控件的属性和属性值如表 8.5 所示。

图 8.9　例 8.14 设计界面

表 8.5　例 8.14 的窗体有关控件的属性及属性值

| 序号 | 控件 | 属性 | 值 | 备注 |
|---|---|---|---|---|
| 1 | Form | Name | frmExample8_14 | — |
| | | Text | 排序示例 | — |
| 2 | Label | Name | Label1 | 系统默认名 |
| | | Text | n= | — |
| 3 | Label | Name | Label2 | 系统默认名 |
| 4 | Label | Name | Label3 | 系统默认名 |
| 5 | TextBox | Name | txtN | — |
| 6 | Button | Name | Button1 | 系统默认名 |
| | | Text | 产生原始数据并显示 | — |
| 7 | Button | Name | Button2 | 系统默认名 |
| | | Text | 排序并显示结果 | — |

程序如下：

```
Public Class frmExample8_14
    Dim arrA( ) As Integer
    Private Sub Button1_Click(ByVal sender As System.Object, ByVal e As
System.EventArgs) Handles Button1.Click
        Dim i, n As Integer
        Dim strResult As String
        n = Val(txtN.Text)
        ReDim arrA(n - 1)
        For i = 0 To n - 1
            arrA(i) = Int(Rnd( ) * 100)
        Next
        strResult = ""
        For i = 0 To n - 1
            strResult &= myFormat(arrA(i), 6)
            If i Mod5 = 4 Then strResult &= vbCrLf
        Next
        Label2.Text = strResult
    End Sub
    Private Sub Button2_Click(ByVal sender As System.Object, ByVal e As
System.EventArgs) Handles Button2.Click
        Dim strResult As String
        Dim i,n As Integer
        Call Sort(arrA)          '调用 Sub 过程 Sort
        n = arrA.Length
        strResult = ""
        For i = 0 To n - 1
```

```
                StrResult &= myFormat(arrA(i), 6)
                If i Mod5 = 4 Then strResult &= vbCrLf
            Next
            Label3.Text = strResult
        End Sub
        Private Function myFormat(ByVal intDigit As Integer, ByVal intWidth
As Integer) As String
            Dim strTemp As String
            strTemp = Trim(Str(intDigit))
            Return Space(intWidth - Len(strTemp)) &strTemp
        End Function
        Private Sub Swap(ByRef x As Integer, ByRef y As Integer)
            Dim intTemp As Integer
            intTemp = x
            x = y
            y = intTemp
        End Sub
        Private Sub Sort(ByRef a( ) As Integer)
            Dim i, j, min, n As Integer
            n = a.Length
            For i = 0 To (n - 1) - 1
                min = i
                For j = i + 1 To n - 1
                    If a(j) <a (min) Then
                        min = j
                    End If
                Next
                If min<>I Then
                    Swap(a(i), a(min))
                End If
            Next
        End Sub
    End Class
```

为了输出规范，本例中编写了一个 Function 过程 myFormat，用于设置数字 intDigit 的输出宽度。同时，在本例中还编写了一个 Sub 过程 Swap，用于两个整数的交换，如此可增加程序的可读性。

## 8.5　　　变量的特性

在 VB.NET 中，所有的代码必须写在过程中。而变量既可在过程外声明，也可在过程内声明，还可在程序块内声明。变量的特性包括生存期、可访问性和范围等内容。

### 8.5.1 生存期

所谓"生存期"是指变量(或对象)从诞生到结束的这段时间。在生存期内变量将保持它的值不变，直到它被更新为止。变量的生存期可分为动态生存期和静态生存期两种。

1）在窗体模块、过程或程序块内定义的变量一般都是具有动态生存期的变量。这种生存期变量一般诞生于变量的声明点，结束于其作用域结束处。

例如下面的控制台应用程序，模块级变量 a 在模块结束时消亡；过程级变量 i 在过程结束时消亡；程序块级变量 b，在程序块（这里是循环）结束时消亡。

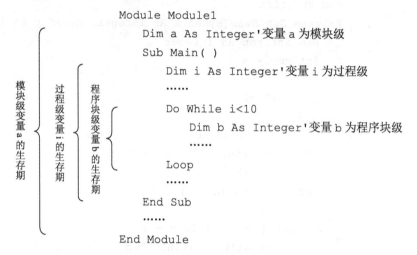

2）静态生存期表示和程序的运行期相同，即程序结束时变量才结束(消亡)。一般在模块中定义的变量或在过程中定义变量时使用 static 定义的变量均为静态生存期的变量。

例如 statica as integer：当过程结束时，变量 a 不消失，仍然存在，且保持退出过程时的值不变，只是不能使用。当再次进入该过程时，可继续使用，且使用上次退出时的值。

例如，设计如图 8.10 的演示程序，此演示程序就是记录鼠标在窗口中单击的次数。

图 8.10　演示程序界面

窗体的 Form1_Click 过程如下：

```
Private Sub Form1_Click(ByVal sender As Object, ByVal e As System.
EventArgs) Handles Me.Click
    Dim counter As Integer
    counter = counter + 1
    TextBox1.Text = counter
End Sub
```

如果按此定义变量 counter，则不能记录鼠标单击次数，因为每单击一次鼠标，Form1_Click 过程执行完后，变量 counter 即死亡，再单击则重新定义，且初始化为 0，此种变量是动态生存期的局部变量。所以要想能够记录鼠标点击次数，必须将 counter 定义为 static 型的，即 Static counter As Integer，或者将变量 counter 定义为模块级的变量。

### 8.5.2 范围与可访问性

#### 1. 范围

变量的"范围"为一个代码集合，即一个变量能够起作用的区域。变量可以具有下列范围级别之一：①块范围：仅在声明变量的程序块内可用；②过程范围：仅在声明变量的过程内可用；③模块范围：可用于声明变量的模块、类或结构中的所有代码；④命名空间范围：可用于命名空间中的所有代码。

这些范围级别从最窄的（块）直到最宽的（命名空间），其中"最窄的范围"是指不用限定即可引用变量的最小代码集。

在声明变量时指定变量的范围。范围取决于下列因素：①声明变量的区域（块、过程、模块、类或结构），参见 8.5.1 变量的生存期；②包含变量声明的命名空间；③为变量声明的可访问性。

#### 2. 可访问性

所谓"可访问性"是指变量在其作用的范围内是否可被访问。这不仅取决于声明变量本身的方式，还取决于变量容器的可访问性。如果包含变量的容器是不可访问的，则其包含的所有变量都是不可访问的，甚至是已声明为 Public 的变量。

（1）Public

例如：Public intVar As Integer

Public 关键字声明的变量可从以下位置访问：同一项目中的任意位置，引用该项目的其他项目，以及由该项目生成的程序集。

仅可以在模块、命名空间或文件级使用 Public。这意味着可以在源文件中或在模块、类或结构内（但不能在过程中）声明 public 变量。

（2）Private

例如：Private intVar As Integer

Private 关键字声明变量仅可以从同一模块、类或结构内访问。

仅可以在模块、命名空间或文件级使用 Private。这意味着可以在源文件中或在模块、类或结构内（但不能在过程中）声明 private 变量。

注意：在模块级，没有任何可访问性关键字的 Dim 语句与 Private 声明等效。但使用 Private 关键字能使代码更易于阅读和解释。

不同作用域范围的 3 种变量声明及使用规则如表 8.6 所示。

表 8.6　不同作用域范围的 3 种变量声明及使用规则

| 变量类型 | 局部变量 | 模块变量 | 全局变量 |
| --- | --- | --- | --- |
| 声明方式 | Dim、static | Dim、Private | Public |
| 声明位置 | 在过程内 | 模块通用声明段 | 模块通用声明段 |
| 能否被本模块的其他过程存取 | 不能 | 能 | 能 |
| 能否被其他模块存取 | 不能 | 不能 | 能，但在变量名前加其模块名限定 |

当某个区域是公共区域，即它既是全局或模块级变量的作用范围，同时也是过程级或程序块级变量的作用范围，如果变量名不同，则在此区域，不同变量均是可访问的。如果变量名相同，则最小作用范围的变量是可访问的，其他范围的变量被屏蔽了，例如下面的控制台应用程序示例。

```
Module Module1
    Dim a As Integer = 100'此变量a为模块级
    Sub Main( )
        Dim i As Integer'变量i为过程级
        i = 1
        Do While i<10
            Dim a As Integer = 20'此变量a为程序块级
            System.Console.WriteLine("{0}", a)    '此处输出为20
            i = i + 1
        Loop
        System.Console.WriteLine("{0}", a)    '此处输出为100
        System.Console.ReadKey( )
    End Sub
End Module
```

在示例中定义了相同名字的变量 a，一个是模块级，一个是程序块级，在循环程序块中输出的 a 是程序块级的，模块级的 a 被屏蔽掉了。如果想使用模块级的 a，则在变量前加上范围前缀，如 Module1.a，当模块为当前窗体时，前缀为 Me。

循环中的输出语句可以这样写：

```
System.Console.WriteLine("{0}", Module1.a)
```

如此即可输出模块级变量 a 的值 100。

## 8.6　综 合 应 用

在开发一个程序时，应尽量使用模块化程序设计方法来实现，把一些主要工作都用自己编写的功能过程（如 Function 过程或 Sub 过程）来实现，在事件过程中主要做一些对其他控件属性的设置这样一些操作，在各个功能过程中最好不要做对控件的操作。

**例 8.15**　在财务金融的应用中，经常需要把小写的阿拉伯数字转换成大写的中文数字，在这里编写一个数字转换程序来实现这种功能。假设最大数为不超过 16 位的十进制数，这里只做整数的转换。程序界面见图 8.11 所示，在文本框中输入阿拉伯数字，通过 Label3 控件显示其对应的中文数字。窗体有关控件的属性和属性值如表 8.7 所示。

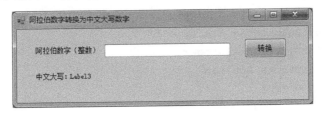

图 8.11　例 8.15 设计界面

**表 8.7　例 8.15 的窗体有关控件的属性及属性值**

| 序号 | 控件 | 属性 | 值 | 备注 |
|---|---|---|---|---|
| 1 | Form | Name | frmExample8_15 | — |
| | | Text | 阿拉伯数字转换为中文大写数字 | — |
| 2 | Label | Name | Label1 | 系统默认名 |
| | | Text | 阿拉伯数字（整数） | — |
| 3 | Label | Name | Label2 | 系统默认名 |
| | | Text | 中文大写： | — |
| 4 | Label | Name | Label3 | 系统默认名 |
| 5 | TextBox | Name | TextBox1 | 系统默认名 |
| 6 | Button | Name | Button1 | 系统默认名 |
| | | Text | 转换 | — |

**分析**：一个阿拉伯数字转换成中文数字，必须和人们的阅读习惯一致。例如，205 读作贰佰零伍，10340 读作壹万零叁佰肆拾等。那么如何转换呢？先分析一下数字的构成，如表 8.8 所示。

**表 8.8　数字的构成**

| 数位 | 16 | 15 | 14 | 13 | 12 | 11 | 10 | 9 | 8 | 7 | 6 | 5 | 4 | 3 | 2 | 1 |
|---|---|---|---|---|---|---|---|---|---|---|---|---|---|---|---|---|
| 数量单位 | | 仟 | 佰 | 拾 | | 仟 | 佰 | 拾 | | 仟 | 佰 | 拾 | | 仟 | 佰 | 拾 | |
| | | 万 | | | | | | | 万 | | | | | | | |
| | | 亿 | | | | | | | | | | | | | | |

由表 8.8 可知，从个位起，4 位数字为一个基本单位，超过 4 位时，其都是由基本单位反复构成的，5～8 位以"万"为单位，超过 8 位时则再加"亿"单位。故编程时，可考虑用一个过程转换 4 位以内的数，这是最重要的一个过程，再用一个过程转换 5～8 位之间的数，最后用一个过程转换 8 位以上的数。程序如下：

```
Private Sub Button1_Click(ByVal sender As System.Object, ByVal e As
System.EventArgs) Handles Button1.Click
        Label3.Text = Convert16(Val(TextBox1.Text))
    End Sub
    Private Function Convert4(ByVal intValue4 As Integer) As String
        '4 位以内整数的转换
        Dim strDigit( ) As String = {"零", "壹", "贰", "叁", "肆", "伍", "
陆", "柒", "捌", "玖"}
        Dim strUnit( ) As String = {"拾", "佰", "仟"}
        Dim strResult4 As String = ""
        Dim intBit, k As Integer
        Dim blnTag As Boolean
        blnTag = True
        For k = 0 To 3
            If intValue4 = 0 Then Exit For
            int Bit = intValue4 Mod 10
            If intBit>0 Then
                If k>0 Then
                    strResult 4 = strUnit(k - 1) & strResult4
                End If
                strResult 4 = strDigit(intBit) & strResult4
                blnTag = False
            Else
                If Not blnTag Then
                    '多个连续零的处理
                    strResult4 = strDigit(intBit) & strResult4
                    blnTag = True
                End If
            End If
            intValue4 \= 10
        Next k
        Return strResult4
    End Function
    Private Function Convert8(ByVal intValue8 As Long) As String
        '8 位以内整数的转换
        Dim strResult8 As String
        Dim intLow4 As Integer
```

```
        intLow4 = intValue8 Mod 10000&
        strResult8 = Convert4(intLow4)      '低 4 位的转换
        intValue8 \= 10000&
        If intValue8>0&Then
            If intLow4<1000& Then
                strResult8 = "零" & strResult8'不够 4 位时前面加零
            End If
            strResult8 = Convert4(intValue8) & "万" & strResult8  '高 4 位的
转换
        End If
        Return strResult8
    End Function
    Private Function Convert16(ByRef intValue16 As Long) As String
        '16 位以内整数的转换
        Dim strResult16 As String
        Dim intLow8 As Long
        intLow8 = intValue16 Mod 100000000&
        strResult16 = Convert8(intLow8)      '低 8 位的转换
        intValue16 \= 100000000&
        If intValue16>0& Then
            If intLow8<10000000& Then
                strResult16 = "零" & strResult16 '不够 8 位时前面加零
            End If
            strResult16 = Convert8(intValue16)&"亿"&strResult16 '高 8 位的转换
        End If
        Return strResult16
    End Function
```

**例 8.16** 试编写一个显示某年某月月历的程序，界面如图 8.12 和图 8.13 所示。窗体有关控件的属性和属性值如表 8.9 所示。

图 8.12 例 8.16 运行界面 1

图 8.13 例 8.16 运行界面 2

表 8.9　例 8.16 的窗体有关控件的属性及属性值

| 序号 | 控件 | 属性 | 值 | 备注 |
|------|------|------|-----|------|
| 1 | Form | Name | frmExample8_16 | — |
|   |      | Text | 月历程序 | — |
| 2 | Label | Name | Label1 | 系统默认名 |
| 3 | Label | Name | Label2 | 系统默认名 |
| 4 | Label | Name | Label3 | 系统默认名 |
| 5 | Label | Name | Label4 | 系统默认名 |
|   |      | Text | 年 | — |
| 6 | Label | Name | Label3 | 系统默认名 |
|   |      | Text | 月 | — |
| 7 | TextBox | Name | txtYear | — |
| 8 | TextBox | Name | txtMonth | — |
| 9 | Button | Name | Button1 | 系统默认名 |
|   |      | Text | 显示 | — |

**分析**：要能显示月历必须知道那个月的 1 日是星期几，且还要知道那个月有多少天。要想知道那个月的 1 日是星期几，又需要知道那一年的元旦是星期几。

计算方法如下：

$$k = y + \frac{y-1}{4} - \frac{y-1}{100} + \frac{y-1}{400}$$

y 为公元年号，k mod 7 即为星期几，0 表示星期天，6 表示星期六。注意除法为整除！

还要知道那一年的那个月的前面几个月共有多少天，这又需要知道那一年是否是闰年。另外，任何一个月的日期最多分散在 6 月星期中，也就是最多有 6 行。故可采用一个 6 行 7 列的数组来存放月历，然后再通过 Label3 控件显示。这里编写了许多小的功能子过程，便于实现，便于阅读理解。程序如下：

```
Private Sub Button1_Click(ByVal sender As System.Object, By Vale As
System.EventArgs) Handles Button1.Click
    Dim y, m As Integer
    y = Val(txtYear.Text)
    m = Val(txtMonth.Text)
    Label1.Text = y & "年" & m & "月"
    Label3.Text = Mcal(y, m)
End Sub
Private Function Mcal(ByVal y As Integer, ByVal m As Integer) As String
    '生成月历
    Dim a(5, 6) As Integer
    Dim i, j, k As Integer
    Dim s As String
    i = 0
    j = WeekdayOfMonth(y, m)
```

```
                For k = 1 To Days2(y, m)
                    a(i, j) = k
                    j += 1
                    If j>6 Then
                        j = 0
                        i += 1
                    End If
                Next
                s = ""
                For i = 0 To 5
                    For j = 0 To 6
                        s = s & myFormat(a(i, j), 6)
                    Next
                    s = s & vbCrLf
                Next
                Return s
        End Function
        Private Function Weekday(ByVal year As Integer) As Integer
            '求给定年的元旦是星期几
            Dimk As Integer
            k = year + (year - 1) \ 4 - (year - 1) \ 100 + (year - 1) \ 400
            Return k Mod 7
        End Function
        Private Function Days(ByVal year As Integer, ByVal month As Integer) As
Integer
            '求某年某月 1 日前在当年内有多少天
            Dim DaysOfMonth() As Integer = {31, 28, 31, 30, 31, 30, 31, 31, 30,
31, 30, 31}
            Dim m, sum As Integer
            If leap(year) Then DaysOfMonth(1) = 29
            sum = 0
            For m = 1 To month - 1
                sum += DaysOfMonth(m - 1)
            Next
            Return sum
        End Function
        Private Function Days2(ByVal year As Integer, ByVal month As Integer)
As Integer
            '返回某年某月的天数
            Dim DaysOfMonth() As Integer = {31, 28, 31, 30, 31, 30, 31, 31, 30,
31, 30, 31}
            If leap(year) Then DaysOfMonth(1) = 29
```

```
        Return DaysOfMonth(month - 1)
    End Function
    Private Function WeekdayOfMonth(ByVal year As Integer, ByVal month As
Integer) As Integer
        '求某年某月 1 日是星期几
        Dim k As Integer
        k = Weekday(year) + Days(year, month)
        Return k Mod7
    End Function
    Private Function leap(ByVal year As Integer) As Boolean
        '判断给定年是否闰年
        If year Mod 4 = 0 Then
            If year Mod 100 = 0 Then
                If year Mod 400 = 0 Then
                    Return True
                Else
                    Return False
                End If
            Else
                Return True
            End If
        Else
            Return False
        End If
    End Function
    Private Function myFormat(ByVal digit As Integer, ByVal width As Integer)
As String
        '格式化数据
        Dim s As String
        If digit<>0 Then
            s = Trim(Str(digit))
            Return Space(width - Len(s)) &s
        Else
            Return Space(width)
        End If
    End Function
    Private Sub Form1_Load(ByVal sender As System.Object, ByVal e As
System.EventArgs) Handles MyBase.Load
        Label2.Text = "日    一    二    三    四    五    六"
    End Sub
```

# 习 题

1. 任意输入两个正整数，对这两个数约分。如输入 12 和 8，约分后的结果为(3,2)。输出格式：(12,8)—>(3,2)，如果两个数互质，则输出提示"两个数互质"。

2. 编写一个能进行加、减、乘、除四则运算的程序，四种运算和综合各用一个 Function 过程实现，然后再某个事件过程或主过程中调用综合过程来完成四则运算。输入为两个操作数和一个运算符，输出为计算结果。说明：除法为整除运算，运算符错时给出提示。

3. 试编程求给定的一个正整数的从个位开始的某位是多少，用过程来实现，如 digit(5643287,3)=2，当位置超过位数时结果为-1，如 digit(5643287,8)=-1 。

4. 试编程求所有水仙花数。水仙花数是这样的一个三位数，它的三个位置上的数字的立方之和等于它本身，如 $153=1^3+5^3+3^3$。判断某数是否为水仙花数用过程实现。

5. 在文本框中输入一些数据，以逗号间隔，试编程将其逆序输出，数据之间用分号间隔。要求自编过程求逆，不用数组列表中的 Reverse 功能。

 **拓展阅读**

埃德加·科德（Edgar Frank Codd，1923～2003）是密执安大学哲学博士，IBM 公司研究员，被誉为"关系数据库之父"，并因为在数据库管理系统的理论和实践方面的杰出贡献于 1981 年获图灵奖。

1970 年，科德发表题为"大型共享数据库的关系模型"的论文，文中首次提出了数据库的关系模型。由于关系模型简单明了、具有坚实的数学理论基础，所以一经推出就受到了学术界和产业界的高度重视和广泛响应，并很快成为数据库市场的主流。20 世纪 80 年代以来，计算机厂商推出的数据库管理系统几乎都支持关系模型，数据库领域当前的研究工作大都以关系模型为基础。

# 用户界面设计

用户界面是用户与计算机之间交互并实现数据传送的系统部件，它是 VB.NET 应用程序的重要组成部分。一个好的应用程序不仅要有强大的功能，还要有友好、实用的用户界面。

本章主要介绍 VB.NET 用户界面设计中常用控件的相关知识。

## 9.1　　　　　　　单选按钮和复选框

在应用程序中，有时候需要用户做出选择，为此，VB.NET 提供了几个用于选择的控件，包括单选按钮、复选框、列表框和组合框等。本节介绍单选按钮和复选框，下一节介绍列表框和组合框。

### 9.1.1　单选按钮

单选按钮控件（RadioButton）一般成组出现，其作用是为用户提供两个或者多个互斥选项组成的集合，当用户选中一个按钮时，此单选按钮会变成选中状态◉，而其他单选按钮自动变成未选中状态〇。

1）单选按钮的常用属性如表 9.1 所示。

表 9.1　单选按钮常用属性

| 属性 | 功能说明 |
| --- | --- |
| Name | 单选按钮名称 |
| Text | 单选按钮上显示的文本 |
| Checked | 取值为 True 或者 False，用于表示当前单选按钮是否被选定 |

2）单选按钮的常用事件如表 9.2 所示。

表 9.2　单选按钮常用事件

| 事件 | 功能说明 |
| --- | --- |
| Click | 单击单选按钮时将触发该事件 |
| CheckedChanged | 该事件在单选按钮选择状态改变时触发 |

请注意 Click 事件与 CheckedChanged 事件的不同之处。当一个单选按钮处于选中状态时，单击此按钮并不会改变它的选择状态，因此此时发生了 Click 事件而未发生

CheckedChanged 事件。反之，当一个单选按钮处于未选中状态时，单击它即会改变它的选择状态，对于此按钮而言，此时既发生了 Click 事件也发生了 CheckedChanged 事件，并且，在单击前处于选中状态的另一个按钮也同时发生了 CheckedChanged 事件。

**例 9.1** 在窗体上有两个单选按钮和一个文本框，单选按钮的标题分别为"1～300 之间的素数"和"301～500 之间的素数"。单击"1～300 之间的素数"单选按钮，则在文本框中显示 1～300 之间的素数；单击"301～500 之间的素数"单选按钮，则在文本框中显示 301～500 之间的素数。

界面设计：

程序的界面如图 9.1 所示。

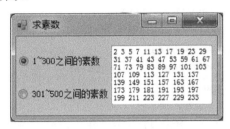

图 9.1 例 9.1 的界面设计

属性设置：

窗体和各控件的属性设置如表 9.3 所示。

表 9.3 例 9.1 的窗体和控件的属性及属性值

| 序号 | 控件 | 属性 | 值 | 备注 |
|---|---|---|---|---|
| 1 | Form | Name | frmExample9_1 | — |
| | | Text | 求素数 | — |
| 2 | RadioButton | Name | radPrime1 | 用途：在文本框中显示 1～300 之间的素数 |
| | | Text | 1～300 之间的素数 | — |
| | | Checked | True | 处于选中状态 |
| 3 | RadioButton | Name | radPrime2 | 用途：在文本框中显示 301～500 之间的素数 |
| | | Text | 301～500 之间的素数 | — |
| | | Checked | False | 系统默认值 |
| 4 | TextBox | Name | txtDisplay | 用途：显示素数 |
| | | Multiline | True | 文本能够跨越多行 |

程序代码：

```
Private Sub radPrime1_CheckedChanged(ByVal sender As System.Object,
ByVal e As System.EventArgs) Handles radPrime1.CheckedChanged
    Dim intStart, intEnd, i As Integer
    Dim strDisplay As String
    If radPrime1.Checked Then
```

```
        intStart = 1 : intEnd = 300
    Else
        intStart = 301 : intEnd = 500
    End If
    strDisplay = ""
    For i = intStart To intEnd
        If IsPrime(i) = True Then strDisplay = strDisplay & i & " "
    Next i
    txtDisplay.Text = strDisplay
End Sub
Function IsPrime(ByVal intNumber%) As Boolean
    Dim i As Integer
    Dim blnPrime As Boolean
    If intNumber < 2 Then Return False
    blnPrime = True
    For i = 2 To intNumber - 1
        If (intNumber Mod i) = 0 Then blnPrime = False : Exit For
    Next i
    Return blnPrime
End Function
```

程序设计说明：

1）本例通过编写一个函数过程来判断一个整数是否为素数。如果参数 intNumber 是素数，则函数 IsPrime 的返回值为 True，否则为 False。

2）由于本例中只有两个单选按钮，当一个单选按钮的选择状态发生改变时，另一个单选按钮的状态也必定发生改变，因此只需要编写任意一个单选按钮的 CheckedChanged 事件过程即可完成题目所要求的功能。

### 9.1.2　复选框

复选框控件（CheckBox）用于列举一系列选项供用户选择，用户一次可以选择多项，多个复选框可以同时存在但相互独立。

1）复选框的常见属性如表 9.4 所示。

表 9.4　复选框常用属性

| 属性 | 功能说明 |
| --- | --- |
| Name | 复选框名称 |
| Text | 复选框上显示的文本 |
| Checked | 取值为 True 或者 False，用于表示当前复选框是否被选定 |

2）复选框的常用事件如表 9.5 所示。

表 9.5 复选框常用事件

| 事件 | 功能说明 |
|---|---|
| Click | 单击复选框时将触发该事件 |
| CheckedChanged | 该事件在复选框选择状态改变时触发 |

**例 9.2** 在窗体上有 6 个标题分别为"松鼠鳜鱼""宫保鸡丁""灯影牛肉""东坡肘子""水煮肉片""蟹黄豆腐"的复选框控件。用户选择所需的菜品，单击标题为"点菜"的命令按钮后，将在文本框中显示用户点的所有菜品。

界面设计：

程序的界面如图 9.2 所示。

图 9.2 例 9.2 的界面设计

属性设置：

窗体和各控件的属性设置如表 9.6 所示。

表 9.6 例 9.2 的窗体和控件的属性及属性值

| 序号 | 控件 | 属性 | 值 | 序号 | 控件 | 属性 | 值 |
|---|---|---|---|---|---|---|---|
| 1 | Form | Name | frmExample9_2 | 6 | CheckBox | Name | chkDish5 |
| | | Text | 点菜系统 | | | Text | 水煮肉片 |
| 2 | CheckBox | Name | chkDish1 | 7 | CheckBox | Name | chkDish6 |
| | | Text | 松鼠鳜鱼 | | | Text | 蟹黄豆腐 |
| 3 | CheckBox | Name | chkDish2 | 8 | TextBox | Name | txtSummary |
| | | Text | 宫保鸡丁 | | | Multiline | True |
| 4 | CheckBox | Name | chkDish3 | 9 | Button | Name | btnOrder |
| | | Text | 灯影牛肉 | | | Text | 点菜 |
| 5 | CheckBox | Name | chkDish4 | — | — | — | — |
| | | Text | 东坡肘子 | | | | |

程序代码：

```
    Private Sub btnOrder_Click(ByVal sender As System.Object, ByVal e As
System.EventArgs) Handles btnOrder.Click
        txtSummary.Text = "您点的菜品有："
```

```
    If chkDish1.Checked Then txtSummary.Text &= chkDish1.Text & "、"
    If chkDish2.Checked Then txtSummary.Text &= chkDish2.Text & "、"
    If chkDish3.Checked Then txtSummary.Text &= chkDish3.Text & "、"
    If chkDish4.Checked Then txtSummary.Text &= chkDish4.Text & "、"
    If chkDish5.Checked Then txtSummary.Text &= chkDish5.Text & "、"
    If chkDish6.Checked Then txtSummary.Text &= chkDish6.Text & "、"
    txtSummary.Text = Microsoft.VisualBasic.Left(txtSummary.Text,
Len(txtSummary.Text) - 1) & "。"
    End Sub
```

程序设计说明：

当用户单击命令按钮时，通过复选框的 Checked 属性值来依次判断各复选框的状态。如果复选框是处于选中状态，则将相应的菜名和一个顿号"、"加入到 txtSummary 的文本后面。最后，将 txtSummary 文本最后的顿号"、"改为句号"。"。

运行结果：

程序的运行效果如图 9.3 所示。

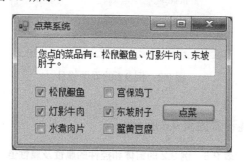

图 9.3　例 9.2 的运行效果

**思考**：单选按钮与复选框的最重要区别是什么？

# 9.2　列表框和组合框

## 9.2.1　列表框

使用应用程序时，经常要进行按项目统计或查询等操作，如果每次操作时都要在文本框中输入项目名称，再进行查询或统计，对用户来讲会是一件比较麻烦的事情。使用列表框控件（ListBox），编程人员可预先在设计时或通过程序代码动态地对有可能使用的项目名称进行提前设置，这样程序运行时，用户只需要在列表框中选择即可。

列表框控件通过显示多个选项，供用户选择，以达到与用户对话的目的。如果项目数超过了列表框可显示的数目，控件上将自动出现滚动条。

1）列表框的常用属性如表 9.7 所示。

表 9.7 列表框的常用属性

| 属性 | 功能说明 |
| --- | --- |
| Name | 列表框名称 |
| Items | 列表框中列表项的集合。Items 是一个用于保存选项的字符串数组，列表框中的每一个列表项都是该数组中的一个元素 |
| Sorted | 设置是否对列表框中的各项进行排序。默认为 False，即按照加入列表时的先后顺序排列，如果为 True，则按照字母或数字升序排列 |
| SelectionMode | 指示列表框是单项选择、多项选择还是不可选择。属性值如下：<br>① None：不能在列表框中选择。<br>② One（默认值）：只能选则一项，选择另一项时将自动取消对前一项的选择。<br>③ MultiSimple：简单多选，选择某一项后，不会取消前面所选项。如果要取消已选择的项，只要再次单击该项。<br>④ MultiExtended：扩展多选，可用鼠标配合 Shift 或 Ctrl 键来进行选择 |
| SelectedIndex | 被选中选项的下标（整数）。如果没有选项被选中时为-1，如果选定了列表中的第一项，则该属性值为 0，当选定多项时，SelectedIndex 值为选定项中下标最小的列表项 |
| Text | 列表框中被选定项的文本 |
| Items.Count | 列表框中列表的项数（整数值）。因为 Items 属性下标从 0 开始，所以 Items.Count 属性的值通常比最后一项的下标值大 1 |

注意：当列表框的 SelectionMode 的属性值为 MultiSimple 或 MultiExtended 时，SelectedIndex 的值为选中的最小下标，Text 的值为选中的下标最小的选项值。

2）列表框的常用事件如表 9.8 所示。

表 9.8 列表框的常用事件

| 事件 | 功能说明 |
| --- | --- |
| Click | 鼠标单击列表框时触发 |
| DoubleClick | 鼠标双击列表框时触发 |
| SelectedIndexChanged | 列表框中选定项发生变化时触发 |

3）列表框常用的方法如表 9.9 所示。

表 9.9 列表框常用的方法

| 方法 | 功能说明 |
| --- | --- |
| Items.Clear | 删除列表框中的所有项目 |
| Items.Add | 向列表框的尾部添加一项 |
| Items.Insert | 在列表框的指定位置插入一项，插入的位置不能超过列表框中已有项的最大下标值+1，否则出错 |
| Items.Remove | 删除列表框中指定内容的列表项 |
| Items.RemoveAt | 删除列表框中指定位置的列表项 |

下面介绍如何实现对列表框的基本操作。

1. 向列表框中添加项目

向列表框中添加项目可以使用 Items.Insert 方法和 Items.Add 方法。Items.Insert 的语法格式如下：

　　　　*列表框名*.Items.Insert(*下标，添加项内容*)

"添加项内容"必须是字符串型数据。"下标"指定在列表中插入新项目的位置。"下标"为 0 表示第一个位置。

Items.Add 的语法格式如下：

　　　　*列表框名*.Items.Add(*添加项内容*)

Items.Add 将新的项目添加到列表框的末尾。

**例 9.3**　　在窗体上有一个名为 lstCountry 的空列表框，通过窗体的 Load 事件过程向该列表框中添加"Germany" "India" "France" "USA"和"China" 5 个项目。

程序代码：

```
Private Sub frmExample9_3_Load(ByVal sender As System.Object, ByVal e
As System.EventArgs) Handles MyBase.Load
        lstCountry.Items.Insert(0, "Germany")
        lstCountry.Items.Insert(1, "India")
        lstCountry.Items.Insert(2, "France")
        lstCountry.Items.Insert(3, "USA")
        lstCountry.Items.Add("China")
End Sub
```

程序的界面如图 9.4 所示，运行结果如图 9.5 所示。

图 9.4　例 9.3 的界面设计

图 9.5　例 9.3 的运行效果

### 2. 从列表框中删除项目

从列表中删除指定项目可用 Items.Remove 方法和 Items.RemoveAt 方法。Items.Clear 方法用来删除列表框中的所有项目。Items.Remove 的语法格式如下：

　　　　*列表框名*.Items.Remove(*删除项内容*)

例如：lstCountry.Items.Remove("USA")表示删除列表框中内容为"USA"的项目。

Items.RemoveAt 的语法格式如下：

　　　　*列表框名*.Items.RemoveAt(*下标*)

例如，在上例中使用 lstCountry.Items.RemoveAt(3)将删除列表框中的第 4 项（内容为"USA"）。

Items.Clear 的语法格式如下：

   *列表框名*.Items.Clear( )

例如，在上例中使用 lstCountry.Items.Clear( )将使列表框变为空列表框。

### 3. 通过 Text 属性获取列表内容

通常，获取当前选定项目值的最简单方法是使用 Text 属性。Text 属性总是对应用户在运行时选定的列表项目。例如，当用户从列表框中选定"China"列表项并双击列表框时，下列代码将在消息框中显示有关中国人口的信息：

```
Private Sub lstCountry_DoubleClick(ByVal sender As Object, ByVal e As
System.EventArgs) Handles lstCountry.DoubleClick
    If lstCountry.Text = "China" Then
        MsgBox("China has 13 hundred million people.")
    End If
End Sub
```

### 4. 用 Items 属性访问列表项目

可用 Items 属性访问列表的全部项目。此属性为一个数组，列表框中的每个项目都是该数组的元素。每个项目必须以字符串形式表示。引用列表的项目时应使用如下语法：

   *列表框名*.Items( *下标* )

下标是项目的位置。顶端项目的下标为 0，接下来的项目下标为 1，依次类推。例如，下列语句在文本框 txtCountry 中显示列表框 lstCountry 的第三个项目的内容：

   txtCountry.Text =lstCountry.Items(2)

### 5. 用 SelectedIndex 属性判断位置

如果要知道列表中已选定项目的位置，则用 SelectedIndex 属性。此属性只在运行时可用，它设置或返回控件中当前选定项目的下标。设置列表框的 SelectedIndex 属性也将触发控件的 click 事件。

如果选定第一个（顶端）项目，则 SelectedIndex 的属性值为 0，如果选定下一个项目，则属性的值为 1，依次类推。若未选定项目，则 SelectedIndex 值为-1。

### 6. 使用 Items.Count 属性返回项目数

为了得到列表框中项目的数目，应使用 Items.Count 属性。列表框中的项目个数为：列表框名.Items.Count，列表框最后一项的下标为：列表框名.Items.Count-1。

**例 9.4** 创建一个添加或删除歌手名的应用程序，如图 9.6 所示。

要求：在窗体上有两个列表框，左列表框（lstLeft）罗列了一些歌手名字，右列表框（lstRight）初始状态为空；单击 ">" 按钮（btnAdd），可以将左列表框中的选定项移到右边列表框；单击"＞＞"按钮（btnAddAll），可以将左列表框中所有的内容移到右列表框；单击"＜"按钮（btnDelete），可以将右列表框中的选定项移到左列表框；单击"＜＜"按钮（btnDeleteAll），可以将右列表框中的所有内容移到左列表框。

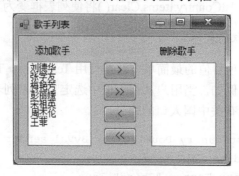

图 9.6　例 9.4 的界面设计

属性设置：

窗体和各控件的属性设置如表 9.10 所示。

表 9.10　例 9.4 的窗体和控件的属性及属性值

| 序号 | 控件 | 属性 | 值 | 备注 |
|---|---|---|---|---|
| 1 | Form | Name | frmExample9_4 | — |
| | | Text | 歌手列表 | — |
| 2 | ListBox | Name | lstLeft | 位于窗体的左边 |
| 3 | ListBox | Name | lstRight | 位于窗体的右边 |
| 4 | Button | Name | btnAdd | 用途：将左列表框中的选定项移到右边列表框 |
| | | Text | ＞ | — |
| 5 | Button | Name | btnAddAll | 用途：将左列表框中所有的内容移到右列表框 |
| | | Text | ＞＞ | — |
| 6 | Button | Name | btnDelete | 用途：将右列表框中的选定项移到左列表框 |
| | | Text | ＜ | — |
| 7 | Button | Name | btnDeleteAll | 用途：将右列表框中的所有内容移到左列表框 |
| | | Text | ＜＜ | — |
| 8 | Label | Name | Label1 | 系统默认名 |
| | | Text | 添加歌手 | — |
| 9 | Label | Name | Label2 | 系统默认名 |
| | | Text | 删除歌手 | — |

程序代码：

```
Private Sub frmExample9_4_Load(ByVal sender As System.Object, ByVal e
As System.EventArgs) Handles MyBase.Load
        lstLeft.Items.Add("刘德华")
        lstLeft.Items.Add("张学友")
        lstLeft.Items.Add("梅艳芳")
        lstLeft.Items.Add("彭丽媛")
```

```
                lstLeft.Items.Add("宋祖英")
                lstLeft.Items.Add("周杰伦")
                lstLeft.Items.Add("王菲")
        End Sub
        Private  Sub  btnAdd_Click(ByVal  sender  As  Object,  ByVal  e  As
System.EventArgs) Handles btnAdd.Click
            If lstLeft.SelectedIndex >= 0 Then
                    lstRight.Items.Add(lstLeft.Text)
                    lstLeft.Items.Remove(lstLeft.Text)
            Else
                    MsgBox("请选择歌手!")
            End If
        End Sub
        Private  Sub  btnAddAll_Click(ByVal  sender  As  Object,  ByVal  e  As
System.EventArgs) Handles btnAddAll.Click
            Dim i As Integer
            For i = 0 To lstLeft.Items.Count - 1
                    lstRight.Items.Add(lstLeft.Items(i))
            Next i
                lstLeft.Items.Clear( )
        End Sub
        Private  Sub  btnDelete_Click(ByVal  sender  As  Object,  ByVal  e  As
System.EventArgs) Handles btnDelete.Click
            If lstRight.SelectedIndex >= 0 Then
                    lstLeft.Items.Add(lstRight.Text)
                    lstRight.Items.Remove(lstRight.Text)
            Else
                    MsgBox("请选择歌手!")
            End If
        End Sub
        Private  Sub  btnDeleteAll_Click(ByVal  sender  As  Object,  ByVal  e  As
System.EventArgs) Handles btnDeleteAll.Click
            Dim i As Integer
            For i = 0 To lstRight.Items.Count - 1
                    lstLeft.Items.Add(lstRight.Items(i))
            Next i
            lstRight.Items.Clear( )
        End Sub
```

### 9.2.2　组合框

组合框控件（ComboBox）是将文本框和列表框的功能融合在一起的一种控件。因此从外观上看，它包含列表框和文本框两个部分，程序运行时，在列表框中选中的列表项会自动填入文本框。

1）组合框属性如 Items、Sorted、SelectedIndex、Text、Items.Count 等与列表框控件的对应属性相同，表 9.11 所示为组合框与列表框不同的属性。

表 9.11　组合框常用属性

| 属性 | 功能说明 |
|---|---|
| Name | 组合框名称 |
| Text | 组合框中被选中的列表项或者输入的文本 |
| DropDownStyle | 控制组合框的外观和功能。属性值如下：<br>① Simple：简单组合框，布局上相当于文本框与列表框的组合。<br>② DropDown（默认值）：一般组合框，既可以单击下拉箭头进行选择，也可以在文本框中直接输入。<br>③ DropDownList：下拉组合框，只能通过单击下拉箭头进行选择 |

**注意**：组合框只能进行单项选择，因此不具有列表框具有的 SelectionMode 属性。

2）组合框常用的事件如表 9.12 所示。

表 9.12　组合框常用事件

| 事件 | 功能说明 |
|---|---|
| Click | 鼠标单击组合框时触发 |
| SelectedIndexChanged | 组合框中选定项发生变化时触发 |

3）组合框常用的方法如表 9.13 所示。

表 9.13　组合框常用方法

| 方法 | 功能说明 |
|---|---|
| Items.Clear | 删除组合框中的所有项目 |
| Items.Add | 向组合框的尾部添加一项 |
| Items.Insert | 在组合框的指定位置插入一项，插入的位置不能超过组合框中已有项的最大下标值+1，否则出错 |
| Items.Remove | 删除组合框中指定内容的列表项 |
| Items.RemoveAt | 删除组合框中指定位置的列表项 |

**例 9.5**　有一个填写籍贯的窗体，在窗体上有一个省份组合框（DropDownStyle 属性值为 Simple）和一个城市组合框（DropDownStyle 属性值为 DropDownList），当在省份组合框中选择不同的省份时，城市组合框中会显示该省对应的城市。当用户按"确定"按钮时，使用组合框的连动效果，在列表框 lstSummary 中显示用户的籍贯。

界面设计：

程序的界面如图 9.7 所示。

图 9.7　例 9.5 的界面设计

属性设置：

窗体和各控件的属性设置如表 9.14 所示。

表 9.14　例 9.5 的窗体和控件的属性及属性值

| 序号 | 控件 | 属性 | 值 | 备注 |
|---|---|---|---|---|
| 1 | Form | Name | frmExample9_5 | — |
| | | Text | 籍贯 | — |
| 2 | ComboBox | Name | cboProvince | 用途：选择省份 |
| | | DropDownStyle | Simple | 简单组合框 |
| 3 | ComboBox | Name | cboCity | 用途：选择城市 |
| | | DropDownStyle | DropDownList | 下拉组合框 |
| 4 | ListBox | Name | lstSummary | 用途：显示籍贯 |
| 5 | Button | Name | btnOK | 用途：单击时在列表框中显示籍贯 |
| | | Text | 确定 | — |
| 6 | Label | Name | Label1 | 系统默认名 |
| | | Text | 省份 | — |
| 7 | Label | Name | Label2 | 系统默认名 |
| | | Text | 城市 | — |
| 8 | Label | Name | Label3 | 系统默认名 |
| | | Text | 您的籍贯是： | — |

程序代码：

```
Private Sub frmExample9_5_Load(ByVal sender As System.Object, ByVal e
As System.EventArgs) Handles MyBase.Load
    cboProvince.Items.Add("湖北")
    cboProvince.Items.Add("湖南")
    cboProvince.Items.Add("山东")
End Sub
Private Sub cboProvince_SelectedIndexChanged(ByVal sender As Object,
ByVal e As System.EventArgs) Handles cboProvince.SelectedIndexChanged
    '清空城市组合框
    cboCity.Items.Clear( )
    '判断省份并加城市组合框中的选项
    If cboProvince.SelectedItem = "湖北" Then
        cboCity.Items.Add("武汉")
        cboCity.Items.Add("宜昌")
        cboCity.Items.Add("黄石")
        cboCity.Items.Add("天门")
        cboCity.Items.Add("咸宁")
    Else If cboProvince.SelectedItem = "湖南" Then
        cboCity.Items.Add("长沙")
        cboCity.Items.Add("湘潭")
```

```
            cboCity.Items.Add("韶山")
            cboCity.Items.Add("岳阳")
        Else
            cboCity.Items.Add("济南")
            cboCity.Items.Add("青岛")
            cboCity.Items.Add("烟台")
            cboCity.Items.Add("威海")
        End If
    End Sub
    Private Sub btnOK_Click(ByVal sender As Object, ByVal e As System.
EventArgs) Handles btnOK.Click
        lstSummary.Items.Clear( )
        lstSummary.Items.Add(cboProvince.Text & " 省 " & cboCity.Text & "
市")
    End Sub
```

运行结果：

程序的运行效果如图 9.8 所示。

图 9.8　例 9.5 的运行效果

**思考：**组合框与列表框有哪些不同？与列表框相比，组合框不具有哪一个属性？该属性的作用是什么？与组合框相比，列表框不具有哪一个属性？该属性的作用是什么？

# 9.3　分组控件和面板控件

分组控件（GroupBox）和面板控件（Panel）可以在界面设计中将相关的窗体元素进行可视化分组、编程分组（如对单选按钮进行分组）或者在设计时将多个控件作为一个单元来移动。其区别如下：分组控件可以显示标题，面板控件可以有滚动条；分组控件有 Text 属性来标记自己，而面板控件没有 Text 属性来标记自己，所以一般可以在面板控件的上面添加一个标签控件来标记它。

## 9.3.1　分组控件

分组控件一般是作为其他控件的容器的形式存在的，这样有利于用户识别，使界面变得更加友好。使用分组控件可以将一个窗体中的各种功能进一步进行分类，例如，将各种选项按钮控件分隔开。当移动单个 GroupBox 控件时，它所包含的所有控件也将一起移动。

在大多数情况下，对分组控件没有实际的操作。我们用它对控件进行分组，通常没有必要响应它的事件。不过，它的 Text、Font 等属性可能会经常被修改，以适应应用程序在不同阶段的要求。分组控件的常用属性如表 9.15 所示。

表 9.15　分组控件常用属性

| 属性 | 功能说明 |
| --- | --- |
| Name | 分组控件名称 |
| Text | 分组控件左上角显示的标题文字 |
| Font | 字体和字号 |
| ForeColor | 字体颜色 |

在使用分组控件给其他控件分组的时候，首先绘出 GroupBox，然后再绘制它内部的其他控件，其他的控件以这个分组控件为容器，在移动分组控件的时候，就可以同时移动包含在其中的控件了。

要将控件加入到 GroupBox 中，只需将它们绘制在 GroupBox 控件的内部即可。如果将控件绘制在 GroupBox 之外，或者在向窗体添加控件的时候使用了双击方法，再将它移动到 GroupBox 内，那么这些控件也将从属于这个 GroupBox。

**例 9.6**　在窗体上有两个分组控件，其中一个分组控件中有两个设置字体的单选按钮，另一个分组控件中有两个设置字形的复选框，窗体上还有一个标题为"确定"的命令按钮和一个初始内容为空的文本框。程序的功能如下：单击命令按钮时，根据用户对字体和字形的选择，对文本框中的文字做相应的格式设置。

界面设计：

程序的界面如图 9.9 所示。

属性设置：

窗体和各控件的属性设置如表 9.16 所示。

图 9.9　例 9.6 的界面设计

表 9.16　例 9.6 的窗体和控件的属性及属性值

| 序号 | 控件 | 属性 | 值 | 备注 |
| --- | --- | --- | --- | --- |
| 1 | Form | Name | frmExample9_6 | — |
| | | Text | 字体设置 | — |
| 2 | GroupBox | Name | grpFont | 位于窗体的左边 |
| | | Text | 字体 | — |
| 3 | GroupBox | Name | grpStyle | 位于窗体的右边 |
| | | Text | 字形 | — |
| 4 | RadioButton | Name | radSong | — |
| | | Text | 宋体 | — |
| | | Checked | True | 默认为"宋体"字 |

续表

| 序号 | 控件 | 属性 | 值 | 备注 |
|------|------|------|-----|------|
| 5 | RadioButton | Name | radKai | — |
|    |             | Text | 楷体_GB2312 | — |
| 6 | CheckBox | Name | chkUnderline | — |
|    |          | Text | 下划线 | — |
| 7 | CheckBox | Name | chkItalic | — |
|    |          | Text | 斜体 | — |
| 8 | Button | Name | btnOK | 用途：设置字体和字形 |
|    |        | Text | 确定 | — |
| 9 | TextBox | Name | txtFont | 用途：显示文本 |

程序代码：

```
    Private Sub btnOK_Click(ByVal sender As System.Object, ByVal e As
System.EventArgs) Handles btnOK.Click
        txtFont.Text = "新思路图书公司"
        If radSong.Checked Then
            If chkUnderline.Checked And chkItalic.Checked Then
                txtFont.Font = NewFont(radSong.Text, 9, FontStyle.Underline
Or FontStyle.Italic)
            Else If chkUnderline.Checked And Not chkItalic.Checked Then
                txtFont.Font = NewFont(radSong.Text, 9, FontStyle.Underline)
            ElseIf Not chkUnderline.Checked And chkItalic.Checked Then
                txtFont.Font = NewFont(radSong.Text, 9, FontStyle.Italic)
            Else
                txtFont.Font = NewFont(radSong.Text, 9)
            End If
        Else
            If chkUnderline.Checked And chkItalic.Checked Then
                txtFont.Font = NewFont(radKai.Text, 9, FontStyle.Underline Or
FontStyle.Italic)
            ElseIf chkUnderline.Checked And Not chkItalic.Checked Then
                txtFont.Font = NewFont(radKai.Text, 9, FontStyle.Underline)
            ElseIf Not chkUnderline.Checked And chkItalic.Checked Then
                txtFont.Font = NewFont(radKai.Text, 9, FontStyle.Italic)
            Else
                txtFont.Font = NewFont(radKai.Text, 9)
            End If
        End If
    End Sub
```

程序设计说明：

1）本例需对文本进行字体和字形两方面的设置，通过两个分组控件将字体选项和字形选项进行可视化分组，使得界面清晰、美观，便于用户理解和操作。

2）Font 是.Net 提供的类，用于指定文本格式，就像在其他应用程序中设置字体、字号等。"New Font" 表示创建 Font 类的一个实例，其中第 1 个参数表示字体，第 2 个参数表示字号，第 3 个参数表示字形。字形包括"下划线"（FontStyle.Underline）、"倾斜"（FontStyle.Italic）、"加粗"（FontStyle.Bold）等选项，在"New Font"的第三个参数中用"Or"进行连接。

运行结果：

程序的运行效果如图 9.10 所示。

图 9.10　例 9.6 的运行效果

### 9.3.2　面板控件

面板控件也是一个容器控件。面板控件的常用属性如表 9.17 所示。

表 9.17　面板控件常用属性

| 属性 | 功能说明 |
| --- | --- |
| Name | 面板控件名称 |
| BorderStyle | 边框样式。属性值如下：<br>① None（默认值）：无边框。<br>② Fixed3D：三维边框。<br>③ FixedSingle：单行边框。 |
| AutoScroll | 当控件超出 Panel 显示的区域时，是否自动出现滚动条，默认值为 False |

例 9.7　创建界面如图 9.11 所示的应用程序。用户输入购买计算机的数量、品牌和安装的操作系统，单击"确定"按钮后，则在列表框中显示用户选择的配置。

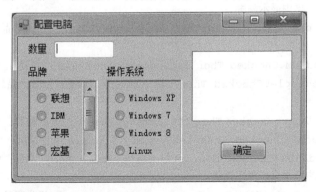

图 9.11　例 9.7 的界面设计

属性设置：

窗体和各控件的属性设置如表 9.18 所示。

表 9.18  例 9.7 的窗体和控件的属性及属性值

| 序号 | 控件 | 属性 | 值 | 序号 | 控件 | 属性 | 值 |
|------|------|------|------|------|------|------|------|
| 1 | Form | Name | frmExample9_7 | 11 | RadioButton | Name | radIBM |
| | | Text | 配置计算机 | | | Text | IBM |
| 2 | Label | Name | Label1 | 12 | RadioButton | Name | radApple |
| | | Text | 数量 | | | Text | 苹果 |
| 3 | TextBox | Name | txtNumber | 13 | RadioButton | Name | radAcer |
| 4 | Label | Name | Label2 | | | Text | 宏碁 |
| | | Text | 品牌 | 14 | RadioButton | Name | radHP |
| 5 | Panel | Name | pnlBrand | | | Text | 惠普 |
| | | BorderStyle | Fixed3D | 15 | RadioButton | Name | radASUS |
| | | AutoScroll | True | | | Text | 华硕 |
| 6 | Label | Name | Label3 | 16 | RadioButton | Name | radXP |
| | | Text | 操作系统 | | | Text | Windows XP |
| 7 | Panel | Name | pnlOS | 17 | RadioButton | Name | radWin7 |
| | | BorderStyle | Fixed3D | | | Text | Windows 7 |
| | | AutoScroll | True | 18 | RadioButton | Name | radWin8 |
| 8 | ListBox | Name | lstSummary | | | Text | Windows 8 |
| 9 | Button | Name | btnOK | 19 | RadioButton | Name | radLinux |
| | | Text | 确定 | | | Text | Linux |
| 10 | RadioButton | Name | radLenovo | — | — | — | — |
| | | Text | 联想 | | | | |

程序代码：

```
Private Sub btnOK_Click(ByVal sender As System.Object, ByVal e As
System.EventArgs) Handles btnOK.Click
        lstSummary.Items.Clear( )          '清空列表框
        '在列表框中显示品牌
        If radLenovo.Checked Then lstSummary.Items.Add("品牌: " &
radLenovo.Text)
        If radIBM.Checked Then lstSummary.Items.Add("品牌: " & radIBM.Text)
        If radApple.Checked Then lstSummary.Items.Add("品牌: " &
radApple.Text)
        If radAcer.Checked Then lstSummary.Items.Add("品牌: " & radAcer.Text)
        If radHP.Checked Then lstSummary.Items.Add("品牌: " & radHP.Text)
        If radASUS.Checked Then lstSummary.Items.Add("品牌: " & radASUS.Text)
        '在列表框中显示操作系统
        If radXP.Checked Then lstSummary.Items.Add("操作系统: " & radXP.Text)
        If radWin7.Checked Then lstSummary.Items.Add("操作系统: " &
```

```
radWin7.Text)
        If radWin8.Checked Then lstSummary.Items.Add("操作系统： " &
radWin8.Text)
        If radLinux.Checked Then lstSummary.Items.Add("操作系统： " &
radLinux.Text)
        '在列表框中显示数量
        lstSummary.Items.Add("数量： " & txtNumber.Text)
    End Sub
```

程序设计说明：

1）本例通过面板控件 Panel 对"品牌"和"操作系统"的各个选项进行分组。由于 Panel 没有 Text 属性，因此通过增加标签控件的方法来标记每个 Panel。

2）在"品牌"和"操作系统"两个面板中共有 10 个单选按钮，如果没有面板控件，则这 10 个单选按钮中只能有一个处于"选中"状态；而由于将这些按钮分别放入了两个面板中分成了两组，则每组的单选按钮都可有一个处于"选中"状态。在这里，面板控件起到了编程分组的作用。

3）面板控件具有 AutoScroll 属性，用于表示当控件超出 Panel 显示的区域时，是否自动出现滚动条，默认值为 False。本例中将 pnlBrand 和 pnlOS 两个面板的 AutoScroll 属性设为 True。由于 pnlBrand 中的控件在垂直方向超出了显示区域，因此 pnlBrand 会出现垂直滚动条；而 pnlOS 中的控件未超出显示区域，因此不会出现滚动条。

运行结果：

程序的运行效果如图 9.12 所示。

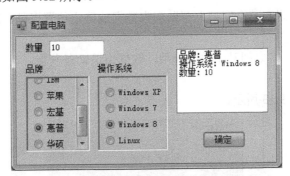

图 9.12　例 9.7 的运行效果

## 9.4　滚动条和进度条

滚动条（ScrollBar）通常用于附在窗体上协助观察数据或确定位置，也可用来作为数据的输入工具。进度条（ProgressBar）通常用来指示事务处理的进度，如复制文件时常见到的复制文件进度条。

### 9.4.1　滚动条

利用滚动条控件可对与其相关联的其他控件中所显示的内容的位置进行调整。VB 的控件工具箱中有水平滚动条（HScrollBar）和垂直滚动条（VScrollBar）两种形式的控件。水平滚动条进行水平方向的调整，垂直滚动条进行垂直方向的调整，两者也可同时使用。两种滚动条除外观不同外，作用和使用方法是相同的。

1）滚动条的常用属性如表 9.19 所示。

表 9.19　滚动条的常用属性

| 属性 | 功能说明 |
| --- | --- |
| Name | 滚动条名称 |
| Value | 滑块当前位置的值，默认值为 0 |
| Maximum | 滑块最大位置值，默认值为 100 |
| Minimum | 滑块最小位置值，默认值为 0 |
| LargeChange | 单击滚动条空白区域时，Value 属性（滑块位置）的改变值 |
| SmallChange | 单击滚动条两端箭头时，Value 属性（滑块位置）的改变值 |

2）滚动条的常用事件如表 9.20 所示。

表 9.20　滚动条的常用事件

| 事件 | 功能说明 |
| --- | --- |
| Scroll | 当在滚动条内拖动滑块、单击滚动条空白区域或单击滚动条两端箭头时触发 |

滚动条除了用来附在某个窗口上帮助观察数据或确定位置以外，还可以用来作为数据输入的工具。

**例 9.8**　计算 0~18 之间某个数的阶乘，数据由滚动条获得。

界面设计：

程序的界面如图 9.13 所示。

图 9.13　例 9.8 的界面设计

属性设置：

窗体和各控件的属性设置如表 9.21 所示。

表 9.21  例 9.8 的窗体和控件的属性及属性值

| 序号 | 控件 | 属性 | 值 | 备注 |
|---|---|---|---|---|
| 1 | Form | Name | frmExample9_8 | — |
| | | Text | 计算阶乘 | — |
| 2 | HScrollBar | Name | hslFactorial | 用途：获得数据 |
| 3 | TextBox | Name | txtDisplay | 用途：显示阶乘值 |
| 4 | Label | Name | Label1 | 系统默认名 |
| | | Text | 计算 0～18 的阶乘 | — |

程序代码：

```
    Private Sub frmExample9_8_Load(ByVal sender As Object, ByVal e As
System.EventArgs) Handles Me.Load
        hslFactorial.Maximum = 18
        hslFactorial.LargeChange = 1
        hslFactorial.SmallChange = 1
    End Sub
    Private Sub hslFactorial_Scroll(ByVal sender As System.Object, ByVal e
As System.Windows.Forms.ScrollEventArgs) Handles hslFactorial.Scroll
        Dim intNumber%, intFactorial&, i%
        intNumber = hslFactorial.Value
        intFactorial = 1
        For i = 1 To intNumber
            intFactorial *= i
        Next
        txtDisplay.Text = intNumber & "! = " & intFactorial
    End Sub
```

程序设计说明：

1）输入数据的范围为 0～18，并通过滚动条获得，因此设置滚动条的 Minimum 和 Maximum 属性值为 0 和 18。

2）当滚动条发生 Scroll 事件时，读取滚动条的 Value 属性值，计算相应的阶乘值，并显示在文本框 txtDisplay 中。

3）由于 13～18 的阶乘值超出了整型数的表示范围，因此存放阶乘值的变量 intFactorial 的数据类型不能设置为整型，而需要设置为长整型。

运行结果：

程序的运行效果如图 9.14 所示。

在日常操作中，我们常常遇到这样的情况：在某些程序中，如 Photoshop，一些具体的数值我们并不清楚，如调色板上的自定义色彩，这时，可以通过滚动条，用尝试的办法找到自己需要的具体数值。

**例 9.9** 编写一个程序，通过调节红、绿、蓝 3 个水平滚动条的值来合成一种颜色，同时显示 3 种颜色的变化值。

界面设计：

程序的界面如图 9.15 所示。

图 9.14  例 9.8 的运行效果

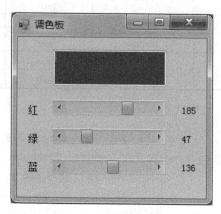

图 9.15  例 9.9 的运行界面

属性设置：

窗体和各控件的属性设置如表 9.22 所示。

表 9.22  例 9.9 的窗体和控件的属性及属性值

| 控件 | 属性 | 值 | 备注 | 控件 | 属性 | 值 | 备注 |
|------|------|-----|------|------|------|-----|------|
| Form | Name | frmExample9_9 | — | Label | Name | Label2 | — |
| | Text | 调色板 | — | | Text | 绿 | — |
| HScrollBar | Name | hslRed | 输入红色值 | Label | Name | Label3 | — |
| | Maximum | 255 | — | | Text | 蓝 | — |
| HScrollBar | Name | hslGreen | 输入绿色值 | Label | Name | lblRedValue | 显示红色值 |
| | Maximum | 255 | — | | Text | 0 | — |
| HScrollBar | Name | hslBlue | 输入蓝色值 | Label | Name | lblGreenValue | 显示绿色值 |
| | Maximum | 255 | — | | Text | 0 | — |
| TextBox | Name | txtBackColor | 显示颜色 | Label | Name | lblBlueValue | 显示蓝色值 |
| Label | Name | Label1 | — | | Text | 0 | — |
| | Text | 红 | — | — | — | — | — |

程序代码：

```
Dim intRed, intGreen, intBlue As Integer
Sub SetColor( )
    lblRedValue.Text = Str(intRed)
    lblGreenValue.Text = Str(intGreen)
    lblBlueValue.Text = Str(intBlue)
```

```
        txtBackColor.BackColor = Color.FromArgb(intRed, intGreen, intBlue)
    End Sub
    Private Sub frmExample9_9_Load(ByVal sender As System.Object, ByVal e
As System.EventArgs) Handles MyBase.Load
        intRed = hslRed.Value
        intGreen = hslGreen.Value
        intBlue = hslBlue.Value
        SetColor( )
    End Sub
    Private Sub hslRed_Scroll(ByVal sender As Object, ByVal e As
System.Windows.Forms.ScrollEventArgs) Handles hslRed.Scroll
        intRed = hslRed.Value : SetColor( )
    End Sub
    Private Sub hslGreen_Scroll(ByVal sender As Object, ByVal e As
System.Windows.Forms.ScrollEventArgs) Handles hslGreen.Scroll
        intGreen = hslGreen.Value : SetColor( )
    End Sub
    Private Sub hslBlue_Scroll(ByVal sender As Object, ByVal e As
System.Windows.Forms.ScrollEventArgs) Handles hslBlue.Scroll
        intBlue = hslBlue.Value : SetColor( )
    End Sub
```

程序设计说明：

1）3 个水平滚动条控件主要用于在红、绿、兰颜色值（0～255）之间滚动选择，所以这 3 个水平滚动条的 Minimum 和 Maximum 属性分别设置为 0 和 255。

2）编写一子过程 SetColor( )，将 3 个滚动条的颜色值分别传递给 3 个标签显示，并将文本框 txtBackColor 的背景色设为 3 种颜色的合成色。为控件设置背景色使用 Color.FromArgb 方法，其语句格式如下：

控件名.BackColor = Color.FromArgb(红色值, 绿色值, 蓝色值)

3）在窗体模块中设置 3 个模块级变量 intRed、intGreen、intBlue；分别将 3 个滚动条的当前值存储在这 3 个变量中并通过子过程 SetColor( )传递。

4）当滚动条滑块的位置发生改变时（此时滚动条的 Value 值改变，并发生了 Scroll 事件），将滚动条的 Value 值赋予相应的颜色变量，并调用 SetColor( )显示新的颜色。

### 9.4.2 进度条

进度条控件（ProgressBar）是一个应用很广的控件，可以在需要执行较长的程序过程中使用它来指示当前任务执行的进度。如果这样的过程中没有视觉提示，用户可能会认为应用程序不响应，通过在应用程序中使用进度条，可以告诉用户应用程序正在执行任务且仍在响应。

1）进度条控件常用属性如表 9.23 所示。

表 9.23　进度条常用属性

| 属性 | 功能说明 |
| --- | --- |
| Name | 进度条名称 |
| Value | 进度条当前的位置值 |
| Maximum | 进度条可变化的最大值 |
| Minimum | 进度条可变化的最小值 |
| Step | 调用 PerformStep 方法时增长的步长 |

2）进度条的常用方法如表 9.24 所示。

表 9.24　进度条常用方法

| 方法 | 功能说明 |
| --- | --- |
| PerformStep | 按照 Step 属性的数量递增进度栏的当前位置 |
| Increment | 按指定的数量增加进度栏的当前位置 |

**例 9.10**　定义一个含有 100 000 个元素的单精度数组，编写程序，为这 100 000 个元素赋值，值为每个元素下标的开平方。设计一个进度条，用来指示计算进度。

界面设计：

程序的界面如图 9.16 所示。

图 9.16　例 9.10 的运行界面

属性设置：

窗体和各控件的属性设置如表 9.25 所示。

表 9.25　例 9.10 的窗体和控件的属性及属性值

| 序号 | 控件 | 属性 | 值 | 备注 |
| --- | --- | --- | --- | --- |
| 1 | Form | Name | frmExample9_10 | — |
| | | Text | 进度条 | — |
| 2 | ProgressBar | Name | prgCompute | 用途：显示计算进度 |
| 3 | Button | Name | btnCompute | 用途：计算 |
| | | Text | 计算 | — |

程序代码：

```
Private Sub btnCompute_Click(ByVal sender As System.Object, ByVal e As
```

```
System.EventArgs) Handles btnCompute.Click
        Dim intCounter As Integer
        Dim sglWorkArea(100000) As Single
        prgCompute.Minimum = 0
        prgCompute.Maximum = sglWorkArea.GetUpperBound(0)
        prgCompute.Value = prgCompute.Minimum
        For intCounter = 0 To sglWorkArea.GetUpperBound(0)
            sglWorkArea(intCounter) = Math.Sqrt(intCounter)
            prgCompute.Value = intCounter
        Next
    End Sub
```

## 9.5　图片框和图像列表

### 9.5.1　图片框

图片框控件（PictureBox）是一个容器控件，通常使用图片框来显示位图、元文件、图标、JPEG、GIF 或 PNG 文件中的图形，其主要属性如表 9.26 所示。

表 9.26　图片框常用属性

| 属性 | 功能说明 |
| --- | --- |
| Name | 图片框名称 |
| ImageLocation | 用来获取或设置要在图片框中显示的图像的路径 |
| BackgroundImage | 获取或设置图片框显示的背景图像 |
| Image | 获取或设置图片框显示的图像 |
| SizeMode | 显示图像的模式。属性值如下：<br>① Normal（默认值）：图像置于图片框的左上角，凡是因过大而不适合图片框的任何图像部分都将被剪裁掉。<br>② StretchImage：将图像拉伸或收缩，以适合图片框的大小。<br>③ AutoSize：使控件调整大小，以便总是适合图像的大小。<br>④ CenterImage：使图像居于图片框的中心。<br>⑤ Zoom：图像大小按其原有的大小比例被缩放，其高度或宽度之一与图片框一致 |

图像的加载和清除方法有两种：①在设计阶段通过属性窗口进行设置；②在运行阶段使用 Image.FromFile 方法。

在设计阶段加载图像的方法是，单击属性窗口中 Image 属性右侧的省略号按钮，打开选择资源对话框，如图 9.17 所示，选中"本地资源"单选按钮，单击其下方的导入按钮，在弹出的"打开"对话框中选择所需的图像文件，导入图像显示在图片框中，并自动复制到.resx 文件中。

如果要清除图像，可在选择资源对话框中单击"清除"按钮，也可以在属性窗口中右击 Image 属性右侧的省略号按钮，在弹出的快捷菜单中选择"重置"命令。

图 9.17 "选择资源"对话框

运行时加载图像文件使用的是 Image.FromFile 方法。其格式如下：

*控件名*.Image = Image.FromFile("*带路径的图像文件名*")

也可以在代码运行时使用代码来清除图片框中的图片，其代码如下：

*控件名*.Image = Nothing

**注意**：在设计阶段加载图像，该图像将与窗体一起保存在资源文件中，生成可执行文件时也将包含在其中，因此执行程序时不必提供该图像文件。但是，如果使用语句在运行时加载图像，则必须保证在运行程序时能够找到相应的图像文件，否则将会出错。可以使用上述方法设置窗体、标签、命令按钮等控件，使其显示图像。

**例 9.11** 在窗体上放置一个图片框、一个组合框和 5 个单选按钮。组合框中放置准备加载到图片框中的图像文件名，单选按钮表示图片框的显示模式。

界面设计：

程序的界面如图 9.18 所示。

图 9.18 例 9.11 的界面设计

属性设置：

窗体和各控件的属性设置如表 9.27 所示。

表 9.27　例 9.11 的窗体和控件的属性及属性值

| 序号 | 控件 | 属性 | 值 | 序号 | 控件 | 属性 | 值 |
|---|---|---|---|---|---|---|---|
| 1 | Form | Name | frmExample9_11 | 6 | RadioButton | Name | radNormal |
|  |  | Text | 图片浏览 |  |  | Text | Normal |
|  |  |  |  |  |  | Checked | True |
| 2 | PictureBox | Name | picBrowser | 7 | RadioButton | Name | radStretchImage |
|  |  | BorderStyle | FixedSingle |  |  | Text | StretchImage |
|  |  | SizeMode | Normal |  |  |  |  |
| 3 | Label | Name | Label1 | 8 | RadioButton | Name | radAutoSize |
|  |  | Text | 更换图片 |  |  | Text | AutoSize |
| 4 | ComboBox | Name | cboImageFile | 9 | RadioButton | Name | radCenterImage |
|  |  | DropDownStyle | DropDown |  |  | Text | CenterImage |
| 5 | GroupBox | Name | GroupBox1 | 10 | RadioButton | Name | radZoom |
|  |  | Text | 显示模式 |  |  | Text | Zoom |

程序代码：

```
Private Sub frmExample9_11_Load(ByVal sender As System.Object, ByVal e
As System.EventArgs) HandlesMyBase.Load
        cboImageFile.Items.Add("d:\珍禽\天鹅.jpg")
        cboImageFile.Items.Add("d:\珍禽\绿孔雀.jpg")
        cboImageFile.Items.Add("d:\珍禽\黑颈鹤.jpg")
        cboImageFile.Items.Add("d:\珍禽\白肩雕.jpg")
        cboImageFile.Items.Add("d:\珍禽\朱鹮.jpg")
        cboImageFile.SelectedIndex = 0
        picBrowser.Image = Image.FromFile(cboImageFile.Text)
        picBrowser.SizeMode = PictureBoxSizeMode.Normal
    End Sub
    Private Sub cboImageFile_SelectedIndexChanged(ByVal sender As Object,
ByVal e As System.EventArgs) Handles cboImageFile.SelectedIndexChanged
        picBrowser.Image = Image.FromFile(cboImageFile.Text)
    End Sub
    Private Sub radNormal_CheckedChanged(ByVal sender As Object, ByVal e As
System.EventArgs) Handles radNormal.CheckedChanged
        If radNormal.Checked Then picBrowser.SizeMode =
PictureBoxSizeMode.Normal
    End Sub
    Private Sub radStretchImage_CheckedChanged(ByVal sender As Object,
ByVal e As System.EventArgs) Handles radStretchImage.CheckedChanged
        If radStretchImage.Checked Then picBrowser.SizeMode =
PictureBoxSizeMode.StretchImage
```

```
        End Sub
        Private Sub radAutoSize_CheckedChanged(ByVal sender As Object, ByVal e
As System.EventArgs) Handles radAutoSize.CheckedChanged
            If radAutoSize.Checked Then picBrowser.SizeMode =
PictureBoxSizeMode.AutoSize
        End Sub
        Private Sub radCenterImage_CheckedChanged(ByVal sender As Object, ByVal
e As System.EventArgs) Handles radCenterImage.CheckedChanged
            If radCenterImage.Checked Then picBrowser.SizeMode =
PictureBoxSizeMode.CenterImage
        End Sub
        Private Sub radZoom_CheckedChanged(ByVal sender As Object, ByVal e As
System.EventArgs) Handles radZoom.CheckedChanged
            If radZoom.Checked Then picBrowser.SizeMode =
PictureBoxSizeMode.Zoom
        End Sub
```

程序设计说明：

1）在窗体的 Load 事件中，为组合框 cboImageFile 添加 5 个项目，每个项目都是一个带路径的图像文件名。将组合框的第 1 个项目设置为"选中"项目，将"选中"项目对应的图像加载至图片框 picBrowser，设置 picBrowser 的 SizeMode 属性值为"Normal"。

2）当从组合框中重新选择一个项目时，会发生 cboImageFile.SelectedIndexChanged 事件，编写此事件过程，为图片框载入相应的图像。

3）当单选按钮的状态发生改变时，重新设置图片框的 SizeMode 属性值。

运行结果：

当在组合框中选择文件"d:\珍禽\天鹅.jpg"，在显示模式中选择"StretchImage"时，程序的运行界面如图 9.19 所示。当选择文件"d:\珍禽\朱鹮.jpg"，在显示模式中选择"Zoom"时，程序的运行界面如图 9.20 所示。

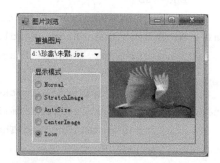

图 9.19　例 9.11 的运行界面（1）　　　　图 9.20　例 9.11 的运行界面（2）

### 9.5.2　图像列表

图像列表控件（ImageList）是一个图片集管理器，支持 bmp、gif 和 jpg 等图像格式。

其属性 Images 用于保存多幅图片以备其他控件使用，其他控件可以通过图像列表控件的索引号和关键字引用图像列表控件中的每个图片。图像列表控件在运行期间是不可见的，因此，添加一个图像列表控件时，它不会出现在窗体上，而是出现在窗体的下方。

1）图像列表的主要属性如表 9.28 所示。

表 9.28　图像列表常用属性

| 属性 | 功能说明 |
| --- | --- |
| Name | 图像列表名称 |
| ImageSize | 定义列表中图像的高度和宽度。默认高度和宽度是 16×16，最大值为 256×256 |
| Images | 保存图片的集合，可以通过属性窗口打开图像集合编辑器来添加图片 |
| Images.Count | 获取 Images 集合中图片的数目（此属性为只读） |

2）图像列表的常用方法如表 9.29 所示。

表 9.29　图像列表常用方法

| 方法 | 功能说明 |
| --- | --- |
| Images.Add | 添加图像到图像列表中 |
| Images.RemoveAt | 移除指定索引的图像 |
| Images.Clear | 清除图像列表中的所有图像 |

下面介绍如何实现对图像列表控件的基本操作。

**1. 在设计器中为图像列表控件添加和移除图像**

1）向窗体添加一个图像列表控件。在"属性"窗口中，单击 Images 属性旁的省略号按钮，弹出"图像集合编辑器"对话框，单击"添加"按钮，弹出"打开"对话框，选择需要添加的图像文件即可向列表添加图像；使用"移除"按钮从列表中移除选中的图像，如图 9.21 所示。

图 9.21　"图像集合编辑器"对话框

2）图 9.21 中的成员列表显示已经添加了 5 幅图片，每幅图片的前面有索引号，如"白肩雕.jpg"图片的索引号为 0，"黑颈鹤.jpg"的图像的索引号为 1，默认情况下是按照图像的添加顺序来创建索引号，先添加的索引号在前。可以通过成员列表旁边的上下箭头来调整图片的索引号。"属性"列表框中显示了每幅图片的物理属性，如原始图像格式和尺寸大小等。

### 2. 以编程方式为图像列表控件添加和移除图像

可以使用图像列表的 Images.Add 方法来添加图像到图像列表中。例如：

```
ImageList1.Images.Add(Image.FromFile("d:\珍禽\白额雁.jpg"))   '添加图像
ImageList1.Images.RemoveAt(0)                        '移除索引 0 的图像
ImageList1.Images.Clear( )                           '清除图像列表中的所有图像
```

### 3. 让相关控件显示图像列表中的图像

对于所有有 ImageList 属性的控件，都可以与图像列表控件相关联，并通过 ImageIndex 属性来指定显示图像列表中的图像。下面以在一个命令按钮控件中显示图像为例来说明。

（1）在设计器中关联控件的图像显示

首先为窗体添加一个命令按钮控件 Button1，一个图像列表控件 ImageList1，选中 Button1，在它的"属性"窗口中选择 ImageList 属性，单击后面的下拉列表，选择 ImageList1，这时就为 Button1 指定了图像列表，如图 9.22 所示。

然后使用"属性"窗口中的 ImageIndex 属性的下拉列表指定关联的图像，如图 9.23 所示。此时图像就会在 Button 控件上显示出来。

图 9.22  ImageList 属性

图 9.23  ImageIndex 属性

可以通过调整 Button 控件的 TextAlign 和 ImageAlign 属性来控制 Button 控件中图像和文字的位置。

可以通过设置 ImageIndex 或者 ImageList 属性为"None"来删除控件上显示的图片；也可以选择 ImageIndex 或者 ImageList 属性，可鼠标用弹出的快捷菜单来重置。

（2）编写代码为控件显示、移除图像

下面代码的功能是将 ImageList1 控件中的索引号为 1 的图像显示在命令按钮 Button1 上。

```
Button1.ImageList = ImageList1
Button1.ImageIndex = 1
```

要删除 Button 控件的图像显示，可以使用如下代码：

```
Button1.ImageList = Nothing
```

或者把 ImageIndex 属性赋值为-1：

```
Button1.ImageIndex = -1
```

**例9.12** 在窗体中添加一个图像列表控件和4个图片框控件，在两个文本框中分别输入图片框编号和图像列表索引值，单击"加载"按钮，则在相应的图片框中载入图像列表索引值对应的图像。

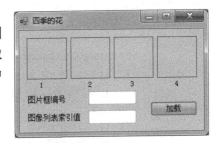

图 9.24 例 9.12 的界面设计

界面设计：

程序的界面如图 9.24 所示。

属性设置：

窗体和各控件的属性设置如表 9.30 所示。

表 9.30 例 9.12 的窗体和控件的属性及属性值

| 序号 | 控件 | 属性 | 值 | 序号 | 控件 | 属性 | 值 |
|---|---|---|---|---|---|---|---|
| 1 | Form | Name | frmExample9_12 | 6 | ImageList | Name | imgFlower |
| | | Text | 四季的花 | | | ImageSize | (64, 64) |
| 2 | PictureBox | Name | picImage1 | 7 | Label | Name | Label1 |
| | | BorderStyle | FixedSingle | | | Text | 图片框编号 |
| | | SizeMode | Zoom | 8 | Label | Name | Label2 |
| | | Size | (64, 64) | | | Text | 图像列表索引值 |
| 3 | PictureBox | Name | picImage2 | 9 | TextBox | Name | txtPicBoxNum |
| | | BorderStyle | FixedSingle | 10 | TextBox | Name | txtImageListNum |
| | | SizeMode | Zoom | 11 | Button | Name | btnLoad |
| | | Size | (64, 64) | | | Text | 加载 |
| 4 | PictureBox | Name | picImage3 | 12 | Label | Name | Label3 |
| | | BorderStyle | FixedSingle | | | Text | 1 |
| | | SizeMode | Zoom | 13 | Label | Name | Label4 |
| | | Size | (64, 64) | | | Text | 2 |
| 5 | PictureBox | Name | picImage4 | 14 | Label | Name | Label5 |
| | | BorderStyle | FixedSingle | | | Text | 3 |
| | | SizeMode | Zoom | 15 | Label | Name | Label6 |
| | | Size | (64, 64) | | | Text | 4 |

程序代码：

```
    Private Sub frmExample9_12_Load(ByVal sender As System.Object, ByVal e
As System.EventArgs) HandlesMyBase.Load
        '将图像文件添加至图像列表
        imgFlower.Images.Add(Image.FromFile("d:\花\桃花.jpg"))
```

```
        imgFlower.Images.Add(Image.FromFile("d:\花\荷花.jpg"))
        imgFlower.Images.Add(Image.FromFile("d:\花\菊花.jpg"))
        imgFlower.Images.Add(Image.FromFile("d:\花\梅花.jpg"))
    End Sub
    Private SubbtnLoad_Click(ByVal sender As System.Object, ByVal e As
System.EventArgs) Handles btnLoad.Click
        Dim intPicBoxNum, intImageListNum As Integer
        intPicBoxNum = Val(txtPicBoxNum.Text)          '图片框编号(1~4)
        intImageListNum = Val(txtImageListNum.Text)'图像列表索引值(0~3)
        If intPicBoxNum = 1 Then
            picImage1.Image = imgFlower.Images(intImageListNum) '加载图像
        End If
        If intPicBoxNum = 2 Then
            picImage2.Image = imgFlower.Images(intImageListNum)
        End If
        If intPicBoxNum = 3 Then
            picImage3.Image = imgFlower.Images(intImageListNum)
        End If
        If intPicBoxNum = 4 Then
            picImage4.Image = imgFlower.Images(intImageListNum)
        End If
    End Sub
```

程序设计说明：

1）在设计阶段，将图像列表的 ImageSize 属性值设为（64，64）；将 4 个图片框的 Size 属性值设为（64，64）；将 4 个图片框的 SizeMode 属性值设为"Zoom"。

2）在窗体的 Load 事件中，为图像列表添加 4 个项目，每个项目都是一个图像。

3）单击"加载"按钮，则从文本框中读取用户输入的图片框编号和图像列表索引值，在相应的图片框中载入图像列表索引值对应的图像，其语句格式如下：

```
        图片框名.Image = 图像列表名.Images(索引值)
```

运行结果：

程序的运行效果如图 9.25 所示。

图 9.25　例 9.12 的运行界面

# 9.6 计时器

通过计时器控件（Timer），系统可按设定的时间间隔有规律地触发定时事件。一个程序界面上，可根据程序需要，放置多个计时器对象，计时器对象在程序界面上的大小是固定的，不能进行调整；运行时，计时器对象在程序界面上是不可见的。

计时器对象相当于一个时钟，程序运行时，每经过一个设定的时间间隔，该对象就会引发一个计时事件，因此对于按照时间间隔规律，需要反复执行的代码可通过计时器引发计时事件来执行。

1）计时器的常用属性如表 9.31 所示。

表 9.31 计时器常用属性

| 属性 | 功能说明 |
| --- | --- |
| Name | 计时器名称 |
| Interval | 事件或过程发生的时间间隔，该属性以毫秒为基本单位 |
| Enabled | 当设置为 True 且 Interval 属性值大于 0，则计时器开始工作。设置为 False（默认值）可使时钟控件无效，即计时器停止工作 |

2）计时器的常用方法如表 9.32 所示。

表 9.32 计时器常用方法

| 方法 | 功能说明 |
| --- | --- |
| Tick | 当 Enabled 属性为 True 且 Interval > 0 时，该事件以 Interval 属性指定的时间间隔触发 |

**例 9.13** 设计一个倒计时应用程序。首先在文本框中输入定时时间（以分钟为单位），然后单击"开始"按钮开始倒计时，倒计时时间在标签上显示，时间到了弹出消息框"时间到!"。

界面设计：

程序的界面如图 9.26 所示。

属性设置：

窗体和各控件的属性设置如表 9.33 所示。

图 9.26 例 9.13 的界面设计

表 9.33 例 9.13 的窗体和控件的属性及属性值

| 序号 | 控件 | 属性 | 值 | 备注 |
| --- | --- | --- | --- | --- |
| 1 | Form | Name | frmExample9_13 | — |
| | | Text | 倒计时 | — |
| 2 | TextBox | Name | txtInput | 用途：输入定时时间 |
| 3 | Label | Name | Label1 | 系统默认名 |
| | | Text | 定时时间: | |

续表

| 序号 | 控件 | 属性 | 值 | 备注 |
|------|------|------|-----|------|
| 4 | Label | Name | Label2 | 系统默认名 |
|   |      | Text | 分 | — |
| 5 | Label | Name | Label3 | 系统默认名 |
|   |      | Text | 倒计时: | — |
| 6 | Label | Name | lblRemainder | 用途：显示剩余时间 |
|   |      | BorderStyle | Fixed3D | 三维边框 |
|   |      | AutoSize | False | 尺寸不随文本长度变化 |
| 7 | Button | Name | btnBegin | 用途：开始倒计时 |
|   |       | Text | 开始 | — |
| 8 | Button | Name | btnQuit | 用途：退出程序 |
|   |       | Text | 退出 | — |
| 9 | Timer | Name | tmrRemainder | 用途：计算和显示剩余时间 |

程序代码：

```
Dim intTime As Integer
Private Sub btnBegin_Click(ByVal sender As System.Object, ByVal e As
System.EventArgs) Handles btnBegin.Click
    intTime = 60 * txtInput.Text       '将输入的时间值转换为以秒为单位
    tmrRemainder.Interval = 1000       '设置时间间隔为1秒
    tmrRemainder.Enabled = True        '启动计时器
End Sub
Private  Sub  btnQuit_Click(ByVal  sender  As  Object,  ByVal  e  As
System.EventArgs) Handles btnQuit.Click
    End                                '结束程序
End Sub
PrivateSub  tmrRemainder_Tick(ByVal  sender  As  Object,  ByVal  e  As
System.EventArgs) Handles tmrRemainder.Tick
    Dim intMinute, intSecond As Integer
    intTime = intTime - 1'剩余时间减1秒
    intMinute = Int(intTime / 60)      '剩余时间的分钟值
    intSecond = intTime Mod 60         '剩余时间的秒值
    lblRemainder.Text = intMinute & "分" & intSecond & "秒"
    If (intTime = 0) Then              '时间到
        tmrRemainder.Enabled = False
        MsgBox("时间到!")
    End If
End Sub
```

程序设计说明：

1）单击"开始"按钮时，读取用户输入的倒计时时间并将单位转换为秒；设置计时器的 Interval 属性值为 1000，即每隔一秒发生一个 Tick 事件；启动计时器。

2）每发生一次 Tick 事件，将剩余时间减 1 秒并显示在标签上。当剩余时间为 0 时，弹出消息框"时间到!"，并停止计时器的工作。

运行结果：

程序的运行效果如图 9.27 所示。

例 9.14　利用计算机产生中奖号码（手机号）。程序开始运行后，屏幕上不断地快速显示许多号码，直至用户按下"停止"按钮后，显示的号码为中奖号。共进行 3 次抽奖，抽奖结束后，弹出消息框显示 3 个中奖号码。

界面设计：

程序的界面如图 9.28 所示。

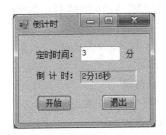

图 9.27　例 9.13 的运行界面

图 9.28　例 9.14 的界面设计

属性设置：

窗体和各控件的属性设置如表 9.34 所示。

表 9.34　例 9.14 的窗体和控件的属性及属性值

| 序号 | 控件 | 属性 | 值 | 备注 |
| --- | --- | --- | --- | --- |
| 1 | Form | Name | frmExample9_14 | — |
| | | Text | 抽奖 | — |
| 2 | TextBox | Name | txtWinning | 用途：显示随机产生的手机号 |
| 3 | TextBox | Name | txtGroup | 用途：输入组号（手机号前 3 位） |
| 4 | Label | Name | Label1 | 系统默认名 |
| | | Text | 中奖号 | — |
| 5 | Label | Name | Label2 | 系统默认名 |
| | | Text | 输入组号 | — |
| 6 | Button | Name | btnBegin | 用途：开始抽奖 |
| | | Text | 开始 | — |
| 7 | Button | Name | btnStop | 用途：确定中奖号 |
| | | Text | 停止 | — |
| 8 | Timer | Name | tmrLottery | 用途：随机产生手机号 |
| | | Interval | 100 | 每隔 0.1 秒触发一次 Tick 事件 |

程序代码：

```
Dim intCount As Integer                          '记录抽奖次数
Dim strMessage As String = "中奖号为:" & vbCrLf '记录中奖号
Private Sub btnBegin_Click(ByVal sender As System.Object, ByVal e As
System.EventArgs) Handles btnBegin.Click
    tmrLottery.Enabled = True              '启动计时器
End Sub
Private Sub tmrLottery_Tick(ByVal sender As Object, ByVal e As
System.EventArgs) Handles tmrLottery.Tick
    Dim intRnd As Integer
    intRnd = Int(Rnd( ) * 10000)       '随机产生一个四位整数
    txtWinning.Text = txtGroup.Text & "****" & Format(intRnd, "0000")
End Sub
Private Sub btnStop_Click(ByVal sender As Object, ByVal e As
System.EventArgs) Handles btnStop.Click
    tmrLottery.Enabled = False           '停止计时器
    strMessage &= txtWinning.Text & ""      '将中奖号记录入字符串
    intCount += 1                        '抽奖次数加 1
    If intCount = 3 Then                 '抽奖次数满 3 次
        MsgBox(strMessage, , "恭喜")     '显示 3 个中奖号码
        End                              '结束程序
    End If
End Sub
```

程序设计说明：

1）在窗体中设置两个文本框，一个文本框用于供用户输入组号（手机号的前 3 位）；另一个文本框用于显示中奖号。

2）利用计时器和随机函数，每隔一段时间（0.1 秒）随机产生一个四位整数（用于表示手机号的后 4 位），并将手机号前 3 位、中 4 位（"****"）、后 4 位进行拼接显示在中奖号文本框中。

3）为了可以多次产生中奖号码，在窗体上设置"开始"和"停止"两个命令按钮。单击"开始"按钮，计时器开始工作；单击"停止"按钮，完成一次抽奖，计时器停止工作，并将中奖号记录下来。

4）在程序中定义一个用于记录抽奖次数的变量 intCount，每完成一次抽奖 intCount 加 1，当进行三次抽奖后，弹出消息框显示 3 个中奖号码。

**注意**：intCount 应声明在模块的通用声明段，如果声明在 btnStop_Click 事件过程中，则必须定义为静态变量。

运行结果：

程序的运行效果如图9.29所示。3次抽奖后弹出的消息框如图9.30所示。

图9.29 例9.14的运行界面

图9.30 抽奖结束后弹出的消息框

## 9.7 综合应用

**例9.15** 编写一个"图片浏览器"程序。将多张图片放入一个图片队列中，通过窗体上的一个图片框来实现图片的浏览。具体功能如下：

1）可以显示当前显示图片的上一张或下一张图片。

2）可以显示用户指定的图片。

3）可以向图片队列中增加一张图片（放在图片队列的末尾）。

4）可以删除当前显示的图片。

5）实现在图片框中按顺序自动切换图片。

界面设计：

程序的界面如图9.31所示。

图9.31 例9.15的界面设计

属性设置：

窗体和各控件的属性设置如表 9.35 所示。

表 9.35　例 9.15 的窗体和控件的属性及属性值

| 序号 | 控件 | 属性 | 值 | 备注 |
|---|---|---|---|---|
| 1 | Form | Name | frmExample9_15 | — |
| | | Text | 世界七大奇迹 | — |
| 2 | PictureBox | Name | picMiracle | 用途：显示图片 |
| | | BorderStyle | FixedSingle | 单边框 |
| | | SizeMode | StretchImage | |
| 3 | Label | Name | lblCurrentPic | 用途：显示当前图片的名字 |
| | | Text | 当前图片： | — |
| 4 | Label | Name | Label1 | 系统默认名 |
| | | Text | 第 | — |
| 5 | Label | Name | Label2 | 系统默认名 |
| | | Text | 页 | — |
| 6 | TextBox | Name | txtCurrentNum | 用途：显示和设置当前图片号 |
| 7 | Button | Name | btnGo | 用途：显示 txtCurrentNum 中指定的图片 |
| | | Text | Go | — |
| 8 | Button | Name | btnPrevious | 用途：显示上一张图片 |
| | | Text | < | — |
| 9 | Button | Name | btnNext | 用途：显示下一张图片 |
| | | Text | > | — |
| 10 | Label | Name | Label3 | 系统默认名 |
| | | Text | 文件名 | — |
| 11 | TextBox | Name | txtAddFile | 用途：输入添加图片的文件名 |
| 12 | Label | Name | Label4 | 系统默认名 |
| | | Text | 图片名 | — |
| 13 | TextBox | Name | txtAddName | 用途：输入添加图片的图片名 |
| 14 | Button | Name | btnAdd | 用途：添加图片 |
| | | Text | 添加 | — |
| 15 | Button | Name | btnDelete | 用途：删除当前图片 |
| | | Text | 删除 | — |
| 16 | Button | Name | btnPlay | 用途：自动切换图片 |
| | | Text | 自动播放 | — |
| 17 | Button | Name | btnStop | 用途：停止自动播放 |
| | | Text | 停止 | — |
| | | Enabled | False | — |
| 18 | Timer | Name | tmrBrowser | 在"自动播放"时使用 |
| | | Interval | 2000 | 每隔 2 秒触发一次 Tick 事件 |

程序设计说明：

1）通过两个字符串数组来表示图片队列。用数组 srtPicture 来存放图像文件名，用数组 strName 来存放显示在窗体上的图片名称。为了计数方便，不使用这两个数组下标为 0 的数组元素。

2）使用整型变量 intLast 来记录图片的数量（数组的最大下标）；使用整型变量 intCurrent 来存放当前在图片框中显示的图片的编号（图片在数组中的下标）。

3）添加图片时，首先使用 Redim 语句使 srtPicture 和 strName 数组的大小加 1，再将用户在文本框中输入的文件名（带路径）和图片名分别放入 srtPicture 和 strName 数组的最后一个位置。

4）删除当前图片时，在 srtPicture 和 strName 数组中，将 intCurrent 之后的数组元素都前移一个位置，再使用 Redim 语句使 srtPicture 和 strName 数组的大小减 1。

5）为了实现自动播放功能，在程序中设置一个计时器，每隔 2 秒钟，自动在图片框中载入下一张图片。

程序代码：

```
Dim strPicture$( ) = {"", "d:\世界七大奇迹\吉萨金字塔.jpg", "d:\世界七大奇
迹\宙斯神像.jpg", "d:\世界七大奇迹\罗德岛巨像.jpg", "d:\世界七大奇迹\亚历山大灯塔.jpg",
"d:\世界七大奇迹\摩索拉斯王墓.jpg", "d:\世界七大奇迹\巴比伦空中花园.jpg", "d:\世界七大
奇迹\阿尔忒弥斯神庙.jpg"}
    Dim strName$( ) = {"", "吉萨金字塔", "宙斯神像", "罗德岛巨像", "亚历山大灯
塔", "摩索拉斯王墓", "巴比伦空中花园", "阿尔忒弥斯神庙"}
    Dim intLast%, intCurrent%
    Private Sub frmExample9_15_Load(ByVal sender As Object, ByVal e As
System.EventArgs) Handles Me.Load
        intLast% = strPicture.Length - 1
        intCurrent% = 1
        picMiracle.Image = Image.FromFile(strPicture(intCurrent)) '加载图片
        txtCurrentNum.Text = intCurrent            '显示图片编号
        lblCurrentPic.Text = strName(intCurrent)     '显示图片名称
    End Sub
    Private Sub btnPrevious_Click(ByVal sender As Object, ByVal e As
System.EventArgs) Handles btnPrevious.Click
        '浏览前一张图片
        If (intCurrent > 1) Then
            intCurrent -= 1
        Else
            intCurrent = intLast
        End If
        picMiracle.Image = Image.FromFile(strPicture(intCurrent))
        txtCurrentNum.Text = intCurrent
        lblCurrentPic.Text = strName(intCurrent)
    End Sub
    Private Sub btnNext_Click(ByVal sender As Object, ByVal e As
System.EventArgs) Handles btnNext.Click
        '浏览下一张图片
```

```
        If (intCurrent = intLast) Then
            intCurrent = 1
        Else
            intCurrent += 1
        End If
        picMiracle.Image = Image.FromFile(strPicture(intCurrent))
        txtCurrentNum.Text = intCurrent
        lblCurrentPic.Text = strName(intCurrent)
    End Sub
    Private Sub btnGo_Click(ByVal sender As Object, ByVal e As
System.EventArgs) Handles btnGo.Click
        '浏览文本框 txtCurrentNum 中指定编号的图片
        If Val(txtCurrentNum.Text) < 1 Or Val(txtCurrentNum.Text) > intLast Then
            MsgBox("页码超出范围(1-" & intLast & ")", 0 + 48, "友情提醒")
        Else
            intCurrent = Val(txtCurrentNum.Text)
            picMiracle.Image = Image.FromFile(strPicture(intCurrent))
            lblCurrentPic.Text = strName(intCurrent)
        End If
    End Sub
    Private Sub btnAdd_Click(ByVal sender As Object, ByVal e As System.
EventArgs) Handles btnAdd.Click
        '添加一张图片
        ReDim Preserve strPicture(intLast + 1)
        ReDim Preserve strName(intLast + 1)
        intLast += 1
        strPicture(intLast) = txtAddFile.Text
        strName(intLast) = txtAddName.Text
    End Sub
    Private Sub btnDelete_Click(ByVal sender As Object, ByVal e As
System.EventArgs) Handles btnDelete.Click
        '删除当前图片
        Dim i%
        If MsgBox("是否删除当前图片?", 4 + 32, "友情提醒") = 6 Then
            If intCurrent = intLast Then
                intCurrent = 1
            Else
                For i = intCurrent + 1 To intLast
                    strPicture(i - 1) = strPicture(i)
                    strName(i - 1) = strName(i)
                Next
            End If
            intLast = intLast - 1
            ReDim Preserve strPicture(intLast)
            ReDim Preserve strName(intLast)
            picMiracle.Image = Image.FromFile(strPicture(intCurrent))
```

```
                txtCurrentNum.Text = intCurrent
                lblCurrentPic.Text = strName(intCurrent)
            End If
        End Sub
        Private  Sub  btnPlay_Click(ByVal  sender  As  Object,  ByVal  e  As
System.EventArgs) Handles btnPlay.Click
            '自动播放图片
            tmrBrowser.Enabled = True
            btnStop.Enabled = True
            btnPlay.Enabled = False
        End Sub
        Private Sub btnStop_Click(ByVal sender As Object, ByVal e As System.
EventArgs) Handles btnStop.Click
            '停止自动播放
            tmrBrowser.Enabled = False
            btnStop.Enabled = False
            btnPlay.Enabled = True
        End Sub
        Private Sub tmrBrowser_Tick(ByVal sender As Object, ByVal e As System.
EventArgs) Handles tmrBrowser.Tick
            '在自动播放模式下，每隔tmrBrowser.Interval指定的时间，在图片框中显示下一张图片
            If (intCurrent = intLast) Then
                intCurrent = 1
            Else
                intCurrent += 1
            End If
            picMiracle.Image = Image.FromFile(strPicture(intCurrent))
            txtCurrentNum.Text = intCurrent
            lblCurrentPic.Text = strName(intCurrent)
        End Sub
```

运行结果：

程序的运行效果如图9.32所示。

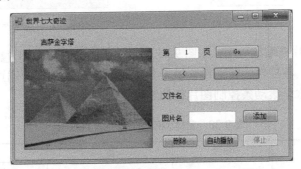

图9.32  例9.15的运行界面

# 习　题

## 一、简答题

1. 单选按钮与复选框的最重要区别是什么？

2. 滚动条控件有什么作用？当 Value 属性值发生改变时，将会发生什么事件？

3. 请分别说明滚动条控件的 Minimum 属性、Maximum 属性、Value 属性、SmallChange 属性和 LargeChange 属性的含义。

4. 组合框与列表框有哪些不同？与列表框相比，组合框不具有哪一个属性？该属性的作用是什么？与组合框相比，列表框不具有哪一个属性？该属性的作用是什么？

5. 分组控件和面板控件的作用是什么？如何在分组控件或面板控件中创建控件？

6. 简述分组控件和面板控件的主要区别。

## 二、程序设计题

1. 如图 9.33 所示，窗体中有一个文本框、两个标题分别为"电子商务"和"物流管理"的复选框、一个标题为"确定"的命令按钮。用户选择相应的课程，单击命令按钮后，将在文本框中显示用户学习的课程；如果复选框都未选中，则文本框为空。

2. 窗体上有一个列表框、一个文本框和一个标题为"修改"的命令按钮。程序启动后，首先在列表框中加载若干个课程名称。当用户需要修改列表框中的项目时，可选择该列表项，在文本框中输入该列表项新的内容，单击"修改"按钮后，列表项的内容被更改。程序界面如图 9.34 所示。

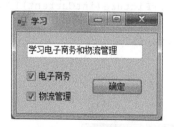

图 9.33　学习课程

图 9.34　修改项目

3. 设计一个图片框缩放程序。如图 9.35 所示，窗体上有一个图片框、一个垂直滚动条和一个水平滚动条，各控件的属性设置如表 9.36 所示。编写程序，通过垂直滚动条控制图片框的高度，通过水平滚动条控制图片框的宽度。

表 9.36　窗体和控件的属性及属性值

| 序号 | 控件 | 属性 | 值 | 备注 |
|---|---|---|---|---|
| 1 | Form | Name | frm9_3 | — |
| | | Text | 图片框的缩放 | — |
| | | Size | 500 400 | 窗体大小 |

| 序号 | 控件 | 属性 | 值 | 备注 |
|---|---|---|---|---|
| 2 | HScrollBar | Name | HScrollBar1 | 用途：控制图片框宽度 |
| | | Size | 350 25 | 滚动条大小 |
| | | SmallChange | 1 | — |
| | | LargeChange | 1 | — |
| | | Minimum | 1 | 滑块最小值 |
| | | Maximum | 5 | 滑块最大值 |
| | | Value | 1 | 滑块初始值 |
| 3 | VScrollBar | Name | VScrollBar1 | 用途：控制图片框高度 |
| | | Size | 25 260 | 滚动条大小 |
| | | SmallChange | 1 | — |
| | | LargeChange | 1 | — |
| | | Minimum | 1 | 滑块最小值 |
| | | Maximum | 5 | 滑块最大值 |
| | | Value | 1 | 滑块初始值 |
| 4 | PictureBox | Name | PictureBox1 | 图片框 |
| | | Size | 100 80 | 图片框大小 |
| | | Location | 30 25 | 在窗体中的位置 |
| | | SizeMode | StretchImage | — |

4. 设计一个时钟程序。程序界面如图 9.36 所示，窗体上有一个标签控件，控件中实时显示当前的时间（时：分：秒）。

1）为了能够实时地显示当前时间，需要一个计时器控件，Interval 属性值为 1000（1 秒）。

2）Now.Hour 为当前时间的小时部分的值（整型）；Now.Minute 为当前时间的分钟部分的值（整型）；Now.Second 为当前时间的秒部分的值（整型）。

图 9.35 图片框的缩放

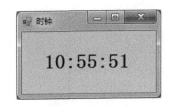

图 9.36 时钟

 **拓展阅读**

肯·汤普逊（Kenneth Lane Thompson，1943～　），美国计算机科学学者，与丹尼斯·里奇同为 1983 年图灵奖得主。

1943 年汤普逊出生于美国新奥尔良。1960 年就读加州大学伯克利分校主修电气工程，取得了电子工程硕士的学位。1966 年加入了贝尔实验室。汤普逊参与了贝尔实验室与麻省理工学院以及通用电气公司联合开发的一套多用户分时操作系统，名叫 Multics。

在开发 Multics 的期间，汤普逊创造出了名为 Bon 的程序语言，并花了一个月的时间开发了全新的操作系统：UNiplexed Information and Computing System（UNICS）。该系统可执行于 PDP-7 机器之上，后来改称为 UNIX。第一版的 Unix 就是基于 B 语言来开发的。Bon 语言在进行系统编程时

不够强大，所以汤普逊和里奇对其进行了改造，并于 1971 年共同发明了 C 语言。1973 年汤普逊和里奇用 C 语言重写了 UNIX。

# 10 VB.NET 绘图

随着计算机技术的发展，应用程序越来越多地使用图形和多媒体技术，使用户界面更加美观，人机交互也更加方便。

用 VB.NET 开发软件，不仅可以开发一般数值处理方面的软件，而且还可以加入图形和图像，使程序更加生动直观。在 VB.NET 中，利用.Net 框架所提供的 GDI+类库，可以很容易地绘制各种图形，处理位图图像和各种图像文件。

本章只介绍如何利用 VB.NET 提供的 GDI+类库中的工具绘制一些基本图形。

## 10.1 GDI+基础

### 1. GDI+简介

VB.NET 的绘图功能是基于 Windows API 实现的，即是通过 GDI+（Graphics Device Interface 图形设备接口）来实现，它充分利用了 Windows 的图形库，大大方便了程序设计人员开发图形应用程序。

VB.NET 绘图是通过以下 4 个命名空间来实现的。

1）System.Drawing 命名空间：此命名空间提供了基本的绘图功能，每创建一个新项目时，系统都会将此命名空间添加到项目中，它包括：

① Graphics 类：是 GDI+绘图最核心的类，它包含完成绘制图的各种方法，如直线、曲线、椭圆等。

② Pen 类：用来画线、弧、多边形等轮廓部分。

③ Brush 类：用指定颜色、样式、纹理等来填充封闭的图形。

④ Font 类：用来描述字体的样式。

⑤ Icon 类：处理图形的各种结构，包括 Point 结构、Size 结构和 Rectangle 结构等。

2）System.Drawing.Drawing2D 命名空间：包括各种二维矢量绘图功能。

3）System.Drawing.Imaging 命名空间：包括处理 BMP、GIF、JPEG 等各种图像格式的功能，并支持读写这些格式的图像以及在过程中操纵处理图像。

4）System.Drawing.Text 命名空间：包括各种操纵处理字体的功能。

对于后面的 3 个命名空间，若要在应用程序中使用，必须在程序模块的常规声明段引入。如：

```
Imports System.Drawing.Drawing2D
```

**2. 坐标系**

坐标系是图形设计的基础，绘制图形都是在一个坐标系中进行的。绘图是在一个被称为画布的工具上进行的，画布的坐标原点（0，0）均设在其左上角，X 轴向右，Y 轴向下，称为物理坐标系，见图 10.1。

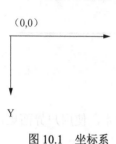

图 10.1　坐标系

**3. 像素**

当在屏幕上绘制图形时，实际上是通过一个点阵来建立图形的，屏幕上的这些点称之为像素点，每个像素点都可以有各种不同颜色。当在一个画布上做图时，画布的大小即为画布的 Width*Height。

# 10.2　绘图常用工具

通过 VB.NET 绘制图形和手工绘图类似，也必须有一些相应的基本工具：绘图对象、画布、画笔、刷子等。

**1. 绘图对象**

在 VB.NET 中绘图是通过绘图对象进行绘制的，通过绘图对象的各种方法将各种图形绘制到画布上。因此必须先定义一个绘图对象。绘图对象是通过 Graphics 类来定义的，是 Graphics 类的一个实例，定义绘图对象的语法为

```
Dim 绘图对象名 As Graphics
```

例如：

```
Dim g As Graphics
```

**2. 画布**

在 VB.NET 中画布可以是窗体或其他图形控件，如 PictureBox 等。画布必须和绘图对象建立关联，然后才能通过绘图对象进行图形绘制并在画布上显示。

（1）画布对象的 CreateGraphics 方法

各种画布均有这么一个方法 CreateGraphics，调用画布对象的 CreateGraphics 方法，即可将一个绘图对象与画布关联。语法为

```
绘图对象名=画布对象名.CreateGraphics()
```

例如：

```
g = Me.CreateGraphics()
```

Me 表示当前窗体。

（2）绘图对象的 Clear 方法

可以用绘图对象的 Clear 方法清除画布中的图形，并用指定的颜色作背景色。语法如下：

> 绘图对象名.Clear(颜色)

例如：

> g.Clear(Color.White)

### 3. 画笔

在 VB.NET 中画笔是通过 Pen 类来定义的，是 Pen 类的一个实例，可以定义很多画笔，每一支画笔可以有不同的颜色、宽度（即粗细），甚至可以有不同的线型。这里的颜色、宽度、线型等称为画笔的属性。

创建画笔的语法为

> Dim 画笔对象名 As New Pen(颜色|刷子[,宽度])

或

> Dim 画笔对象名 As Pen
> 画笔对象名= New Pen(颜色|刷子[,宽度])

其中：

宽度：可以是一个 Single 类型的数据，单位是像素点。

刷子：用指定颜色、样式；纹理等来填充封闭的图形。

颜色：可以是已经定义好了的，也可以是自定义的颜色。颜色是一个 Color 结构数据类型。

常见的颜色如表 10.1 所示。

表 10.1　颜色表

| 结构成员 | 颜色 | 结构成员 | 颜色 |
|---|---|---|---|
| Aqua | 浅绿色 | Gold | 金黄色 |
| Bisque | 橘黄色 | Grey | 灰色 |
| Black | 黑色 | Green | 绿色 |
| Blue | 蓝色 | Red | 红色 |
| Brown | 棕色 | Pink | 粉红色 |
| Cyan | 青色 | White | 白色 |
| Purple | 紫色 | Yellow | 黄色 |

使用方法为

> Color.成员名

例如：Color.Red 等。

也可通过 Color 结构的 FromArgb 方法自己构造一个颜色。

格式为

```
Color.FromArgb([透明度,]红色分量,绿色分量,蓝色分量)
```

其中：*透明度、红色分量、绿色分量、蓝色分量*均为 0～255 之间的数值，*透明度*0 为全透明，255 为不透明。

例如：Color.FromArgb(255,0,0) 表示红色。

线型：可以将画笔定义为画某种线型的画笔。线型是画笔的属性，可以通过更改画笔的线型属性 DashStyle 来设置。*线型*是 Drawing2D.DashStyle 枚举类型值，设置方法为

```
画笔对象名.DashStyle = Drawing2D.DashStyle.线型名
```

线型名如表 10.2 所示。

表 10.2　线型名表

| 线型名 | 数值 | 线型 |
| --- | --- | --- |
| Custom | 5 | 自定义 |
| Dash | 1 | ▰▰▰▰▰ |
| DashDot | 3 | ▰▰▪▰▰▪ |
| DashDotDot | 4 | ▰▪▪▰▪▪ |
| Dot | 2 | ▪▪▪▪▪▪▪▪ |
| Solid | 0 | ▬▬▬▬▬ |

例如：为画笔 p 设置为点划线，格式为

```
p.DashStyle = Drawing2D.DashStyle.Dot
```

或

```
p.DashStyle =2。
```

当画笔使用完后可以删除，方法为

```
画笔对象名.Dispose( )
```

### 4. 刷子

刷子（Brush）和画笔一样也可用来画图，然刷子更主要用来填充图形，它具有颜色和图案。

**VB.NET** 提供了以下 4 种刷子。

（1）实心刷

实心刷子是用一种颜色填充图形，也称为单色刷子，对应着 SolidBrush 类。定义和创建一个实心刷子，格式为

```
Dim 刷子对象名As  New  SolidBrush(颜色)
```

（2）阴影刷子

阴影刷子是通过一种图案来填充图形，对应着 HatchBrush 类。定义和创建一个阴影刷

子，格式为

```
Dim 刷子对象名 As New HatchBrush(阴影类型,前景颜色[,背景颜色])
```

阴影类型即为填充的图案类型，它是一个 HatchStyle 枚举数据类型值，如表 10.3 所示。

表 10.3　部分 HatchStyle 枚举数据

| HatchStyle 枚举成员 | 数值 | 图案 |
| --- | --- | --- |
| BackwardDiagonal | 3 | 从右上到左下的斜线 |
| Cross | 4 | 水平和垂直交叉线 |
| DarkDownwardDiagonal | 20 | 从顶点到底点右倾斜对角线 |
| DarkUpwardDiagonal | 21 | 从顶点到底点左倾斜对角线 |
| DashedDownwardDiagonal | 30 | 从左上到右下的虚线 |
| DashedHorizontal | 32 | 水平虚线 |

用法为

```
HatchStyle.枚举成员
```

例如：HatchStyle.Cross。

**注意**：使用阴影刷子必须在程序模块的常规声明段引入 System.Drawing.Drawing2D 命名空间。例如：

```
Imports System.Drawing.Drawing2D
```

（3）纹理刷子

纹理刷子是用一个位图文件来填充图形，对应着 TextureBrush 类。

```
Dim 刷子对象名 As New TextureBrush (图像[,模式])
```

*图像*：是一个 Image 类型的对象，其图像数据来源于一个图像文件，这些图像文件可以是.bmp、.jpg、.ico 等，用法为

```
New Bitmap(图像文件名)
```

或

```
Image.FromFile(图像文件名)
```

*模式*：是 WarpMode 枚举类型数据，包括 Clamp、Tile 等，如表 10.4 所示。

表 10.4　WarpMode 枚举类型数据

| WarpMode 枚举成员 | 数值 | 样式 |
| --- | --- | --- |
| Clamp | 4 | 纹理或渐变没有平铺 |
| Tile | 0 | 平铺渐变或纹理 |
| TileFlipX | 1 | 水平反转纹理或渐变，然后平铺该纹理或渐变 |
| TileFlipXY | 3 | 水平或垂直反转纹理或渐变，然后平铺该纹理或渐变 |
| TileFlipY | 2 | 垂直反转纹理或渐变，然后平铺该纹理或渐变 |

其用法为

```
WarpMode.Clamp
```

例如创建一个纹理刷子 tb，格式为

```
Dim tb As New TextureBrush(Image.FromFile("c:\z.jpg"), WrapMode.Clamp)
```

（4）渐变刷子

所谓渐变刷子是刷子的颜色从一种渐变为另一种的刷子，对应着 LinearGradientBrush 类。定义和创建一个阴影刷子，格式为

```
Dim 刷子对象名 As New LinearGradientBrush(矩形,起始颜色,终止颜色,模式)
```

其中：

*矩形*：它是 Rectangle 结构数据类型，用来指定颜色渐变的范围和速度。

*起始颜色*、*终止颜色*：它们是 Color 结构数据类型的值。

*模式*：用来指渐变的方向，它是 LinearGradientMode 枚举数据类型，如表 10.5 所示。

表 10.5　LinearGradientMode 枚举类型数据

| LinearGradientMode 枚举成员 | 数值 | 样式 |
| --- | --- | --- |
| BackwardDiagonal | 3 | 从右上到左下的渐变 |
| ForwardDiagonal | 2 | 从左上到右下的渐变 |
| Horizontal | 0 | 从左到右的渐变 |
| Vertical | 1 | 从上到下的渐变 |

例如创建一个渐变刷子 lb，格式为

```
Dim rect As New Rectangle(0, 0, 100, 100)
Dim lb As New LinearGradientBrush(rect, Color.Red, Color.Blue,
LinearGradientMode.Vertical)
```

# 10.3　绘制图形

在 VB.NET 中绘制图形主要是通过调用 Graphics 类中的方法来实现的，Graphics 类提供了画直线、画弧、画椭圆、画矩形、画曲线等多种方法，如表 10.6 所示。

表 10.6　常用的绘图方法

| Graphics 方法 | 绘图功能 | Graphics 方法 | 绘图功能 |
| --- | --- | --- | --- |
| DrawLine | 直线 | DrawPie | 饼图 |
| DrawRectangle | 矩形 | DrawCurve | 非闭合曲线 |
| DrawPolygon | 多边形 | DrawClosedCurve | 闭合曲线 |
| DrawEllipse | 圆、椭圆 | DrawBezier | 贝塞尔曲线 |
| DrawArc | 圆弧 | — | — |

在 VB.NET 中绘制图形主要是通过如下 3 步实现的：①定义各种对象，如绘图对象、笔对象等；②将绘图对象关联到画布；③通过绘图对象提供的各种绘图方法在画布上绘图。

下面介绍 Graphics 类的常用的绘图方法。

**1. 直线**

VB.NET 画直线用 Graphics 类的 DrawLine( )方法实现，其语法为

*绘图对象名*. DrawLine(*画笔对象名*,x1,y1,x2,y2)

或

*绘图对象名*. DrawLine(*画笔对象名*,p1,p2)

其中：

在第一种格式中，x1,y1,x2,y2 可以是 Integer 类型也可是 Single 类型的数据，它们表示平面内的两个点坐标(x1,y1)和(x2,y2)。

在第二种格式中，p1、p2 是一种 Point 或 PointF 结构类型数据，均包括 x、y 两个坐标值，Point 类型为其 x、y 均为 Integer 类型，PointF 类型为其 x、y 均为 Single 类型。其变量的定义格式为

```
Dim p As Point           '声明
p = New Point(10, 20)     '开辟空间并初始化 x 为 10,y 为 20
```

也可将它们合二为一：

```
Dim p As new Point(10, 20)
```

**例 10.1**　在窗体上单击鼠标，则在窗体上画一条从（0,0）到（100,100）的红色实线，如图 10.2 所示。

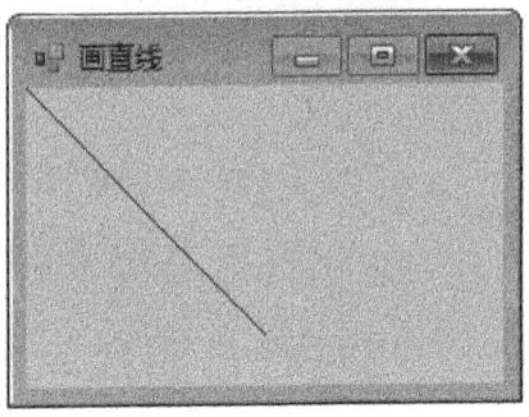

程序如下：

```
Private Sub Form1_Click(sender AsObject, e As
System.EventArgs) HandlesMe.Click
    Dim g AsGraphics              '定义一个绘图对象
    Dim p AsNewPen(Color.Red)     '定义一个笔,颜色为红色
    g = Me.CreateGraphics( )      '将绘图对象关联到窗体画布
    g.DrawLine(p, 0, 0, 100, 100) '画直线
End Sub
```

图 10.2　直线

**2. 矩形**

VB.NET 画矩形用 Graphics 类的 DrawRectangle( )方法实现，其语法为

*绘图对象名*. DrawRectangle (*画笔对象名*,x,y,width,height)

或

*绘图对象名*. DrawRectangle (*画笔对象名*,rect)

其中：

在第一种格式中，x,y,width,height 可以是 Integer 也可是 Single 类型的数据，(x,y)表示矩形左上角的点坐标，width 表示矩形的宽度，height 表示矩形的高度，且均不能是负数。

在第二种格式中，rect 是一种 Rectangle 或 RectangleF 结构类型数据。参见画直线中的 Point 与 PointF 结构类型。Rectangle 类型包括 4 个数据：x,y,width,height，其含义见第一种格式。

Rectangle 类型变量的定义格式为

```
Dim rect As Rectangle
rect = New Rectangle(x,y,width,height)
```

也可将它们合二为一：

```
Dim rect As new Rectangle (x,y,width,height)
```

也可采用如下方式：

```
Dim rect As Rectangle
rect = New Rectangle (p,s)
```

也可将它们合二为一：

```
Dim rect As new Rectangle (p,s)
```

这里 p 为 Point 或 PointF 结构类型数据，s 为 Size 结构类型的数据。Size 类型包括 2 个数据，它们是 width,height。s 的定义方法为

```
Dim s As Size
s = New Size (width,height)
```

也可将它们合二为一：

```
Dim s As new Size(width,height)
```

**例 10.2**  在窗体上单击鼠标，则在窗体上画一个左上角在（10,10），宽度为 200，高度为 100，边线宽度为 3 的红色矩形，图 10.3 所示。

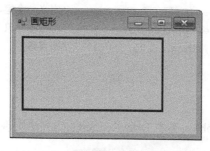

图 10.3  矩形

```
Private  Sub  Form1_Click(sender  As  Object,  e  As  System.EventArgs)
HandlesMe. Click
```

```
        Dim g As Graphics                          '定义一个绘图对象
        Dim p As New Pen(Color.Red, 3)             '定义一支笔
        g = Me.CreateGraphics( )                   '将绘图对象关联到窗体画布
        g.DrawRectangle(p, 10, 10, 200, 100)       '画矩形
    End Sub
```

也可按如下方式编写：

```
    Private Sub Form1_Click(sender As Object, e As System.EventArgs)
HandlesMe.Click
        Dim g As Graphics                          '定义一个绘图对象
        Dim p As New Pen(Color.Red, 3)             '定义一支笔
        Dim dot As New Point(10, 10)               '定义一个点
        Dim s As New Size(200, 100)                '定义一个 Size 类型的数据
        Dim rect As New Rectangle(dot, s)          '定义一个矩形
        g = Me.CreateGraphics( )                   '将绘图对象关联到窗体画布
        g.DrawRectangle(p, rect)                   '画矩形 rect
    End Sub
```

**3. 多边形**

VB.NET 画多边形用 Graphics 类的 DrawPolygon( )方法实现，其语法为

> *绘图对象名*.DrawPolygon(*画笔对象名*,ps)

其中：ps 为 Point 或 PointF 结构类型的一维数组，即是顶点集合。基类型为 Point 或 PointF 结构类型，参见画直线部分。

**例 10.3** 在窗体上单击鼠标，则在窗体上画一个以(10,10)、(100,50)、(80,150)为顶点的的红色三角形，如图 10.4 所示。

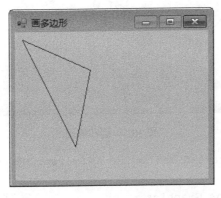

图 10.4 多边形

```
    Private Sub Form1_Click(sender As Object, e As System.EventArgs)
HandlesMe. Click
        Dim g As Graphics                          '定义一个绘图对象
```

```
        Dim p As New Pen(Color.Red)                '定义一支笔
           '以下定义三个顶点 d1,d2,d3
        Dim d1 As New Point(10, 10)
        Dim d2 As New Point(100, 50)
        Dim d3 As New Point(80, 150)
        Dim ps( ) As Point = {d1, d2, d3}          '定义一个顶点集合
        g = Me.CreateGraphics( )                    '将绘图对象关联到窗体画布
        g.DrawPolygon(p, ps)                        '画多边形
    End Sub
```

### 4. 圆和椭圆

**VB.NET** 画圆和椭圆是用 **Graphics** 类的 **DrawEllipse( )**方法实现，其语法为

*绘图对象名*. DrawEllipse (*画笔对象名*, x,y,width,height)

或

*绘图对象名*. DrawEllipse (*画笔对象名*,rect)

其中：x,y,width,height 和 rect 参见画矩形部分内容，这里不再赘述。圆或椭圆是画在矩形内，是矩形的内接圆或椭圆。

**例 10.4** 在窗体上放置一个按钮和两个 PictureBox 控件 PictureBox1 和 PictureBox2。单击按钮，在 PictureBox1 中的边长为 50 的正方形内画一个红色圆，在 PictureBox2 中的宽为 100，高为 50 的长方形内画一个蓝色椭圆（注意：PictureBox 控件的 Size 一定要大于 rect 的 Size），如图 10.5 所示。

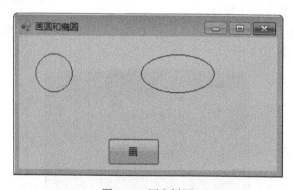

图 10.5　圆和椭圆

```
    Private Sub Button1_Click(sender As System.Object, e As System.EventArgs)
Handles Button1.Click
        Dim g1, g2 As Graphics                      '定义两个绘图对象
        Dim pr As New Pen(Color.Red)                '定义一支红色笔
        Dim pb As New Pen(Color.Blue)               '定义一支蓝色笔
        Dim rect1 As New Rectangle(0, 0, 50, 50)
        Dim rect2 AsNewRectangle(0, 0, 100, 50)
```

```
        g1 = PictureBox1.CreateGraphics( )        '将绘图对象 g1 关联到
PictureBox1 画布
        g2 = PictureBox2.CreateGraphics( )        '将绘图对象 g2 关联到
PictureBox2 画布
        g1.DrawEllipse(pr, rect1)
        g2.DrawEllipse(pb, rect2)
    End Sub
```

5. 画弧

弧是某个圆或椭圆圆周上的一段。

VB.NET 画弧是用 Graphics 类的 DrawArc( )方法实现，其语法为

> *绘图对象名*. DrawArc (*画笔对象名*, x,y,width,height,startangle,sweepAngle)

或

> *绘图对象名*. DrawArc(*画笔对象名*,rect,startangle,sweepAngle)

其中：x,y,width,height 和 rect 参见画矩形部分内容，这里不再赘述。Startangle 为弧的开始角度，sweepAngle 为扫过的角度，均为 Single 类型数据。

**例 10.5**　在窗体的左上角为(10,10)，宽度为 100，高度为 50 的矩形内画一段开始角为 0 度，扫过 120 度的弧，如图 10.6 所示。

图 10.6　弧

```
Private Sub Form1_Click(sender As Object, e As
System.EventArgs) HandlesMe.Click
    Dim g As Graphics          '定义一个绘图对象
    Dim p As New Pen(Color.Red, 3)   '定义一支笔
    Dim rect As New Rectangle(10, 10, 100, 50)
    g = Me.CreateGraphics( )       '将绘图对象关联到窗体画布
    g.DrawArc(p, rect, 0, 120)
End Sub
```

6. 饼图

弧是圆(椭圆)周上的一段，饼图是将弧的两个端点和圆(椭圆)心相连所构成的一个封闭图形。

VB.NET 画饼图是用 Graphics 类的 DrawPie( )方法实现，其语法为

> *绘图对象名*. DrawPie (*画笔对象名*, x,y,width,height,startangle,sweepAngle)

或

> *绘图对象名*. DrawPie(*画笔对象名*,rect,startangle,sweepAngle)

这里画饼图和画弧的语法完全一样，参数的解释参见画弧部分。

**例 10.6**　在窗体的左上角为(10,10)，宽度为 100，高度为 50 的矩形内画一段开始角为

0 度，扫过 90 度的饼图。见图 10.7。

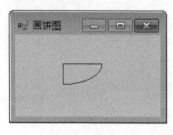

图 10.7　饼图

```
Private Sub Form1_Click (sender As Object, e
As System.EventArgs) HandlesMe.Click
        Dim g As Graphics      '定义一个绘图对象
        Dim p As NewPen(Color.Red)    '定义一支笔
        Dim rect As New Rectangle(10, 10, 100, 50)
        g = Me.CreateGraphics ()      '将绘图对象关
联到窗体画布
        g.DrawPie(p, rect, 0, 90)
End Sub
```

**7. 非闭合曲线**

VB.NET 绘制非闭合曲线是用 Graphics 类的 DrawCurve( )方法实现，其语法为

　　*绘图对象名*.DrawCurve（*画笔对象名*,*点数组*[,*拉紧系数*]）

或

　　*绘图对象名*.DrawCurve（*画笔对象名*,*点数组*[,*偏移*,*段数*,*拉紧系数*]）

其中：

*点数组：* 为 Point 或 PointF 类型的一维数组，参见画直线部分。

*拉紧系数：* 为可选项，Single 类型的值，其值大于或等于 0，用来指定拉紧程度，值越大拉紧程度越大，值为 0 表示直线。

*偏移：* 可选项，Integer 类型的正数，相对于曲线起点的偏移量，点可以定义多个，但不一定从第一个点开始画，偏移为 0 表示从起点开始画，为 1 表示从第二个点开始画，依次类推。

*段数：* 可选项，Integer 类型的正数，要画曲线的段数，每两个点之间为一段。

**例 10.7**　定义 4 个点(10, 10)、(100, 50)、(80, 150)、(200, 200)，采用不同参数所画的曲线如图 10.8～图 10.11 所示。程序如下：

```
PrivateSub  Form1_Click(sender  AsObject,  e  As  System.EventArgs)
HandlesMe.Click
        Dim g As Graphics                    '定义一个绘图对象
        Dim p As New Pen(Color.Red)          '定义一支笔
        '以下定义四个顶点 d1,d2,d3,d4
        Dim d1 As New Point(10, 10)
        Dim d2 As New Point(100, 50)
        Dim d3 As New Point(80, 150)
        Dim d4 As New Point(200, 200)
        Dim ds( ) As Point = {d1, d2, d3, d4} '定义一个顶点数组
        g = Me.CreateGraphics ()             '将绘图对象关联到窗体画布
        g.DrawCurve(p, ds, 0.5)
End Sub
```

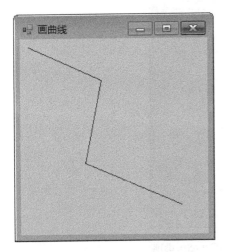

图 10.8 用 g.DrawCurve(p, ds, 0)画

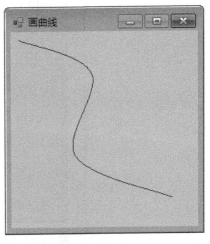

图 10.9 用 g.DrawCurve(p, ds, 0.5)画

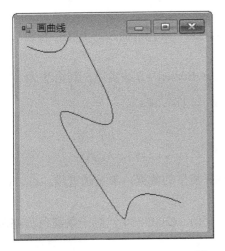

图 10.10 用 g.DrawCurve(p, ds, 3)画

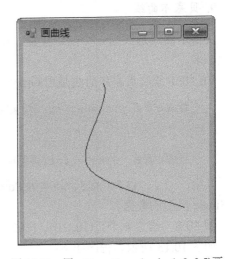

图 10.11 用 g.DrawCurve(p, ds, 1, 2, 0.5)画

8. 闭合曲线

VB.NET 绘制闭合曲线是用 Graphics 类的 DrawClosedCurve ( )方法实现，其语法为

*绘图对象名.* `DrawClosedCurve` (*画笔对象名,点数组*[*,拉紧系数,填充方式*])

与前面的绘制非闭合曲线一样，当点数组的第一个点和最后一个点不是同一个点时，则将最后一个点和第一个点连成一条曲线。

其中：

*填充方式*为：Drawing2D.FillMode.Alternate 或 Drawing2D.FillMode.Winding，当有拉紧系数参数时必须有填充方式，但又被忽略。

其他参数参见画非闭合曲线部分。

例如，用例 10.7 画非闭合曲线的数据画闭合曲线，所得结果如图 10.12 所示。

图 10.12    用 g.DrawClosedCurve(p, ds)画

### 9. 贝塞尔曲线

贝塞尔曲线是依据 4 个任意位置的点坐标绘制出的一条光滑曲线。其在工程设计中用得比较多。

VB.NET 绘制贝塞尔曲线是用 Graphics 类的 DrawBezier( )方法实现，其语法为

*绘图对象名*. DrawBezier(*画笔对象名,点1,点2,点3,点4*)

或

*绘图对象名*. DrawBezier(*画笔对象名,x1,y1,x2,y2,x3,y3,x4,y4*)

其中：*点1、点2、点3、点4* 为 Point 或 PointF 类型的数据，参见画直线。x1、y1 等为 Single 类型的数据。

**例 10.8**    给定 4 个点(10, 10)、(100, 50)、(80, 150)、(200, 200)，画一条红色贝塞尔曲线，如图 10.13 所示。程序如下：

```
Private Sub Form1_Click(sender As Object,e As System.EventArgs) HandlesMe.Click
    Dim g As Graphics                '定义一个绘图对象
    Dim p As New Pen(Color.Red) '定义一支笔
    '以下定义四个顶点 d1,d2,d3,d4
    Dim d1 As New Point(10, 10)
    Dim d2 As New Point(100, 50)
    Dim d3 As New Point(80, 150)
    Dim d4 As New Point(200, 200)
    g = Me.CreateGraphics( )         '将绘图对象关联到窗体画布
    g.DrawBezier(p, d1, d2, d3, d4)
End Sub
```

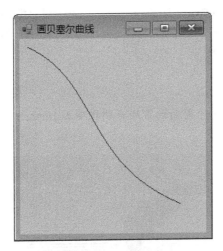

图 10.13　贝塞尔曲线

**10. 填充图形**

　　填充图形也是用绘图对象所提供的方法来实现的。对于所有封闭图形，都可以绘制填充图形，方法如下：将前面介绍过的各种绘图方法的方法名中的"Draw"换成"Fill"，将参数中的"画笔对象名"换成已定义好的"刷子对象名"。

　　例如，画矩形：

　　　　*绘图对象名*. DrawRectangle (*画笔对象*,rect)

　　又如，填充矩形：

　　　　*绘图对象名*. FillRectangle (*刷子对象名*,rect)

**例 10.9**　在窗体上填充一个椭圆和一个闭合曲线。

```
Imports System.Drawing.Drawing2D
    Public Class Form1
    Private Sub Form1_Click(sender As Object, e As System.EventArgs)
HandlesMe.Click
    Dim g As Graphics                          '定义一个绘图对象
    Dim br As New SolidBrush(Color.Red)        '定义一个红色刷子
    Dim bh As New HatchBrush(HatchStyle.DarkHorizontal, Color.Red, Color.
White)  '定义一个阴影刷子
    '以下定义四个顶点 d1,d2,d3,d4
    Dim d1 As New Point(10, 10)
    Dim d2 As New Point(100, 50)
    Dim d3 As New Point(80, 150)
    Dim d4 As New Point(200, 200)
    Dim ds() As Point = {d1, d2, d3, d4} '定义一个顶点数组
    Dim rect1 As New Rectangle(120, 50, 100, 50)  '定义一个矩形
```

```
      g = Me.CreateGraphics( )              '将绘图对象关联到窗体画布
      g.FillClosedCurve(br, ds)             '用单色刷子填充一个闭合曲线
      g.FillEllipse(bh, rect1)              '用阴影刷子填充一个椭圆
   End Sub
End Class
```

**注意：**使用阴影刷子，程序前面的常规声明段要加 Imports System.Drawing.Drawing2D。程序运行结果如图 10.14 所示。

图 10.14　填充图形

**11. 绘制文本**

在 VB.NET 中，文本的输出是采用绘制的方法输出在一个矩形中的，所绘制的文本可以有不同的字体、大小、颜色、样式，还可以采用各种格式进行输出。在 VB.NET 中，文本的输出是用刷子而不是用笔。VB.NET 绘制文本是用 Graphics 类的 DrawString( )方法实现。

其语法为

　　　*绘图对象名.* DrawString (*字符串,字体对象,刷子,点*[*,格式*])

或

　　　*绘图对象名.* DrawString (*字符串,字体对象,刷子,*x,y[*,格式*])

或

　　　*绘图对象名.* DrawString (*字符串,字体对象,刷子,矩形*[*,格式*])

其中：

1)"字符串"是要输出的文本，用双引号括起来。

2)"刷子""矩形"可参照前面的刷子部分和矩形部分，矩形表示文本输出在此矩形内。

3)"x,y"和"点"是文本输出的左上角的坐标点，x、y 为 Single 类型的数据，"点"为 Point 类型或 PointF 类型的数据，可参照前面画直线部分。

4）*字体*是一个 Font 对象，必须先定义一个字体对象。

定义字体的格式为

```
Dim 字体对象名 As New Font(字体名称, 大小[, 样式[, 量度]])
```

*字体名称*：可以是各种已有的字体，如"宋体"。

*大小*：是 Single 类型的值，表示字体的大小，默认单位为像素点。

*样式*：指定字体的样式，是 FontStyle 枚举类型的值，如表 10.7 所示。

表 10.7　FontStyle 枚举类型数据

| FontStyle 枚举成员 | 数值 | 说明 |
|---|---|---|
| Bold | 1 | 加粗文本 |
| Italic | 2 | 倾斜文本 |
| Regular | 0 | 普通文本 |
| Strikeout | 8 | 带删除线文本 |
| Underline | 4 | 带下划线文本 |

例如 FontStyle.Italic，如指定多种样式可用 OR 连接。

*量度*：指定字体大小的单位，是 GraphicsUnit 枚举类型的值，如表 10.8 所示。

表 10.8　GraphicsUnit 枚举类型数据

| GraphicsUnit 枚举成员 | 数值 | 说明 |
|---|---|---|
| Display | 1 | 指定显示设备的度量单位 |
| Document | 5 | 将文档单位(1/300 英寸)指定为度量单位 |
| Inch | 4 | 将英寸单位指定为度量单位 |
| Millimeter | 6 | 将毫米指定为度量单位 |
| Pixel | 2 | 将设备像素单位指定为度量单位 |
| Point | 3 | 将打印机点(1/72 英寸)指定为度量单位 |
| World | 0 | 将世界坐标系单位指定为度量单位 |

例如，定义一种字体：

```
Dim myFont As New Font("隶书", 16, FontStyle.Italic, GraphicsUnit.Pixel)
```

5）"*格式*"是指文本的对齐方式和排列方向，它是 StringFormat 类的对象。可采用如下方法定义一个 StringFormat 类的对象：

```
Dim 格式对象名 As New StringFormat()
```

*格式对象*有两个重要属性：文本对齐方式和文本排列方向

文本对齐方式：Alignment 和 LineAlignment 用来指定每行文本在矩形内的对齐方式，Alignment 为水平方向，LineAlignment 为垂直方向。对齐方式的取值均为 StringAlignment 枚举常量，如表 10.9 所示。

**注意**：此对齐方式与文本的排列方式有关。

表 10.9　StringAlignment 枚举常量

| StringAlignment 枚举成员 | 数值 | 说明 |
| --- | --- | --- |
| Center | 1 | 文本在布局矩形内居中对齐 |
| Far | 2 | 文本远离布局矩形原点的对齐方式，在从左到右中，右为远 |
| Near | 0 | 文本近离布局矩形原点的对齐方式，在从左到右中，左为近 |

设置方式为

*格式对象名*.Alignment = StringAlignment.*枚举成员*

或

*格式对象名*.LineAlignment = StringAlignment.*枚举成员*

如：sf.Alignment = StringAlignment.Center 表示水平方向居中对齐。

文本排列方向：可以指定输出文本的排列方式，即水平还是垂直排列。可以通过格式对象的 FormatFlags 属性来设置。FormatFlags 属性的取值为 StringFormatFlags 枚举常量，如表 10.10 所示。

表 10.10　部分 StringFormatFlags 枚举常量

| StringFormatFlags 枚举成员 | 数值 | 说明 |
| --- | --- | --- |
| DirectionRightToLeft | 1 | 水平排列，从右到左，不设置 FormatFlags 属性表示从左到右 |
| DirectionVertical | 2 | 垂直排列 |

设置方式为

*格式对象名*.FormatFlags = StringFormatFlags.*枚举成员*

例如：

sf.FormatFlags = StringFormatFlags.DirectionRightToLeft

**例 10.10**　下面的程序在 3 个不同的矩形中绘制文本。运行结果如图 10.15 所示。

```
Private Sub Form1_Click(sender As Object, e As System.EventArgs) HandlesMe.Click
    Dim g As Graphics                          '定义一个绘图对象
    Dim p As New Pen(Color.Blue)
    Dim sf As New StringFormat( )              '定义一个格式对象
    Dim br As New SolidBrush(Color.Red)        '定义一个红色刷子
    Dim myFont As New Font("隶书", 16, FontStyle.Bold, GraphicsUnit.Pixel) '定义一种字体
    Dim rect1 As New Rectangle(10, 10, 100, 100)    '定义一个矩形
    Dim rect2 As New Rectangle(120, 10, 100, 100)   '定义一个矩形
    Dim rect3 As New Rectangle(60, 120, 100, 100)   '定义一个矩形
    g = Me.CreateGraphics( )                   '将绘图对象关联到窗体画布
    g.DrawRectangle(p, rect1)                  '画矩形 rect1
    g.DrawRectangle(p, rect2)                  '画矩形 rect2
    g.DrawRectangle(p, rect3)                  '画矩形 rect3
```

```
    sf.Alignment = StringAlignment.Near
    sf.LineAlignment = StringAlignment.Near
    g.DrawString("湖北省", myFont, br, rect1, sf)
    sf.FormatFlags = StringFormatFlags.DirectionVertical
    g.DrawString("武汉市", myFont, br, rect2, sf)
    sf.FormatFlags = StringFormatFlags.DirectionVertical
    g.DrawString("ABCDEF", myFont, br, rect3, sf)
End Sub
```

图 10.15　绘制文本

# 10.4　绘图综合示例

**例 10.11**　编程：在窗体上单击鼠标，则在窗体上画一个周期的 sin(x)函数图案，如图 10.16 所示。

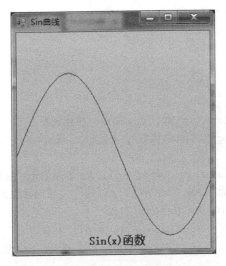

图 10.16　sin(x)曲线

**分析**：前面已经学过画曲线的方法，这里采用其他方法来实现。一条曲线是由 n 条折线构成的，当 n→∞ 时这条折线就是曲线了。由于一个周期是 0～2π，且 |sin(x)|≤1，太小，故在绘制 sin(x) 函数时将 x 和 y 方向均放大一定倍数，另外 y 轴的方向和数学中的方向相反，故要做调整，且还要将图形整体向下平移。

完整程序如下：

```
Const pi As Single = 3.1415926
Private Sub Form1_Load(ByValsender As System.Object, ByVal e As
System.EventArgs) Handles MyBase.Load
    Me.Width = 300
    Me.Height = 350
End Sub
Private Sub Form1_Click(ByValsender As Object, ByVal e As System.
EventArgs) Handles Me.Click
    Dim g As Graphics
    Dim penRed As New Pen(Color.Red)          '定义一支红色笔
    Dim sglX, sglX0, sglY0, sglX1, sglY1 As Single
    Dim br As New SolidBrush(Color.Red)        '定义一个红色刷子
    Dim my Font As NewFont("宋体", 16, FontStyle.Bold, GraphicsUnit.Pixel)
'定义一种字体
    g = Me.CreateGraphics()
    sglX0 = 0
    sglY0 = Math.Sin(sglX0)
    Call Transform(sglX0, sglY0)   '坐标变换
    For sglX = 0 + 0.1To2 * piStep0.1
        sglX1 = sglX
        sglY1 = Math.Sin(sglX1)
        Call Transform(sglX1, sglY1)   '坐标变换
        g.DrawLine(penRed, sglX0, sglY0, sglX1, sglY1)
        sglX0 = sglX1
        sglY0 = sglY1
    Next
    sglX0 = pi - 1
    sglY0 = -1
    Call Transform(sglX0, sglY0)   '坐标变换
    g.DrawString("Sin(x)函数", myFont, br, sglX0, sglY0)
End Sub
Private Sub Transform(ByRef sglX As Single, ByRef sglY As Single)
    '坐标变换，x 放大 Me.Width/(2*pi) 倍， y 反向且放大 Me.Height/3 倍，逻辑坐标
系的坐标原点为物理坐标系的(0, Me.Height/2)处
    sglX = sglX * Me.Width / (2 * pi) + 0
    sglY = -1 * sglY * Me.Height / 3 + Me.Height / 2
End Sub
```

**例 10.12**  编程：在窗体上单击鼠标，则在窗体上画一个如图 10.17 所示的金刚石图案。

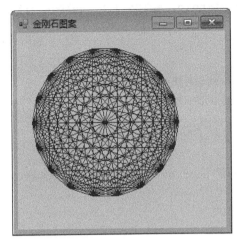

图 10.17  金刚石图案

**分析**：金刚石图案是将一个圆周上等距离的 n 个点用直线互连起来构成的一个完全无向图，圆不用画出来。根据一个特定的夹角将 n 个点计算出来并放在一个数组中，然后在将点互连起来。

完整程序如下：

```
Private Sub Form1_Click(sender As Object, e As System.EventArgs)
HandlesMe.Click
        Dim sglRadus As Single = 100
        Dim sglRadus2 As Single
        Dim i, j, n, intAngle As Integer
        Dim sglDot( ) As PointF
        Dim g As Graphics
        Dim p As New Pen(Color.Red)
        g = Me.CreateGraphics( )
        intAngle = 20
        n = 360 \ intAngle
        ReDim sglDot(n - 1)
        '下面的循环根据夹角计算 n 个点，并转换成物理坐标系中的点
        For i = 0 To n - 1
            sglRadus2 = intAngle * i * 3.1415926 / 180
            sglDot(i).X = sglRadus * Math.Cos(sglRadus2)
            sglDot(i).Y = sglRadus * Math.Sin(sglRadus2)
            CallTransform(sglDot(i))
        Next
        '下面的循环将 n 个点用直线互连
        For i = 0 To n - 2
```

```
        For j = i + 1 To n - 1
            g.DrawLine(p, sglDot(i), sglDot(j))
        Next
    Next
End Sub
Private Sub Transform(ByRef d As PointF)
    '坐标变换，将点 d 的 y 反向，逻辑坐标系的原点定在物理坐标系的(120,120)处
    d.X = d.X + 120
    d.Y = -1 * d.Y + 120
End Sub
Private Sub Form1_Load(sender As System.Object, e As System.EventArgs)
HandlesMyBase.Load
    Me.Width = 300
    Me.Height = 300
End Sub
```

**例 10.13** 在窗体上单击鼠标，编程：在窗体上根据鼠标的点击，画一曲线，鼠标点击点，就是曲线上的数据点，当点第二个点时开始显示曲线。

**分析：**使用画曲线的方法 DrawCurve 来实现，因为数据点是临时产生的，且多少个也是不定的，从第二个点开始，每点一下鼠标就画一下曲线，所以需要使用动态数组表示点集，一般某个点是在鼠标弹起时才确定的，故应该在 Form1_MouseUp 事件中编程，每次画曲线前都要清一下画布。

完整程序如下：

```
Public Class Form1
    Dim g As Graphics'定义一个绘图对象
    Dim p As New Pen(Color.Red)   '定义一支笔
    Dimds( ) As Point
    Dim n As Integer = -1
    Private Sub Form1_MouseUp(sender As Object, e As System.Windows.
Forms.MouseEventArgs) Handles Me.MouseUp
        g.Clear(Color.White)
        n = n + 1
        ReDim Preserveds(n)
        ds(n).X = e.X
        ds(n).Y = e.Y
        If n > 0 Then
            g.DrawCurve(p, ds, 0.5)
        End If
    End Sub
    Private Sub Form1_Load(sender As System.Object, e As System.EventArgs)
HandlesMyBase.Load
```

```
            g = Me.CreateGraphics( )          '将绘图对象关联到窗体画布
        End Sub
    End Class
```

**例 10.14** 根据一组数据 {80, 70, 95, 60, 78} 画一个矩形统计图，如图 10.18 所示。

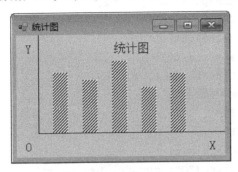

图 10.18 统计图

**分析**：画矩形统计图就是根据数据来画一定高度的矩形，此矩形为填充矩形，故需用刷子。在此图中还需画数轴和标注等。矩形的宽度和矩形间的间距相等。

完整程序如下：

```
    Imports System.Drawing.Drawing2D
    Public Class Form1
        Private Sub Form1_Click(sender As Object, e As System.EventArgs)
Handles Me.Click
            Dim g As Graphics'定义一个绘图对象
            Dim penBlue As New Pen(Color.Blue)        '定义一支蓝色笔
            Dim sf As New StringFormat( )        '定义一个格式对象，绘制文本时使用其
默认值
            Dim br As New SolidBrush(Color.Red)        '定义一个红色刷子
            Dim myFont As New Font("宋体", 16, FontStyle.Regular,
GraphicsUnit.Pixel) '定义一种字体
            Dim bh As New HatchBrush(HatchStyle.DarkUpwardDiagonal,
Color.Red, Color.White) '定义一个阴影刷子
            Dim value( ) As Integer = {80, 70, 95, 60, 78}        '绘图用的统计数
据
            Dim i As Integer
            Dim p, p1, p2 As Point
            Dim s As Size'定义一个 Size 类型的数据
            Dim rect As Rectangle'定义一个矩形
            g = Me.CreateGraphics( )          '将绘图对象关联到窗体画布
            '下面代码画数轴
            p1.X = 0
            p1.Y = 0
```

```
      p2.X = Me.Width
      p2.Y = 0
      Call Transform(p1)
      Call Transform(p2)
      g.DrawLine(penBlue, p1, p2)
      p2.X = 0
      p2.Y = Me.Height
      Call Transform(p2)
      g.Draw Line(penBlue, p1, p2)
      '下面代码画标题等文字
      p.X = -20
      p.Y = -10
      Call Transform(p)
      g.DrawString("O", myFont, br, p, sf)
      p.X = -20
      p.Y = 120
      Call Transform(p)
      g.Draw String("Y", myFont, br, p, sf)
      p.X = 230
      p.Y = -10
      Call Transform(p)
      g.Draw String("X", myFont, br, p, sf)
      p.X = 100
      p.Y = 120
      Call Transform(p)
      g.DrawString("统计图", myFont, br, p, sf)
      '下面的代码画统计图
      s.Width = 20
      For i = 0 To value.GetUpperBound(0)
         s.Height = value(i)
         p.X = (2 * i + 1) * s.Width
         p.Y = s.Height
         Call Transform(p)
         rect.Location = p
         rect.Size = s
         g.FillRectangle(bh, rect)     '填充矩形 rect
      Next
   End Sub
Private Sub Transform(ByRef d As Point)
      'y 反向，逻辑坐标系的坐标原点为物理坐标系的(30，130)处
      d.X = d.X + 30
      d.Y = -1 * d.Y + 130
```

```
      End Sub
      Private Sub Form1_Load(sender As Object, e As System.EventArgs)
Handles Me.Load
            Me.Width = 300
            Me.Height = 200
      End Sub
   End Class
```

# 习　题

1. 参照教材上的例 10.11 画一个 x 为-2π～2π的 cos(x)曲线。

2. 画一个地球围绕着太阳转的示意图，地球运行的轨迹为一个椭圆。

提示：

椭圆方程为 $\dfrac{x^2}{a^2}+\dfrac{y^2}{b^2}=1$

可转化为

$$\begin{cases} x = a*\cos(t) \\ y = b*\sin(t) \end{cases}$$

画一个大的填充圆作太阳，画一个小的填充圆作地球，在椭圆型轨道上运行。当要消去地球时，可用背景色在同一位置再画一次地球。

3. 试编程画一个如图 10.19 所示的图案。一个小圆的圆心在一个大圆的圆周上滚动。

4. 试编程画一个如图 10.20 所示的图案。

说明：本图形是由很多线段组成的，这些线段的一个端点在 x 轴上，另一个端点在 y 轴上。

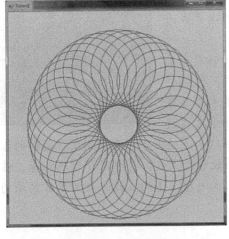

图 10.19　习题 3 图

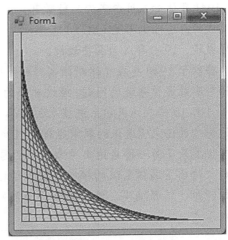

图 10.20　习题 4 图

5. 设计一个简单的只有秒针模拟石英钟，要求能走动，如图 10.21 所示。

说明：点击"显示时钟"则显示时钟图案，点击开始，时钟的指针开始走动，每隔一秒跳一下；点击"停止"则停止走动；一圈跳动 60 下。

提示：当要消去秒针时可用背景色再画一次。

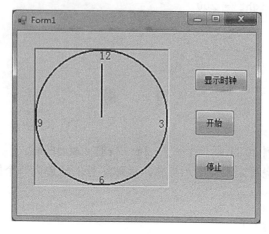

图 10.21　习题 5 图

 **拓展阅读**

克劳德·艾尔伍德·香农（Claude Elwood Shannon，1916～2001 年），出生于美国密歇根州的皮托斯基，是美国数学家、信息论的创始人，并且是爱迪生的远亲戚。1936 年毕业于密歇根大学并获得数学和电子工程学士学位。1940 年获得麻省理工学院（MIT）数学博士学位和电子工程硕士学位。1941 年他加入贝尔实验室数学部，工作到 1972 年。1956 年他成为麻省理工学院（MIT）客座教授，并于 1958 年成为终生教授，1978 年成为名誉教授。

香农于 1940 年在普林斯顿高级研究所期间开始思考信息论与有效通信系统的问题。经过 8 年的努力，香农在 1948 年 6 月和 10 月在《贝尔系统技术》杂志上连载发表了具有深远影响的论文《通讯的数学原理》。1949 年，香农又在该杂志上发表了另一著名论文《噪声下的通信》。在这两篇论文中，香农阐明了通信的基本问题，给出了通信系统的模型，提出了信息量的数学表达式，并解决了信道容量、信源统计特性、信源编码、信道编码等一系列基本技术问题。这两篇论文成为了信息论的奠基性著作。

# 11 文 件

在前面介绍的应用程序中，不管是输入的数据还是计算的结果，一旦应用程序运行结束，所有的数据都将消失。为了能对这些数据作后续的数据处理，需要将数据长期保存在数据库或文件中。

本章将介绍文件的有关概念及对文本文件的处理方法。

## 11.1 文 件 概 述

在计算机系统中，文件是指存储在外存储器上的用文件名标识的相关信息集合。许多程序都有与外部数据进行交互，如存储在数据库、XML 或文本文件中的数据，所以文件操作是软件开发中必不可少的任务。

### 11.1.1 文件类型

在 VB.NET 中，可以根据不同的方式对文件进行分类：①按文件的逻辑结构的有无分类：流式文件、记录式文件；②按文件的存取方式分类：顺序文件、随机文件；③按文件中数据的编码方式分类：文本文件、二进制文件。

（1）流式文件

流式文件是一种无结构文件，文件中的数据可看做是由字符序列组成的字符流或者由字节序列组成的字节流。例如，文本文件是一种典型的字符流文件，二进制文件（如图像文件、声音文件）是一种典型的字节流文件。

（2）记录式文件

记录式文件是一种有结构的文件，文件中的数据由多条记录组成，每一条记录由多个数据项组成。每条记录的长度均一样长，每条记录的相应数据项的长度也一样长。每一条记录都有一个唯一的记录号，因此，只要指定记录号，就能准确定位该记录，从而可直接存取这条记录，这就是文件的随机存取方法。

从逻辑角度看，记录式文件的逻辑结构相当于一个二维表格，一条记录就是表格中的一行，每条记录中相应的数据项（可称为字段）组成了表格中的一列。

（3）顺序文件

文件中的数据（有时也说记录）是按照数据的宽度一个接着一个的顺序存放，而数据的读取是按照数据的存放顺序一个接着一个地读取。顺序文件的优点是结构简单，便于顺序访问。缺点是不利于随机访问（数据的长度可以不一致，故可能无法准确地直接定位到某一个数据），维护困难。

（4）随机文件

随机文件中的数据以记录形式（一个以上的数据组成一条记录）存放，记录中的数据的宽度可以不一致，但每个记录的长度都相等，且每条记录有一个唯一的记录号。对于随机文件，可以通过记录号直接定位记录，因此可按任意次序对记录进行存取操作。随机文件的优点是对数据的存取灵活、快捷和方便。其缺点是数据的组织结构较复杂。

（5）文本文件

文件中的数据（包括英文字母、数字、标点符号、运算符、汉字等其他符号）以字符的形式进行组织，VB.NET 默认这些符号采用 Unicode 编码。文本文件是一种典型的顺序文件，通常可以逐行或全部取到一个字符串变量中进行处理。

（6）二进制文件

除了文本文件以外的文件都是二进制文件，图像文件、声音文件及 Windows 应用程序文件都属于二进制文件。它直接将二进制数据放在文件中，这些数据具有特定的格式，不能直接用文本文件编辑软件（如记事本）打开查看数据。

## 11.1.2　文件处理方法

VB.NET 中提供了 3 种文件处理方法：

### 1. 使用 VB.NET 的 Runtime 库

在命名空间 Microsoft Visual Basic 中，包含了构成 Visual Basic Runtime 库的类、模块、常数和枚举等成员，每一个类和模块都表示了一个特定的功能类别，例如 Collection 类、ControlChars 类、Constants 类、DateAndTime 模块、FileSystem 模块、Information 模块和Strings 模块等。这些库成员提供了程序设计时经常用到的的一些 VB 过程、属性和常数值等，其中 FileSystem 模块（注意：不是 FileSystem 类）提供了 VB.NET 标准的 Sub 过程和Function 函数，可以直接创建、读写、关闭及访问文件有关属性等操作。

### 2. 使用.Net 的 System.IO 模型

System.IO 模型提供了一种面向对象的方法访问文件系统，特别是以流（Stream）的方式处理文件，这种方法不但简便，而且保证编码借口的统一。

"流"是现实世界中气体或液体流动的一种状态，借用这个概念，VB.NET 用流表示数据的传输操作，将数据从内存传输到某个载体中叫输出流，而数据从某个载体传输到内存叫输入流。流的概念进一步拓展，可以把与数据传输有关的事物称为流，如文件流、内存流、网络流等。文件流可看作做是顺序的字符流或者字节流，System.IO 模型下读写文件时，不是直接操作文件，而是通过文件流的某些方法来实现对文件的访问。

System.IO 模型指定了所有.NET 语言都可用的类的集合。这些类被包含在 System.IO命名空间中，它们用来对文件与目录进行创建、移动、删除及读写等操作。

System.IO 模型功能强大，但使用方法繁杂、不易理解，本书不涉及。

**3. 使用 VB.NET 中的 FileIO 模型**

Runtime 库提供的是传统处理文件的方式，其效率低下、形式单一。System.IO 模型以面向对象的形式提供流方式处理文件，其效率高、功能强大，但理解难度大。FileIO 模型提供了一种极易理解和方便使用的处理驱动器、文件和文件夹或目录的属性和方法。

FileIO 模型由 Microsoft.VisualBasic.FileIO 命名空间实现，其主要成员有 FileSystem 对象、TextFieldParser 对象、FileType 枚举、UIOption 枚举等。

### 11.1.3　文本文件的结构

所有的文本文件均可以看作由字符序列组成的字符流文件，因此，可以按照流的方式处理文件中的字符流。

根据文本文件中数据的性质、意义及排列方式，将含在字符流中的数据进行分隔，从而形成不同结构的文本文件，例如，图 11.2～图 11.5 显示了 4 种经常使用的文本文件。

图 11.1 所示的是一种典型段落式结构的文本文件，这种文本结构亦可称为行式结构，例如记事本文件，一个段落就是一个完整的自然行，其最末字符是回车换行符。

```
On April 25,1990,the Hubble space telescope was sent into orbit.
It has been orbiting the Earth for 25 years.
Recently, the scientidts said they found habitable Super Earth.
```

图 11.1　段落式结构的文本文件

图 11.2 所示的两图均为固定宽度的文本文件。学号与姓名字段之间有 2 个空格，两位数成绩前有 3 个空格，三位数成绩前有 2 个空格。由于最长的姓名是 3 个汉字，所以左图中的韦祯同学的姓名字段的值是"韦祯□"（□代表一个英文空格，注意 Unicode 编码体系下，一个汉字和一个英文字符均采用双字节表示，所以，"韦祯□"和"韦祯祯"的长度均为 3），实际上，"韦祯"与"93"之间有 4 个空格。

综上所述，左右两图中各字段的宽度分别如下：第 1 列学号的宽度为 6，第 2 列姓名的宽度为 5，第 3 列、第 4 列和第 5 列的宽度均为 5。

```
U1 3086  黄桂炀  89   90  100        U1 3086  黄桂炀  89   90  100
U1 3087  韦祯    93   80   87        U1 3087  韦祯祯  93   80   87
U1 7760  刘白云  70   90   99        U1 7760  刘白云  70   90   99
U1 7599  罗昊   100  100  100        U1 7599  罗昊昊 100  100  100
U1 7594  段曹辉  90   99   93        U1 7594  段曹辉  90   99   93
      (a)                                  (b)
```

图 11.2　固定宽度的文本文件

图 11.3 所示的两图均为符号分隔的文本文件，左图的分隔符是"，"，右图的分隔符是 TAB 字符（键盘上 Tab 健所对应的字符，在 VB 中可用 vbTab 常量表示 Tab 字符）。

| U1 3086，黄桂炀， | 89， | 90， | 100 |
| U1 3087，韦祯， | 93， | 80， | 87 |
| U1 7760，刘白云， | 70， | 90， | 99 |
| U1 7599，罗昊， | 100， | 100， | 100 |
| U1 7594，段曹辉， | 90， | 99， | 93 |

（a）逗号分隔

| U1 3086 | 黄桂炀 | 89 | 90 | 100 |
| U1 3087 | 韦祯 | 93 | 80 | 87 |
| U1 7760 | 刘白云 | 70 | 90 | 99 |
| U1 7599 | 罗昊 | 100 | 100 | 100 |
| U1 7594 | 段曹辉 | 90 | 99 | 93 |

（b）Tab 字符分隔

图 11.3　符号分隔的文本文件

图 11.4 所示的也是符号分隔的文本文件，其特点如下：一是有注释行（单引号开头），二是学号和姓名均用双引号括起来。其意义是应按字符串的形式处理，那么不带双引号的字段值，则应按数值处理。

| ' 学号 | 姓名 | 数学 | 物理 | 化学 |
| "U1 3086"， | "黄桂炀"， | 89， | 90， | 100 |
| "U1 3087"， | "韦祯"， | 93， | 80， | 87 |
| "U1 7760"， | "刘白云"， | 70， | 90， | 99 |
| "U1 7599"， | "罗昊"， | 100， | 100， | 100 |
| "U1 7594"， | "段曹辉"， | 90， | 99， | 93 |

图 11.4　符号分隔且带引号的文本文件

处理上述有结构的文本文件时，可使用 TextFieldParser 结构分析器，根据文本不同的结构采用不同方式处理文本。

## 11.2　VB.NET Runtime 库

在 VB.NET 之前的 Basic 语言早期版本中，提供了直接对文件进行读写操作的函数，其缺点是仅支持 String、Date、Integer、Long、Single、Double 和 Decimal 写入类型，以及这些类型的结构和数组。

在 VB.NET 中仍然支持这种对文件的直接操作，这些操作由命名空间 Microsoft.Visual Basic 中的 FileSystem 模块提供的 VB 过程来实现。

### 11.2.1　FileSystem 模块简介

FileSystem 模块中的 VB 过程属于 VB.NET Runtime 库的成员，可直接在代码中使用。表 11.1 列出了 VB.NET 中最基本的用于文件和目录操作的函数。

表 11.1　常用文件操作函数

| 函数 | 说明 |
| --- | --- |
| CurDir | 获得当前目录，返回 String 值 |
| Eof | 判断是否达到文件末尾，返回 Boolean 值 |
| FileClose | 关闭对用 FileOpen 函数打开的文件的 I/O |

续表

| 函数 | 说明 |
| --- | --- |
| FileGet | 获取随机文件中数据并分配给变量 |
| FileLen | 文件的长度（字节），返回 Long 值 |
| FileOpen | 打开一个文件以进行 I/O |
| FilePut | 将数据写入随机文件中 |
| FreeFile | FileOpen 可用的下一个文件号，返回 Integer 值 |
| Input | 从打开的顺序文件中读取数据并分配给变量 |
| LineInput | 从打开的顺序文件中读取一行并分配给变量，返回 String 值 |
| LOF | 返回使用 FileOpen 打开的文件的大小（字节），返回 Long 值 |
| Print | 将显示格式的数据写入顺序文件 |
| PrintLine | 将显示格式的数据写入顺序文件，并以回车符结束 |
| Seek | 获取文件的当前读写位置或者设置下一个读写位置 |
| Write | 将数据写入顺序文件，可使用 Input 对应读取 |
| WriteLine | 将数据写入顺序文件，并以回车符结束 |

### 11.2.2　FileSystem 模块的使用方法

使用 FileSystem 模块对文件读写的操作步骤：①打开文件；②读取或者写入操作；③ 关闭文件。

本节介绍顺序文件的读写操作。

1. 打开文件

在对一个文件进行操作之前，必须首先打开文件，并通知系统对文件进行的操作方式。打开文件使用的函数是 FileOpen，其格式如下：

```
Public Shared Sub FileOpen (
    FileNumber As Integer,
    FileName As String,
    Mode As OpenMode
)
```

其中：

1）FileNumber：文件号，Integer 类型。

2）FileName：文件名，String 类型，可以包含目录或文件夹以及驱动器。

3）Mode：文件的模式，为下列 5 种形式之一。

① OpenMode.Input：为进行读访问而打开的文件。

② OpenMode.Output：为进行写访问而打开的文件。

③ OpenMode.Random：为进行随机访问而打开的文件。

④ OpenMode.Append：为向其追加内容而打开的文件，默认值。

⑤ OpenMode.Binary：为进行二进制访问而打开的文件。

4）OpenMode.Input、OpenMode.Output、OpenMode.Append 用于顺序文件的访问，OpenMode.Random 用于随即文件的访问。OpenMode.Binary 用于二进制文件的访问。

例如，如果要打开 D:\VB 目录下的一个名为 student 的文本文件，供写入数据流。

```
FileOpen(1, "D:\VB\student.txt", OpenMode.Output)
```

其中，指定了文件号为 1。如果要使用 FreeFile 函数获得文件号，则语句为

```
Dim fno As Integer = FreeFile( )
FileOpen(fno, "D:\VB\student.txt", OpenMode.Output)
```

**2. 顺序文件写操作**

将数据写入到顺序文件可以通过 Write 函数（WriteLine 函数）或 Print 函数（PrintLine 函数）。其格式如下：

```
Public Shared Sub Write | Print (
    FileNumber As Integer,
    ParamArray Output As Object( )
)
```

其中：

1）Output 是要写入文件的一个或多个用逗号分隔的表达式。

2）Write 函数写入的数据将使用紧凑格式保存。

例如：打开 D:\VB 目录下的 student.txt 文件并加入一条记录。

```
FileOpen(1, "D:\VB\student.txt", OpenMode.Output)
Write(1, "2011001", "李红", 80)
```

使用 Write 函数写入文件，相应用 Input 函数读取时，可将数据读入到不同的变量中。

同 Write 函数相比，Print 函数写入的数据如果以逗号分隔将根据制表符边界对齐，但混合使用逗号和 Tab 制表符可能会导致不一致的结果。使用 Input 函数读取 Print 函数写入的内容，将全部数据读入到一个变量中。

如果使用 WriteLine 函数或 PrintLine 函数写入数据，则会在写入文件后插入一个换行符。

**3. 顺序文件读操作**

在读取一个顺序文件时，需要用到下列函数：

（1）EOF

语法：

```
Public Shared Function EOF(FileNumber As Integer) As Boolean
```

功能：EOF 函数用于判断是否到达文件末尾。如果达到文件末尾，则返回 True，否则返回 False。

（2）LOF

语法：

```
Public Shared Function LOF(FileNumber As Integer) As Long
```

功能：LOF 函数示使用 FileOpen 函数打开的文件的大小（以字节为单位）。例如 LOF(1)返回 1 号文件的长度。如果返回为 0，则表示是一个空文件。

（3）Input

语法：

```
Public Shared Sub Input(FileNumber As Integer,Value As T)
```

功能：Input 函数用于读取数据文件中的数据，并把这些数据赋值给变量 Value（T 为变量 Value 的类型，可以是 Boolean、Byte、Char、DateTime、Decimal、Double、Int16、Int32、Int64、Object、Single、String）。

（4）LineInput

语法：

```
Public Shared Function LineInput (FileNumber As Integer) As String
```

功能：LineInput 函数用于从打开的顺序文件中读取一行并将其赋值给一个 String 变量。LineInput 函数一般用来读取用 WriteLine 或 PrintLine 写入的数据。

例如：

```
FileOpen(1, "D:\VB\student.txt", OpenMode.Output)
WriteLine(1, "Student Scores")
WriteLine(1, "2011001", "李红", 80)
FileClose(1)
FileOpen(1, "D:\VB\student.txt", OpenMode.Input)
Dim s As String
s = LineInput(1)
Console.WriteLine(s)
s = LineInput(1)
Console.WriteLine(s)
FileClose(1)
```

4. 关闭文件

在结束对文件的读写操作后，还需要将文件关闭，否则可能会造成数据的丢失现象。对于使用 FileOpen 函数打开的文件，可以使用 FileClose 函数关闭，其语法为

```
Public Shared Sub FileClose(FileNumber As Integer)
```

例如，FileClose(1)语句用于关闭 1 号文件。

### 11.2.3 实例

**例 11.1** 设计一个如图 11.5 所示的窗体应用程序，要求：

1）"写入"按钮的功能是将当前输入的学生信息追加到 C:\student.txt 顺序文件中；

2）每次写入一个学生的信息后，将窗体上的所有文本框清空，并将焦点移到"学号"文本框。

3）"读取"按钮的功能是将 C:\Student.txt 文件中的所有学生的信息分行显示在最右边的文本框中。

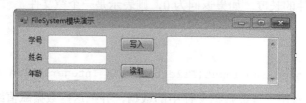

图 11.5  例 11.1 的窗体式样

【代码 11-1】 FileSystem 模块代码

```
1    Private Sub btnWrite_Click(…) Handles btnWrite.Click
2    Dim strNumber, strName As String, intAge AsInteger
3        strNumber = Trim(txtNumber.Text)
4        strName = Trim(txtName.Text)
5        intAge = Val(txtAge.Text)
6        FileOpen(1, "C:\student.txt", OpenMode.Append)        '追加记录
7        Write(1, strNumber, strName, intAge)
8        FileClose(1)
9        txtNumber.Clear( )    '清空文本框
10       txtName.Clear( )
11       txtAge.Clear( )
12       txtNumber.Focus( )    '为txtNumber文本框设置焦点
13       End Sub
14       Private Sub btnRead_Click(…) Handles btnRead.Click
15          Dim strNumber, strName As String, intAge As Integer
16          txtStudent.Clear( )
17          FileOpen(1, "C:\student.txt", OpenMode.Input)        '读取记录
18          DoWhileNot EOF(1)
19          Input(1, strNumber) : txtStudent.Text &= strNumber &" "
20          Input(1, strName): txtStudent.Text &= strName &" "
21          Input(1, intAge): txtStudent.Text &= intAge &" "& vbCrLf
22       Loop
23       FileClose(1)
24   End Sub
```

# 11.3  VB.NET FileIO 模型

与 System.IO 模型相比，FileIO 模型的优势是加强了对文本文件的支持，能够以非常方便、更容易理解的方式处理各种结构的文本文件。

在 Microsoft.VisualBasic.FileIO 命名空间中，包含了支持 FileIO 模型的 3 个主要成员：FileSystem 对象和 TextFieldParser 对象和 FileType 枚举。

### 11.3.1 FileSystem 对象简介

FileSystem 对象是 FileIO 模型中主要对象之一，提供了对驱动器、文件夹或目录及文件进行操作的一套完整的方法，使用它可以充分改善文件操作的复杂程度。例如 FileSystem 对象中复制文件的方法不但只需要指定目标路径，还可以建立目标目录中不存在的级别。特别是 CopyDirectory 的功能，可以复制整个目录。这也正是目前.NET Framework 缺乏的功能。同时 FileSystem 还能提供搜索上级目录、子目录或根目录的功能，非常贴心。

FileSystem 对象的常用属性是 CurrentDirectory（获取或设置当前目录）、Drives（获取所有可用驱动器的只读集合），例如：

```
MsgBox(FileIO.FileSystem.CurrentDirectory) '获取当前目录
FileIO.FileSystem.CurrentDirectory = "c:\" '设置当前目录
```

FileSystem 对象常用的与文件 I/O 有关的方法如表 11.2 所示。

表 11.2 FileIO.FileSystem 常用的与文件有关的方法

| 方法 | 功能 |
| --- | --- |
| CombinePath | 组合两个路径病返回一个格式正确的路径 |
| CopyDirectory | 将一个目录复制到另一个目录中 |
| CopyFile | 将文件复制到新的位置 |
| CreateDirectory | 创建目录 |
| DeleteDirectory | 删除目录 |
| DeleteFile | 删除文件 |
| DirectoryExists | 如果指定目录存在，返回 True |
| FileExists | 如果指定文件存在，返回 True |
| FindInFiles | 返回字符串的只读集合，这些字符串表示包含指定文本的文件名称 |
| GetDirectories | 返回字符串的只读集合，这些字符串表示指定目录内子目录的路径名 |
| GetDirectorInfo | 返回指定路径的 DirectoryInfo 对象 |
| GetDriveInfo | 返回指定驱动器的 DriveInfo 对象 |
| GetFileInfo | 返回指定文件的 FileInfo 对象 |
| GetFiles | 返回字符串的只读集合，这些字符串表示指定目录内文件的名称 |
| GetName | 从提供的路径分析文件名 |
| GetParentPath | 返回指定路径的父路径 |
| GetTempFileName | 创建一个名字唯一的零字节临时文件，并返回其完整路径 |
| MoveDirectory | 将目录从一个位置移到另一个位置 |
| MoveFile | 将文件移到一个新位置 |
| OpenTextFieldParser | 创建 TextFieldParser 对象，以分析文本文件的结构 |
| OpenTextFileReader | 打开 StreamReader |
| OpenTextFileWriter | 打开 StreamWriter |
| ReadAllBytes | 从二进制文件中读取，返回字节数组 |

续表

| 方法 | 功能 |
|------|------|
| ReadAllText | 从文本文件中读取，返回字符串 |
| RenameDirectory | 重命名目录 |
| RenameFile | 重命名文件 |
| WriteAllBytes | 将数据写入二进制文件 |
| WriteAllText | 将数据写入文本文件 |

**例 11.2** 利用 FileIO.FileSystem 对象，判断文件 c:\test.txt 是否存在，如果存在，则删除它。

```
Dim path As String = "c:\test.txt"
If FileIO.FileSystem.FileExists(path) Then
    FileIO.FileSystem.DeleteFile(path)
End If
```

**例 11.3** 将下列 3 行文本写入文本文件 c:\text.txt 中。

```
On April 25, 1990, the Hubble space telescope was sent into orbit.
It has been orbiting the Earth for 25 years.
Recently, the scientists said they found habitable Super Earth.
```

代码如下：

```
Dim strTexts As String( ) = {
        "On April 25, 1990, the Hubble space telescope was sent into
orbit.",
        "It has been orbiting the Earth for 25 years.",
        "Recently, the scientists said they found habitable Super
Earth."
        }
    FileIO.FileSystem.WriteAllText(path, strTexts(0), False)'False：采
用文本的覆盖方式
    For i As Integer = 1 TostrTexts.GetUpperBound(0)
    FileIO.FileSystem.WriteAllText(path, vbCrLf&strTexts(i),
True)'True：采用文本的追加方式
    Next
```

所谓文本的覆盖方式是指用新文本取代文本文件中所有老文本，文本的追加方式是指新文本在文本文件的末尾写入。

**例 11.4** 读取文本文件 c:\text.txt 中的所有文本行，并在消息框中显示，最后将每一行文本存入到字符串数组 StrTexts 中。

```
Dim path As String = "c:\test.txt"
Dim strText As String = FileIO.FileSystem.ReadAllText(path)'ReadAllText
方法一次性地读取文件 c:\test.txt 的所有字符
```

```
MsgBox(strText)
Dim strTexts As String( ) = Split(strText, vbCrLf)
```

## 11.3.2 TextFieldParser 对象简介

TextFieldParser 对象位于 Microsoft.VisualBasic.FileIO 命名空间中，是一个分析文本行结构的分析器。能分析文本文件中的一行由哪些字段组成，并以正确的方式读取该行的各个字段，例如，下列的文本行由均 5 个字段组成。

文本一：U19783, 李祈东, 男, 45, 浙江

文本二：U19783 李祈东　男　45　浙江

TextFieldParser 对象能够分析两类文本结构：①符号分隔的文本：如上述文本一，以逗号分隔各字段；②固定宽度的文本：如上述文本二，每个字段的宽度是固定的。

在使用时，应通过 FileIO.TextFieldParser 类实例化，创建一个用于分析文本结构的分析器（TextFieldParser 对象），格式如下：

```
NewFileIO.TextFieldParser(
    File As String,
    encoding As System.Text.Encoding
)
```

例如，下列语句定义了一个对文本文件 d:\test.txt 中的文本行做结构分析的结构分析器 MyReader，在读取文本行的各字段时，采用本机默认的字符编码。

```
Dim MyReader As FileIO.TextFieldParser = NewFileIO.TextFieldParser(
    "d:\test.txt",
    System.Text.Encoding.Default
)
```

TextFieldParser 对象的常用属性如表 11.3 所示。

表 11.3　TextFieldParser 对象的常用属性

| 属性 | 意义 |
| --- | --- |
| CommentTokens | 定义注释标记。注释标记是一个字符串，当位于行首时，指示该行是一个注释，分析器应该忽略该行 |
| Delimiters | 定义文本文件的分隔符 |
| EndOfData | 如果在当前光标位置到文件末尾之间没有非空、非注释行，则返回 True |
| FieldWidths | 表示正在分析的文本文件中每一列的的宽度 |
| HasFieldsEnclosedInQuotes | 指示在分析分隔的文件时是否用引号将字段括起来 |
| LineNumber | 返回当前行号，如果流中没有更多的字符，则返回-1 |
| TextFieldType | 指定要分析的文件是分隔的还是固定宽度的 |
| TrimWhiteSpace | 指示是否应移除字段值中的前导和尾随空白 |

TextFieldParser 对象的常用方法如表 11.4 所示。

表 11.4　TextFieldParser 对象的常用方法

| 方法 | 功能 |
| --- | --- |
| Close | 关闭当前的 TextFieldParser 对象 |
| Dispose | 释放 TextFieldParser 对象使用的资源 |
| PeekChars | 读取指定数目的字符但不前移光标 |
| ReadFields | 读取当前行的所有字段，以字符串数组的形式返回这些字段，并将光标前移到包含数据的下一行（将跳过注释行） |
| ReadLine | 将当前行作为字符串返回，并将光标前移到包含数据的下一行 |
| ReadToEnd | 读取文本文件的其余部分并作为一个字符串返回 |
| SetDelimiters | 设置字段分隔符，并将字段类型设为 FieldType.Delimited，按符号分隔结构分析文本 |
| SetFieldWidths | 设置文本文件中每一列的宽度 |

　　TextFieldParser 的 HasFieldsEnclosedInQuotes 和 Delimiters 属性只在处理符号分隔的文本文件时有意义，而 FieldWidths 属性只在处理固定宽度的文本文件时有意义。

### 11.3.3　文本文件的读取操作

　　本节的约定：

　　约定一：文本文件的创建。

　　可在记事本中分别创建 11.4.3 节所述 4 种结构的文本文件，并分别保存在 c:\test1.txt、c:\test2.txt、c:\test3.txt、c:\test4.txt 文本文件中。

　　约定二：数组的定义。

```
Dim strNumber As String( ) = {}           '声明零长度的学号数组
Dim strName As String( ) = {}             '声明零长度的姓名数组
Dim intMAth As Integer( ) = {}            '声明零长度的数学成绩数组
Dim intPhysics As Integer( ) = {}         '声明零长度的物理成绩数组
Dim intChemistry As Integer( ) = {}       '声明零长度的化学成绩数组
Dim strFields As String( )                '当前行的所有字段
```

　　约定三：Sub 过程 DataTurn 的定义。

```
Sub DataTurn(ByRef StrFields As String( ), ByRef strNumber As String( ), _
    ByRef strName As String( ), ByRef intMath As Integer( ), _
    ByRef intPhysics As Integer( ), ByRef intChemistry As Integer( ))
    Array.Resize(strNumber, strNumber.Length + 1)           '扩容一个元素
    strNumber(strNumber.GetUpperBound(0)) = Trim(strFields(0))
    Array.Resize(strName, strName.Length + 1)               '扩容一个元素
    strName(strName.GetUpperBound(0)) = Trim(strFields(1))
    Array.Resize(intMAth, intMAth.Length + 1)               '扩容一个元素
    intMAth(intMAth.GetUpperBound(0)) = val(strFields(2))
    Array.Resize(intPhysics, intPhysics.Length + 1)         '扩容一个元素
    intPhysics(intPhysics.GetUpperBound(0)) = Val(strFields(3))
```

```
        Array.Resize(intChemistry, intChemistry.Length + 1)  '扩容一个元素
        intChemistry(intChemistry.GetUpperBound(0)) = Val(strFields(4))
    End Sub
```

**DataTurn** 过程的意义是将保存在字符串数组 StrFields 中的当前文本行的各个字段分类存放到不同数组中。

在本节的约定下，从 4 种结构的文本文件中读取数据的方法如下。

### 1. 从段落式结构的文本文件中读取

图 11.1 所示的文本文件是一个纯文本文件，从文档的角度看，有 3 个自然段，每一个自然段以段落标记结束。从文本的角度看有 3 行，每一行以回车换行符结束。

方法一：一次性地读取文件中所有字符，然后 **Split** 函数作分解。

```
Dim fileReader As String
Dim strTextLines As String( )         '以行为单位，保存文本文件的每一行
fileReader = FileIO.FileSystem.ReadAllText(
        "C:\test1.txt",
        System.Text.Encoding.Default
    )
'上面赋值语句分析：
'  1)System.Text.Encoding.Default 的意义是获取当前操作系统下字符的编码格式，
'以便正确从文本文件中读取字符。
'  2)ReadAllText 方法的功能是从文本文件中读取所有字符。
strTextLines = Split(fileReader, vbCrLf)
```

方法二：以行为单位顺次读入每一行。

```
Dim MyReader AsNewFileIO.TextFieldParser(_
    "C:\test1.txt", System.Text.Encoding.Default)
            '上面的 Dim 语句分析：
            '1) 创建文本结构分析器 MyReader。
            '2）System.Text.Encoding.Default 的意义是获取当前操作系统下字符的编
码格式，
            '以便正确从文本文件中读取字符。
Dim strTextLines AsString( ) = {}'声明一个零长度数组
While Not MyReader.EndOfData
    Array.Resize(strTextLines, MyReader.LineNumber)
    '  上面语句的功能分析：
    '  1)文本文件的首行的行号为 1。
    '  2)MyReader.LineNumber 代表当前行的行号,初始值为首行的行号 1。
    '  3)Resize 方法是以数组元素的大小进行扩容,因此,LineNumber 属性的值
    '  正好和数组新的大小是一样的。
    strTextLines(MyReader.LineNumber - 1) = MyReader.ReadLine( )
```

```
'    上面语句的功能分析：
'    1）读取由 MyReader.LineNumber 指定的当前行.
'    2）当前行读取之后，下一行成为当前行，因此 MyReader.LineNumber 自动加 1.
End While
MyReader.Close( )
```

### 2. 从固定宽度的文本文件中读取

图 11.2 所示的文本文件的数据是由学生的学号、姓名、数学成绩、物理成绩、化学成绩组成，每个学生的相应数据的宽度是一样的，即该文件时固定宽度的文本文件。

如假设文本文件的名字为 "test2.txt"，位于 C 盘的根下，下列代码的功能是从文本文件 c:\test2.txt 中，读取每一个学生的相关数据，并调用 Sub 过程 DataTurn，把学生的相关数据分类存放到学号数组 strNumber、姓名数组 strName、数学数组 intMath、物理数组 intPhysics 和化学数组 intChemistry 中。

```
Dim MyReader As New FileIO.TextFieldParser("C:\test2.txt", System. Text.
Encoding.Default)'创建文本结构分析器 MyReader
MyReader.TextFieldType =FileIO.FieldType.FixedWidth
' 上面赋值语句的功能分析：
'    1）FieldType.FixedWidth 是一个枚举值，其意义是字段是固定宽度的。
'    2）MyReader.TextFieldType 是结构分析器的一个属性，其意义是指示分析器按照
哪一种结构分析文本行。
'    3）本语句的功能是指示文本分析器按固定宽度的结构分析文本。
MyReader.SetFieldWidths(6, 5, 5, 5, -1)'设置每行中各字段的宽度。最后一列一
般设为-1，表示该列的宽度任意，但仅针对最后一列.
WhileNotMyReader.EndOfData
    strFields = MyReader.ReadFields( )'按照指定结构分析当前文本行，再读取当
前行的所有字段,并以字符串数组形式返回
        DataTurn(strFields, strNumber, strName, intMAth, intPhysics, int
Chemistry)
    End While
    MyReader.Close( )
```

**注意：** 下列 3 条语句的功能是等价的

```
MyReader.SetFieldWidths(6, 5, 5, 5, -1)
MyReader.FieldWidths = {6, 5, 5, 5, -1}
MyReader.FieldWidths = New Integer( ){6, 5, 5, 5, -1}
```

### 3. 从符号分隔的文本文件中读取

图 11.3 所示的文本文件的数据是由学生的学号、姓名、数学成绩、物理成绩、化学成绩组成，它们之间由逗号分隔。

如假设文本文件的名字为"test3.txt"，位于 C 盘的根下，下列代码的功能是从文本文件 c:\test3.txt 中，读取每一个学生的相关数据，并调用 Sub 过程 DataTurn，把学生的相关数据分类存放到学号数组 strNumber、姓名数组 strName、数学数组 intMath、物理数组 intPhysics 和化学数组 intChemistry 中。

```
Dim MyReader As New FileIO.TextFieldParser("C:\test3.txt", System. Text.
Encoding.Default)
        MyReader.TextFieldType = FileIO.FieldType.Delimited
'上面赋值语句的功能分析：
'    1）FieldType.Delimited 是一个枚举值，其意义是字段是符号分隔的。
'    2）MyReader.TextFieldType 是结构分析器的一个属性，其意义是指示分析器按照
哪一种结构分析文本。
'    3）本语句的功能是按符号分隔的结构分析文本。
MyReader.SetDelimiters(",")'设置字段分隔符：逗号
Whil eNot MyReader.EndOfData
    strFields = MyReader.ReadFields( )'读取结构分析后，当前行的所有字段
    DataTurn(strFields,  strNumber,  strName,  intMAth,  intPhysics,
intChemistry)
    End While
    MyReader.Close( )
```

**注意**：下列语句的功能是等价的

```
MyReader.SetDelimiters(",")
MyReader.Delimiters = {","}
MyReader.Delimiters = New String( ){","}
```

### 4. 从符号分隔且带引号的文本文件中读取

图 11.4 所示的文本文件的数据是由学生的学号、姓名、数学成绩、物理成绩、化学成绩组成，它们之间由逗号分隔。

```
Dim MyReader AsNewFileIO.TextFieldParser("C:\test4.txt", System. Text.
Encoding.Default)
    MyReader.TextFieldType = FileIO.FieldType.Delimited    '符号分隔
    MyReader.SetDelimiters(",")    '设置字段分隔符：逗号
    MyReader.CommentTokens = NewString( ){"'"}  '设置注释行的注释标记（单引号）
    MyReader.HasFieldsEnclosedInQuotes = True'允许字段值带双引号
    While Not MyReader.EndOfData
    strFields = MyReader.ReadFields( )'读取结构分析后，当前行的所有字段
    DataTurn(strFields, strNumber, strName, intMAth, intPhysics, int Chemistry)
    End While
    MyReader.Close( )
```

### 11.3.4 文本文件的写入操作

本节约定：数组的定义。

```
Dim strTextLinesAsString( ) = {
    "On April 25, 1990, the Hubble space telescope was sent into orbit.",
    "It has been orbiting the Earth for 25 years.",
    "Recently, the scientists said they found habitable Super Earth."
}
Dim strNumber As String( ) = {"U13086", "U13087", "U17760", "U17599",
"U17594"} '学号数组
Dim strName As String( ) = {"黄桂炀", "韦祯", "刘白云", "罗昊", "段曹辉"}
'姓名数组
Dim intMAth As Integer( ) = {89, 93, 70, 100, 90}        '数学成绩数组
Dim intPhysics As Integer( ) = {90, 80, 90, 100, 99}     '物理成绩数组
Dim intChemistry As Integer( ) = {100, 87, 99, 100, 93}  '化学成绩数组
```

在本节的约定下，创建 11.1.3 中讲述的 4 种结构的文本文件的方法如下：

### 1. 创建段落式结构的文本文件，并写入数据

```
Dim strTemp As String
For i As Integer = 0 To 2
    strTemp = strTextLines(i)
    If i <> 2 Then'确保最后一行不带 vbCrLf
        strTemp&= vbCrLf
    End If
    FileIO.FileSystem.WriteAllText(
        "C:\test1.txt",
        strTemp,
        True,
        System.Text.Encoding.Default
    )
Next
```

### 2. 创建固定宽度的文本文件，并写入数据

```
Dim strTemp As String
FileIO.FileSystem.WriteAllText("C:\test2.txt", "", False, _
System.Text.Encoding.Default)
    For i As Integer = 0 To 4
        strTemp = String.Format("{0,6}", strNumber(i))
        strTemp&= String.Format("{0,5}", strName(i))
```

```
                strTemp&= String.Format("{0,5}", intMAth(i))
                strTemp&= String.Format("{0,5}", intPhysics(i))
                strTemp&= String.Format("{0,5}",intChemistry(i))
                If i <>4Then          '确保最后一行不带 vbCrLf
                    strTemp &= vbCrLf
                End If
                FileIO.FileSystem.WriteAllText(
                    "C:\test2.txt",
                    strTemp,
                    True,
                    System.Text.Encoding.Default
                )
        Next
```

### 3. 创建符号分隔的文本文件，并写入数据

```
    Dim strTemp As String
    FileIO.FileSystem.WriteAllText("C:\test3.txt", "", False, _
        System.Text.Encoding.Default)
    For i As Integer = 0 To 4
        strTemp = strNumber(i) & ", "
        strTemp &= strName(i)& ", "
        strTemp &= intMAth(i)& ", "
        strTemp &= intPhysics(i) & ", "
        strTemp&= intChemistry(i)
        If i <>4Then          '确保最后一行不带 vbCrLf
            strTemp&= vbCrLf
        End If
        FileIO.FileSystem.WriteAllText(
            "C:\test3.txt",
            strTemp,
            True,
            System.Text.Encoding.Default
        )
    Next
```

### 4. 创建符号分隔且带引号的文本文件，并写入数据

```
    Dim strTemp As String
    FileIO.FileSystem.WriteAllText("C:\test4.txt", "", False, _
            System.Text.Encoding.Default)
    For i As Integer = 0 To 4
        strTemp = """"&strNumber(i) & """" & ", "
```

```
strTemp &= """"&strName(i) &""""&", "
strTemp &= intMAth(i) &", "
strTemp &= intPhysics(i) &", "
strTemp&= intChemistry(i)
If i <> 4 Then                    '确保最后一行不带 vbCrLf
    strTemp&= vbCrLf
End If
FileIO.FileSystem.WriteAllText(
    "C:\test4.txt",
    strTemp,
    True,
    System.Text.Encoding.Default
)
    Next
```

上述代码中，""""""的意义是由一个双引号字符组成的字符串，中间的连续两个""代表一个普通双引号字符，两端的双引号是字符串的定界符。

### 11.3.5　实例

**例 11.5**　本例是 FileIO 模型的综合应用题（图 11.6）。要求如下：

1）窗体首次出现时，要求能在"当前目录"文本框中显示当前目录。

2）"浏览"命令按钮的功能是将"当前目录"文本框中的文本设置成当前目录，同时，在"子目录"列表框中显示当前目录下的一级子目录，在"文件"列表框中显示当前目录下的所有文本文件。

3）在"子目录"列表框中双击某个子目录时，将它变为当前目录（在"当前目录"文本框中显示），同时，"子目录"列表框和"文件"列表框应发生相应的变化。

4）"读取"命令按钮的功能是将"文件"列表框中选中的文本文件的内容显示在"文本"文本框中。

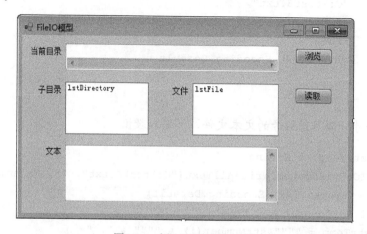

图 11.6　例 11.7 的窗体式样

5）在"文件"列表框双击某个文本文件时，也能将该文件的内容显示"文本"文本框中。

**分析**：本题需要完成 6 个任务，包括 1 个窗体设计任务和 5 个功能性任务。综合 5 个功能性任务来看，需要解决以下 6 个技术支撑要求：

（1）如何获取或者设置当前目录

Windows 应用程序运行后，当前目录的初始设定就是应用程序所在的目录。在 FileIO 模型中，获取或者设置当前目录，均可通过对 FileSystem 对象的属性 CurrentDirectory 进行操作实现，例如：

```
txtDirectory.Text = FileIO.FileSystem.CurrentDirectory '上面获取当前目录
FileIO.FileSystem.CurrentDirectory = txtDirectory.Text '上面设置当前目录
```

（2）如何获取当前目录下的一级子目录名

利用 FileSystem 对象的 GetDirectories 方法，格式如下：

```
Public Shared Function GetDirectories (
    Directory As String,
    searchType As SearchOption,
    ParamArray wildcards As String( )
) As ReadOnlyCollection(of String)
```

说明：

1）Directory：要搜索的目录名。

2）searchType：搜索时是否包含子目录。可取两个值：SearchAllSubDirectories、SearchTopLevelOnly（默认值）。前者的意义是要搜索所有子目录中的文件，后者的意义是不搜索子目录中文件。

3）wildcards：定义搜索文件的格式，一般要包含通配符*和？（*.*）。

例如，下列语句可获取当前目录下的所有一级子目录名。

```
Dim DirectoryList = FileIO.FileSystem.GetDirectories(
    FileIO.FileSystem.CurrentDirectory
)
```

（3）如何获取当前目录下的文本文件名

利用 FileSystem 对象的 GetFiles 方法，格式如下：

```
Public Shared Function GetFiles (
    Directory As String,
    searchType As SearchOption,
    ParamArray wildcards As String( )
) As ReadOnlyCollection(of String)
```

说明：Directory、searchType、wildcards 的意义参考 GetDirectories 方法，只是 searchType 的默认值为 SearchAllSubDirectories。

例如，下列语句可获取当前目录下的所有文本文件（*.txt），但不搜索当前目录的子目录中文件。

```
Dim FileList = FileIO.FileSystem.GetFiles(
                    FileIO.FileSystem.CurrentDirectory,
                    FileIO.SearchOption.SearchTopLevelOnly,
                    "*.txt"
                )
```

（4）如何去掉文件全路径名或者子目录路径中的父路径

使用 FileSystem 对象的 GetFiles 方法或者 GetDirectories 方法得到的是全路径名，例如，C:\Users\Administrator\AppData\Local\Temporay\Projects\WindowsApplication1\bin\Debug 或者 C:\test1.txt，如果只需要路径中的"Debug"或者"test1.txt"，则最简单的方法是使用 FileSystem 对象的 GetName 方法，格式如下：

```
Public Shared Functioin GetName (path As String) As String
```

该方法从 path 指定的路径中，提取最右边的一部分。

（5）如何合成两个路径

```
Public Shared Function CombinePath (
    baseDirectory As String,
    relativePath As String
)
```

说明：

1）baseDirectory：要组合的第一个路径。

2）relativePath：要组合的第二个路径。

最常见的用法是将当前目录和文件名进行组合，例如：

```
strName = FileIO.FileSystem.CombinePath(
    FileIO.FileSystem.CurrentDirectory,
    "test1.txt"
)
```

（6）如何读取文本文件中文本数据

本例采用最简单的方式，即利用 FileSystem 对象的 ReadAllText 方法，一次性地提取文件中的所有文本，格式如下：

```
Public Shared Function ReadAllText (file As String) As String
```

说明：

file：文件的名字和路径。

例如，下列语句的作用是读取由 lstFile.Text 列表框中选中的文件的所有字符赋给字符串变量 strfileReader。

```
strfileReader = FileIO.FileSystem.ReadAllText(lstFile.Text)
```

【代码 11-2】 例 11.5 的代码

| | |
|---|---|
| 1 | PrivateSub Form1_Load(ByVal sender As System.Object, ByVal e As System.EventArgs) HandlesMyBase.Load |
| 2 |    txtDirectory.Text = FileIO.FileSystem.CurrentDirectory |
| 3 | EndSub |
| 4 | PrivateSub btnBrowse_Click(ByVal sender As System.Object, ByVal e As System.EventArgs) Handles btnBrowse.Click |
| 5 |    FileIO.FileSystem.CurrentDirectory = txtDirectory.Text |
| 6 |    Dim FileList = FileIO.FileSystem.GetFiles(<br>       FileIO.FileSystem.CurrentDirectory,<br>       FileIO.SearchOption.SearchTopLevelOnly,<br>       "*.txt"<br>    ) |
| 7 |    lstFile.Items.Clear() |
| 8 |    For Each foundFile In FileList |
| 9 |       lstFile.Items.Add(FileIO.FileSystem.GetName(foundFile)) |
| 10 |    Next |
| 11 |    Dim DirectoryList = FileIO.FileSystem.GetDirectories(<br>       FileIO.FileSystem.CurrentDirectory<br>    ) |
| 12 |    lstDirectory.Items.Clear() |
| 13 |    ForEach foundDirectory In DirectoryList |
| 14 |       lstDrectory.Items.Add(FileIO.FileSystem.GetName(foundDirectory)) |
| 15 |     Next |
| 16 |     End Sub |
| 17 |      Private Sub lstDirectory_DoubleClick(ByVal sender AsObject, ByVal e As System.EventArgs) Handles lstDirectory.DoubleClick |
| 18 |    txtDirectory.Text = FileIO.FileSystem.CombinePath(<br>     txtDirectory.Text,<br>     lstDirectory.Text<br>    ) |
| 19 |     btnBrowse_Click(sender, e) |
| 20 |    End Sub |
| 21 |    Private Sub btnRead_Click(ByVal sender As System.Object, ByVal e As System.EventArgs) Handles btnRead.Click |
| 22 |    Dim strfileReader AsString |
| 23 |    strfileReader = FileIO.FileSystem.ReadAllText(lstFile.Text) |
| 24 |    txtText.Text = strfileReader |
| 25 |    End Sub |
| 26 |    Private Sub lstFile_DoubleClick(ByVal sender As Object, ByVal e As System.EventArgs) Handles lstFile.DoubleClick |
| 27 |    btnRead_Click(sender, e) |
| 28 |    End Sub |

# 习　题

1. 简述文本文件和二进制文件的区别。

2. 简述顺序文件和随机文件的区别。

3. 简述文本文件的 4 种结构。

4. 简述段落式结构的文本文件的读取步骤。

5. 简述固定宽度结构的文本文件的读取步骤。

6. 简述符号分隔结构的文本文件的读取步骤。

7. 简述符号分隔且带引号结构的文本文件的读取步骤。

8. 简述 VB.NET FileIO 模型中，FileSystem 对象的 ReadAllText 方法与文本结构分析器的 ReadLine 方法的区别。

9. 简述文本结构分析器的 Close 方法的作用和内涵。

 **拓展阅读**

作为备受尊敬的计算机科学家、认知科学家，麦卡锡在 1955 年的达特矛斯会议上提出了"人工智能"一词，并被誉为人工智能之父，并将数学逻辑应用到了人工智能的早期形成中。

1927 年 9 月 4 日约翰·麦卡锡生于美国波士顿一个共产党家庭，1948 年获得加州理工学院数学学士学位，1951 年获得普林斯顿大学数学博士学位。1955 年他联合申农（信息论创立者）、明斯基（人工智能大师，《心智社会》的作者）、罗彻斯特（IBM 计算机设计者之一），发起了达特茅斯项目（Dartmouth Project），第二年正式启动，洛克菲勒基金会提供了极有限的资助。现在看来，这个项目不但是人工智能发展史的一个重要事件，也是计算机科学的一个里程碑。正是在 1956 年，麦卡锡首次提出"人工智能"（Artificial Intelligence）这一概念。

1959 年，麦卡锡基于阿隆索·邱奇的 l-演算和西蒙、纽厄尔首创的"表结构"，开发了著名的 LISP 语言，成为人工智能界第一个最广泛流行的语言。LISP 是一种函数式的符号处理语言，其程序由一些函数子程序组成。在函数的构造上，和数学上递归函数的构造方法十分类似，即从几个基本函数出发，通过一定的手段构成新的函数。LISP 语言还具有自编译能力。

1964 年麦卡锡提出了一种称之为"情景演算"（Situational Calculus）的理论，其中"情景”表示世界的一种状态。当主体（Agent）行动时，情景发生变化。主体下一步如何行动取决于他所知道的情景。情景演算的思想吸收了有穷自动机状态转移的概念。在情景演算中，推理不但取决于状态，而且取决于主体关于状态知道些什么。主体知道得越多，了解得越详细，他就会更好地作出决策。这种情景演算理论吸引了许多研究者，但它本身也引起一种问题。在多主体的世界中，与一个主体有关的情景的变化可能还取决于其他主体的行动。这样处理起来十分困难。在常识世界中，我们的决策可能不大受其他主体的影响，当然有时也受。很难说麦卡锡的努力最终是否成功了，但他向通常的“演绎推理”挑战，强调人类智能推理的非单调性（Nonmonotonicity），发展状态描述法，在人工智能研究中具有重要意义。麦卡锡试图让机器能像人一样，在某种语境下，进行基本的猜测。但这很难做，即使是人，也常常误解语境。一个有趣的例子是：白宫发言人奥涅尔欢迎新当选的里根总统时说：“您成了 Grover Cleveland”（他指的是美国的一个总统）。而里根却微笑着说：“我只在电影中扮演过一次 Cleveland。”（里根指的是棒球手 Grover Cleveland Alexander）

　　人工智能现在已成为严肃的经验科学，而麦卡锡为这一领域培养了大量人才，他的学生遍及世界。

# 参 考 文 献

白德淳．2008．Visual Basic.NET 程序设计．北京：机械工业出版社．

龚沛曾．2010．Visual Basic.NET 程序设计教程．2版．北京：高等教育出版社．

兰顺碧．2012．Visual Basic.NET 程序设计教程．北京：人民邮电出版社．

李东．2014．大学计算机组成原理教程．2版．北京：电子工业出版社．

沈建蓉，夏耘．2010．大学 VB.NET 程序设计实践教程．3版．上海：复旦大学出版社．

唐塑飞．2008．计算机组成原理．2版．北京：高等教育出版社．

章立铭研究室．2006．Visual Basic 2005 程序开发与界面设计秘诀．北京：机械工业出版社．

战德臣，等．2013．大学计算机：计算思维导论．北京：电子工业出版社．